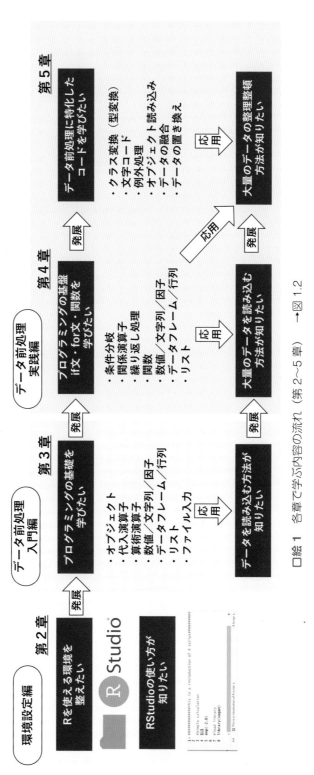

口絵 1　各章で学ぶ内容の流れ（第 2〜5 章）　→図 1.2

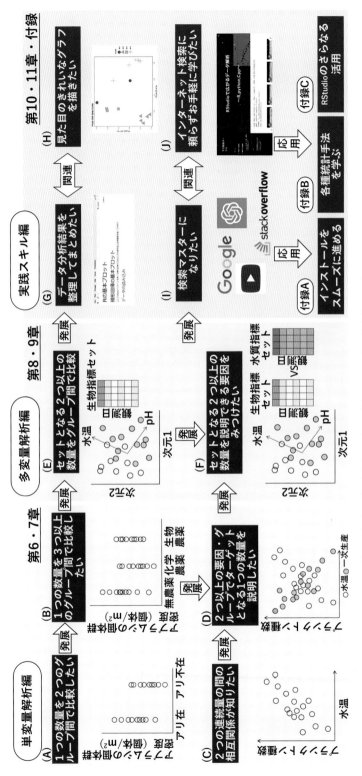

口絵2 各章で学ぶ内容の流れ（第6〜11章・付録） →図 1.3

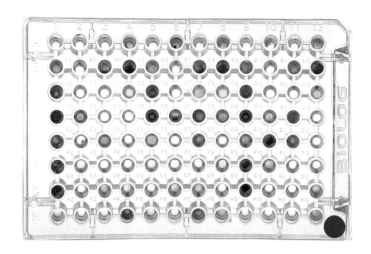

口絵 3　マイクロプレートの 1 種であるエコプレート（EcoPlate）．各ウェル（丸い穴）の発色の程度を数値として一度に多くのデータが得られる例（龍谷大学・山田葵子氏撮影）　→図 3.6

口絵 4　琵琶湖の湖水の顕微鏡写真：複数種の植物プランクトンがいるのがわかる　→図 4.2

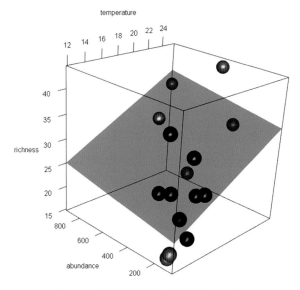

口絵 5　三次元散布図と回帰平面　→図 7.5

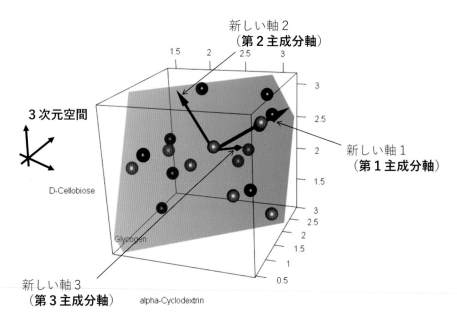

口絵 6　3 次元データの主成分分析図　→図 8.6

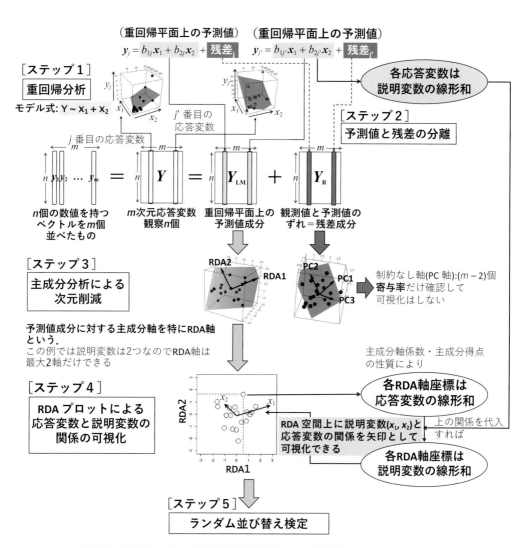

口絵 7 冗長性分析における重回帰分析から主成分分析への流れ →図 9.9

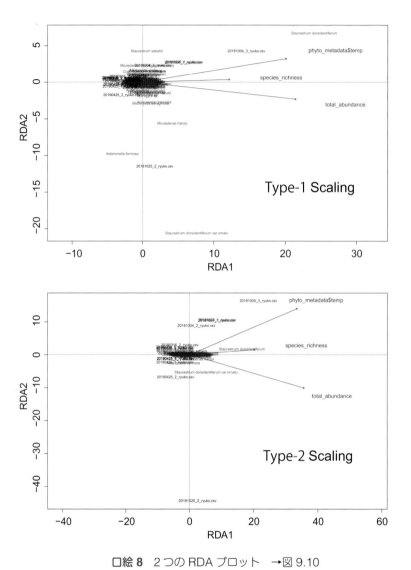

口絵 **8**　2 つの RDA プロット　→図 9.10

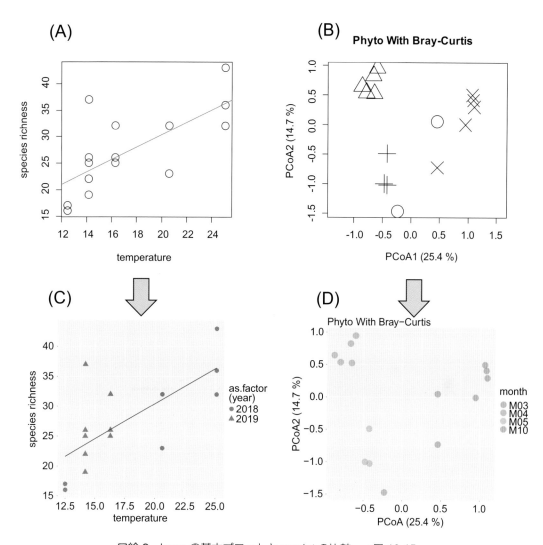

口絵 9　base の基本プロットと ggplot の比較　→図 10.15

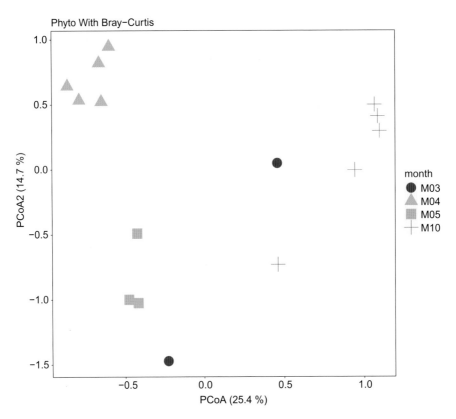

口絵 10　ユニバーサルデザインに基づく可視化　→図 10.16

三木 健 ［著］
Takeshi Miki

Rではじめよう！
生態学・
環境科学のための
データ分析
超入門

共立出版

はじめに

この本はどんな人に読んでほしいの？

本書は自然環境や農環境，都市環境について学び研究する，大学学部 1 年生から大学院生までをターゲットにしています．「数学や PC 操作は苦手」「生き物が好きで環境系の学部に進んだのに，なぜプログラミング科目を履修しないといけないの」と釈然としない気持ちのまま，入学早々プログラミング演習系の科目を履修しなければならなくなった 1 年生にはピッタリの本かもしれません．2, 3 年生は「ある場所にはどんな生物種がどれだけの個体数で存在するのか」，「河川の水質や森林土壌の環境条件はどんな値になっているのか」といった実践的な課題を扱う環境系の野外実習や実験科目を履修することになるでしょう．実習・実験中に得られたデータに基づいてグラフや分析レポートを作成しなければならないときに，本書はきっと助けになるはずです．

さらに，生態学・生物多様性科学・森林科学・環境保全・環境管理などに関連する研究テーマで卒業論文や修士論文を書くことになる 4 年生・大学院生は，苦手だからといってプログラミングから逃げ続けることはもはやできないはずです．本書のとおりに読み進めれば，論文完成のために必要なグラフ作成や統計分析について，最低限のスキルを習得できるでしょう．

本書を読み始める時点でプログラミングの経験は全く不要です．どのタイミングでこの本を取ろうと，心配いりません．始めようと思ったそのときが，プログラミングを始めるベストなタイミングなのです．

この本では何が学べるの？

初歩的かつ実践的方法が学べる：本書では，生態学などでよく使われる**可視化**や**統計分析**を R プログラミングによって実行する方法について解説しています．分析手法の意味・位置づけが理解しやすくなるように，R 分析環境の設定からデータの前処理，単変量解析，多変量解析の入り口まで，実際のデータ分析の流れに沿った順序で解説しています．

本書では最初から最後まで共通のサンプルデータを使って，すべてのデータ分析が実行できるようになっています．本書で使用するサンプルデータはサポートサイト（R ではじめよう！生態学・環境科学のためのデータ分析超入門：https://tksmiki.github.io/eco_env_R/）よりダウンロードできますので，まずはこのデータを使って分析を行ってみてください．そして一通り試した後で，サンプルデータの代わりに自分のデータを使えば，すぐに分析を実行できます．サポートサイトの使い方については 1.3 節をご覧ください．

データの前処理・トラブル対応が学べる：本書では R の初学者がよく陥るトラブルへの対処方

法も詳しく紹介しています．特に，R 分析環境の設定時のエラー・データの前処理の失敗・類似手法からの選択ミスなど，頻発する問題のトラブルシューティングの情報を詳しく解説しています．実は見栄えの良いグラフの作成や最新の統計手法の実行自体は，数行のコードを書くだけで済むことが多いのですが，その数行書けば済むところまでデータを整理整頓するところがデータ分析の最大の山場であったりするのです．

独学の秘訣が学べる：データ分析手法は日進月歩であり，本書で解説している手法は古典的な部類に該当するのですぐに役に立たなくなる日がくるでしょう．しかし，本書で古典的な手法を通じて修得した，「データ分析の基盤」と「新しい手法を独学する秘訣」をマスターすれば，たとえば，最新の機械学習を使いこなすことも難しくないでしょうし，Python や C++ など，第 2 プログラミング言語を円滑に学ぶことにも役に立ちます．これは英語の基礎をしっかり学んでおけば，他の外国語を学ぶときに少しは楽になるのと同じです．本書を通じて，プログラミングを用いたデータ分析を学ぶ第一歩を踏み出すきっかけを提供すると同時に，それにとどまらず皆さんが飛躍する機会を手助けします．

データ分析って何？

毎年春になると，「年々地球温暖化でサクラの開花時期が早まっている」，「今年のスギ花粉の飛散量は関西よりも関東で多い」のようなニュースを耳にすることが多いのではないでしょうか？サクラの開花時期のような年々変わる数値データについて早くなったり遅くなったりという**傾向**をつかんだり，スギ花粉の飛散量のような地域ごとに変わる数値データについて，大小関係を**比較**したりして，何らかの特徴をつかむことが**データ分析**です．

データ分析の目的

データ分析をするのは，分析によって世界をよりよく知るためだったり，結果に基づいて何かを決めたりするためです．たとえば，「年々地球温暖化でサクラの開花時期が早まっている」という分析結果からは，温暖化が身近な生物に着実に影響を及ぼしているという新たな事実を知ることができますし，「今年は去年よりも花見の計画を早めよう」というように自分の計画を決めるときの材料にもなります．

コンピュータプログラミングって何？

コンピュータは，出された命令に応じていろいろな計算や仕事をしてくれる機械です．スマートフォンもタブレットも，ノートパソコンもすべてコンピュータです．コンピュータに仕事をしてもらうためには，どんな仕事をしてもらいたいのかを考えます．そのしてもらいたいことをリストにまとめたものが**プログラム**です．プログラム＝アプリ（アプリケーション）＝ソフ

ト（ソフトウェア）と思えばよいです．

　皆さんが普段使っているプログラムは，各種 SNS アプリや，Microsoft の Word や Excel などです．これらは最初からスマートフォンやノートパソコンに入っていることが多いです．たとえば，チャットメッセージを書いて送信ボタンを押すと，書いた内容を相手に送信する命令が実行されますし，Excel でグラフ作成ボタンを押せば，グラフを作成する命令が実行されてその結果が PC 画面上に描かれます．これは誰かが作ったプログラムを使って，コンピュータに仕事をしてもらっているということなのです．

　プログラムを作ることを**プログラミング**といいます．プログラミングをするためには，プログラムを作る人（＝プログラマー）が，コンピュータに理解できる言葉で命令をコンピュータに伝える必要があります．この言葉を**プログラミング言語**といいます．

　人と人が意思疎通をするための言語が，日本語・英語・アラビア語など，多様であるのと同じように，プログラミング言語にも多くの種類があります．この本で学んでいく R はプログラミング言語の１つです．R の他にも，Basic，C，C＋＋，Fortran，Python などが有名です．

　このように多様なプログラミング言語がある理由は，コンピュータにしてほしい仕事のタイプの違いに応じてそれぞれの言語が開発されてきたからだといえるでしょう．たとえば，C や Fortran はコンピュータに大規模で高速なシミュレーションをしてもらうときに適した言語である一方，R や Python はデータ分析をしてもらうときに適した言語です．

　ただし，本書で学んでいく R というのは，プログラミング言語の名前であると同時に，R のプログラミングを実際に行うためのアプリ（アプリケーション）の名前でもあります．「R はプログラミング言語の名前でかつプログラミングをするためのアプリの名前」と覚えておいてください．

　プログラミング言語を用いてプログラミングをする，というと何か特別でオリジナリティーの高いコードをゼロから生み出す必要があると怖気づくかもしれません．しかし，これは完全な誤解です．私たちが会話するとき，すでに知っている単語を一定のルール（文法）で並べれば相手にいいたいことが伝わります．プログラミング言語も同じです．いまの時点では，プログラミングで使う単語も，単語を並べるルールも知らないかもしれません．しかし，それらを一つひとつ学んでいけばコンピュータに意思を伝える文（コマンドともいいます）と，いくつかの文を組みあわせたコードが書けるのです．たとえば，「1 から 100 まで合計して」とか「100 人分のテストの平均得点を計算して」のようなコンピュータに小さな仕事をしてもらうコードを，簡単に書くことができるようになります．そして，このような小さな仕事を一つひとつ連続的にこなしてもらえるようにコードを並べていけば，役に立つ**プログラム**ができあがるのです．

　プログラミングをするときには，覚えている単語とルールを使って瞬時に文を作り出す必要はありません．プログラミングで使う単語とルール（文法）について知っておく必要はありますが，必ずしも暗記していていつでも暗唱できる必要はありません．だから，外国語で会話するよりずっと簡単です．自分のペースでゆっくりコマンドを書いていけばプログラミングはできます．

　しかも，R プログラミングを助けてくれる，RStudio という名前のアプリを使ってコードを書いていくので，単語やルールについてうろ覚えでも，コマンドで使う単語のスペルやルール

を RStudio が勝手に補完してくれます．このような便利なアプリを使っていけば，プログラミングは決して難しいものではありません．

自然環境・農環境・都市環境をターゲットとするような学問分野では，過去数十年にわたって研究がどんどん進み，研究の問いが洗練されたり，社会的課題が複雑化したりしています．それに伴い，これらの分野で必要とされる統計スキルやグラフ作成（可視化）スキルも高度化しています．したがって，Excel で簡単にグラフを書いたり統計検定をしたりするだけでは済みません．これが大学1年目から統計分析や可視化のためのプログラミングを学ばなければならない状況を生み出しています．

実は，それなりにお金を払って商用の統計ソフト（アプリ）を買えば，プログラミングをしなくてもマウスでアイコンをポチポチ操作するだけできれいなグラフが描けたり，複雑な統計検定ができたりします．では，そのような統計ソフトを使わずに，なぜわざわざ魔法の呪文のようなコマンドを書き連ねてプログラミングする必要があるのでしょうか？ 大きな理由は2つあります．

1. **再現性のために必要だから！**—基盤研究・技術開発・各種推定調査（生物資源量推定や伝染病の疫学調査）などの科学的活動においては，観測や実験について誰でも追試できる（**再現性**があるといいます）ように詳細な情報を論文や報告書に明記することが不可欠です．観測や実験において，その再現性確保のために必要なことは，手順書（観測・実験プロトコル）を用意したり，実験ノートに作業の記録を残したりすることです．同様に，グラフ作成や統計処理においても，その手順に高い再現性が求められます．Excel のデータをそのつど関数を使って変換したり，マウスで何回もクリックしたりしないと結果が得られないのでは作業プロセスの再現性が高いとはいえません．すべての作業プロセスを**文字情報**（＝プログラミングのコマンドと適切なメモ）として記録することで，初めて再現性を確保することができるのです．

2. **実は楽だから！**—最近の研究活動では，1回の調査からも大量のデータが得られ，そのそれぞれに同じような処理を繰り返し行う必要がよくあります．データの量が比較的少ない卒業研究や修士論文においても，途中で観測や実験をやり直す場面が多くあります．もちろんデータを取り直したらグラフ作成などもやり直す必要が出てきます．このような作業をプログラミングなしで済ませようとすると，何十回も何百回もマウスをクリックしたり Excel の一部をコピー&ペースト（コピペ）したり値の変換をしたり際限がありません。そんな退屈な作業中に集中力が途切れ，うっかりミスでコピペする箇所を間違えたりしても，何も履歴が残らないので後から確かめることもできません．複雑で，繰り返しや例外の多い処理も再現性を確保できるプログラミングを用いれば，全部一度に効率的に済ませることができます．新たなデータが出てきても，プログラミングしたコードのごく一部だけ修正し，データ入力を少しやり直せばいいだけです．

「プログラミング」についてまだ「なるほど」と思えない人へ

　ここまで読んだだけでは，プログラミングというものにピンとこない人も多いでしょう．本書の第3章以降を読んで，実際に自分の手でプログラミングをしてもらえれば，なんとなくわかってくるはずです．実際にやる前にもう少し「なるほど」と思えるための勉強がしたいという方には，以下の子ども用の仕掛け絵本をお勧めします．感動するわかりやすさと一歩一歩学べる確実さで非常に優れた教材です．大学新入生は必読といえるでしょう．

ロージー・ディキンズ 文，ショー・ニールセン 絵，福本友美子 訳，阿部和広 監修「なるほどわかったコンピューターとプログラミング」，ひさかたチャイルド社（2017）

謝辞

　共立出版編集部の天田友理さん，山内千尋さん，多変量解析について勉強する機会をくださった橘川次郎さん，原稿への査読コメントをくださった米谷衣代さん，谷口亮人さん，田中香帆さん，独自のアイデアで位置ずれを解消したエコプレートの正射投影図を提供くださった山田葵子さんに厚く御礼申し上げます．最後に，本書の内容は龍谷大学理工学部・先端理工学部にてRプログラミングに関する演習・実習科目内での教材と受講生たちとのやり取りから学びを得て作成したものです．筆者の用意した不十分な教材・拙い説明に対して，コロナ禍の不自由な学習環境においても多くのフィードバックをくださった受講生の皆様に心から感謝の意を表します．

2024年5月

三木　健

目　次

BOX

第 1 部

データ分析を始める前に

　第 1 部では，まず第 1 章でデータ分析とプログラミングの全体像をイメージしてもらうとともに，本書の利用法を紹介します．最初にイメージをつかみ損ねると，単に意味のわからない文字列を教科書のとおりにタイプして（もしくはコピー&ペーストして），何かそれらしいグラフは描けるけれど自分が何をやっているかわからないということになりがちです．次に第 2 章で，ゼロからプログラミングを始める準備として，必要なアプリを PC にインストールして適切な設定を行います．第 1 部が終われば，お待ちかねのプログラミングですので頑張って進めていきましょう．

第1章　本書の使い方

　第1章では本書で行うデータ分析の全体像をイメージしてもらうとともに，本書の使い方について説明します．

1.1　データ分析の流れ

　図1.1を見てください．本書では，すでにデータが取り終わっているところから分析の報告を作成するまでの**データ分析**を扱います．このデータ分析の前段階には，仮説の整理といった研究や観測・実習・実験を開始するときにすべきことがいくつかあります（図1.1「データ分析の前にすること」）．また，データ分析の後段階にもいくつかの作業があって，研究や観測・実習・実験は完結します（図1.1「データ分析の後にすること」）．

　データ分析の流れは以下のとおりです．

(1) **データ整頓**：データ分析はデータの整頓から始めます．人間の脳は賢いので，多少整頓されていないデータであっても何がどこに書いてあるのか把握できるのですが，残念ながらコンピュータプログラム（ここではRです）にはまだそれができません．したがって，Rがうまく理解できる順序・形にデータを整頓して保存する必要があります．データ整頓の際にはExcelなどの表計算ソフトを使うことが多いです．具体的なデータ整頓の方法については第3章の最初で扱います．

(2) **データ読み込み**：データ整頓ができたら，データ読み込みを行います．データの読み込みにはRを使います．Excelにまとめたデータを読み込んでいく際には，エラーメッセージが出て先に進まないことがとても多いです．でも恐れる必要はありません．いったん慣れれば，後は見慣れたエラーしか出ないことが多いのでうまく対応できるようになります．データ読み込みに関する基本的なことを第3章で扱い，大量のデータを読み込む方法については第4章で扱います．

(3) **データ前処理**：データ前処理では，数値を並べかえたり，フォーマット（形式）を統一したりします．データ前処理は，データ分析の山場の1つです．この部分だけで1冊の本が出版されているほど，厄介かつ重要なステップです．たとえば，「1000」という数値として入力したつもりのデータが，「abcd」のような単なる文字列と同じように扱われてしまうと，その数値を10倍する，といった計算に用いることができずにエラーが発生してし

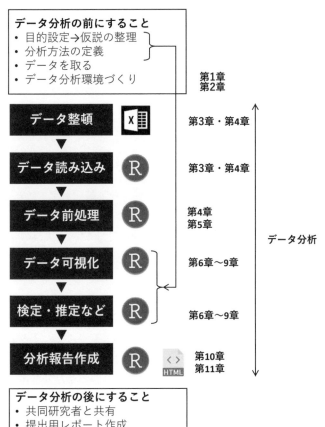

図 1.1 データ分析のフローチャート

まいます．なぜなら文字列は計算に使えないからです．入力されたデータが数値なのか文字列なのかを特定するといった，人間にとっては当たり前すぎて不要な作業もコンピュータのためにはしなければなりません．データの前処理をしっかり進めることが，これ以降のステップで不毛なエラーに出会わないためにとても重要になります．本書で網羅的に前処理の方法を紹介することはできませんが，生態学・環境科学のデータでよく使う前処理方法について第 4, 5 章で詳しく解説します．

(4) **データ可視化**：人々がデータ分析としてイメージするのは，データ可視化からの作業かもしれません．データ分析における**可視化**とは表の中に数字の羅列としてまとめられているにすぎないデータを，目で見て直感的に理解できるグラフという表現に変えることです．可視化という言葉自体は堅いですが，**可視化＝グラフを作ること**と思えば十分です．データ分析では一定のルールに従ったグラフを作ることがとても重要です．

　　データ分析に少し慣れてくると，統計的に有意な差のあるパターンを見つける，予測精

度の高い分析手法を選ぶ，複数の変数をごちゃまぜにしてそれらしい指標を作るなどの，データ分析のゴールにばかり気を取られ，データの可視化を飛ばしてすぐに統計的検定や推定に走ってしまう人が出てきます．これは最も避けなければいけないことの 1 つです．まずは先入観を持たずに，自分で集めたデータの様子を可視化によって確認することが必要です．

(5) **検定・推定など**：データ分析を開始する前に整理した仮説，定義した分析方法に従って，統計分析を行います．たとえば，「化学農薬と生物農薬の効き目に差はあるか？」という問いに対して判定（＝検定）を行います．あるいは，「生物農薬で抑制できる害虫の数はどれくらいか？」という問いに対して予測（＝推定や予報）をすることになります．なお，1 つ前のステップである (4) データ可視化とこの (5) 検定・推定については，ただやみくもに行うのではなく，「データ分析の前にすること」にある仮説の整理・分析方法の定義に基づいて行うことがとても重要です．とにかく差が出るまで総当たりで比較し続けるようなことは絶対してはいけません．

(6) **分析報告作成**：R のコマンドを思いつきにまかせて書き続けていくと，後から読んだら意味のわからないものになりがちです [1]．分析がある程度進んだときと分析がすべて終わったときには，なぜその分析をしたのか，分析結果はどのような意味・意義があるのかなどの文章と，分析コード・分析結果・グラフなどを組み合わせた分析報告書を作成するのがよいでしょう．本書では R Notebook という機能の利用をお勧めします．R Notebook を使うと Microsoft Edge などのウェブブラウザで読みやすいデザインで，簡単に分析結果をまとめたファイルを作ることができます．ここまでが，本書におけるデータ分析の作業になります．その後には，図 1.1 にもあるとおり，共同研究者に分析報告を送ったり，実習レポートを書いたりするとよいでしょう．

1.2　本書の利用法：学び方ガイド

前節では，図 1.1 を使ってデータ分析の流れを説明しました。この流れは実際にどんな分析ツールやアプリ，プログラミング言語を使うかに依存しない普遍性のある作業の順序となっています。では，R と RStudio を使い，この流れに従ってデータ分析をするにはどうすればよいでしょうか？ 各章で学ぶ内容をまとめたものが図 1.2 と図 1.3 です。

図 1.2 は，データ分析の前処理ができるようになるまでの作業の流れとその解説章を，必要なプログラミング技術と対応させた形でまとめたものです．初めてプログラミングとデータ分析を学ぶ人にはいまはまだ難しいと思いますので，この図は飛ばしてもらってよいです．本書で学んだ後に復習するときの良い道しるべ（地図）にすると良いでしょう．

続いて図 1.3 は，やりたい分析がすでに決まっている中級者向けに作業の内容をまとめたも

---

[1]　プログラミングした 1 ヵ月前の自分はほぼ他人だと思うほうがよいです．

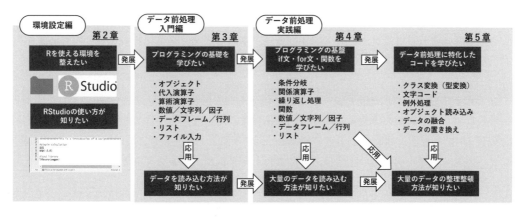

図 1.2　各章で学ぶ内容の流れ（第 2〜5 章）→ 口絵 1

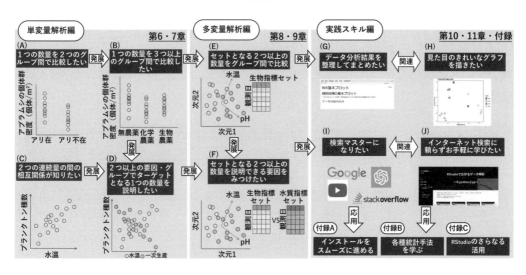

図 1.3　各章で学ぶ内容の流れ（第 6〜11 章・付録）→ 口絵 2

のとその解説章です．第 10 章・第 11 章・付録は発展的内容ですので，やりたい分析によらず読むことをお勧めします．一方，第 6〜9 章まではデータのタイプに応じた内容となっています．以下，詳しく説明します．

・1 つの数量を 2 つのグループ間で比較したい（図 1.3A）：1 つの数量のことを専門用語で**単変量**と呼びます．たとえば，葉の窒素含有量とか昆虫の個体数密度などです．単変量の値の大小を比較したい場合は，t 検定から始める必要があるので第 6 章で学びましょう．

・1 つの数量（＝単変量）を 3 つ以上のグループ間で比較したい（図 1.3B）：この場合は，第6 章のはじめで t 検定を勉強した後で，その発展として，第 6 章の後半と第 7 章で分散分析と一般線形モデルについて学びましょう．

- **2つの連続量の間の相互関係が知りたい**（図1.3C）：2つの数量（＝2つの単変量）の組合せ（葉の窒素含有量とアブラムシの個体群密度，水温とプランクトン種数など）の対応関係の有無を確認したい場合は，相関分析と線形回帰モデルについて第6章で学びましょう．

- **2つ以上の要因・グループでターゲットとなる1つの数量を説明したい**（図1.3D）：3つ以上の数量（＝3つ以上の単変量）の組合せがあって，そのうちの1つの数量（例：プランクトン種数）の変動原因を残りの2つ以上の数量（例：水温と一次生産量）あるいはグループ（例：夏と冬の違い）で説明したい場合は，分散分析と線形回帰モデルの発展として，重回帰モデルと一般線形モデルについて第6章と第7章で学びましょう．

- **セットとなる2つ以上の数量をグループ間で比較**（図1.3E）：2要素以上の数量のかたまり・セットを**多変量**といいます．たとえば，4要素で1つのセットとなる生物指標（全細菌数・植物プランクトン数・動物プランクトン数・プランクトン種数）を考えてみましょう．このような多変量の特徴について可視化したり，グループ間で比較したりしたい場合（図1.3E）は，次元削減・多変量分散分析などについて第8章と第9章で学びましょう．これは分散分析（図1.3B）の発展形です．

- **セットとなる2つ以上の数量を説明できる要因を見つけたい**（図1.3F）：これは次元削減・多変量分散分析（図1.3E）と一般線形モデル（図1.3D）の発展形です．性質の異なる多変量のセットが2つあるときを考えましょう．たとえば，生物指標のセットの他に，水質指標のセット（たとえば，水温・pH・溶存酸素濃度・全リン量）があるときです．1つのセット（生物指標）をもう1つのセット（水質指標）で説明することを目的とする多変量分析についても，第9章で学びましょう．

- **データ分析結果を整理してまとめたい**（図1.3G）：わかりやすいコードを書くことは，自分自身が円滑にかつミスのないようにプログラミングするためにも，あるいは指導教員や共同研究者と情報を共有するためにも非常に重要です．第10章では分析レポートを作る方法を学びましょう．

- **見た目のきれいなグラフを描きたい**（図1.3H）：グラフの美しさでプレゼン相手を煙に巻くのは感心しません．しかし，美しいグラフをうまく使えば自分自身も相手の理解も進みます．見た目のきれいなグラフの描き方の基本情報は第10章で学びましょう．第10章の内容で物足りない場合は，第11章で学ぶ独学方法を駆使して，自分で情報を集めてスキルアップを目指しましょう．

- **検索マスターになりたい**（図1.3I）：第9章までで学ぶ単変量解析・多変量解析の手法は，2000年代までならメジャーな国際誌への投稿論文にそのまま使うことができるレベルでした．しかしながら，統計・データ分析の専門家による新しい分析手法の開発とそれらの各科学分野への応

用は日々続いており，本書で紹介する手法だけでは卒業論文レベルです．そこで新しい手法を学ぶ必要が生じます．しかし，その新しさから日本語の教科書に載るまでには何年もかかることでしょう．だからこそ，独学が重要なのです．独学で新しい方法を学ぶには，インターネット検索の効果的な方法を第11章でマスターしましょう．

・**インターネット検索に頼らずお手軽に学びたい**（図1.3J）：自分で新しい手法を学ぶとき，ゼロからインターネット検索したり，対話型AIに個別の質問をしたりする以外にも，有効な方法があります．それは，すでにその分野の専門家たちが自分たちの経験に基づいてまとめた信頼性の高い情報を頼りにすることです．第11章では，文字情報だけではなく動画解説も含めていくつかのお勧めサイトを紹介します．

・**独学を実践したい**：新しい手法を学ぶと自分でコードを書く必要が出てきますので，意味のわからないエラーが出て先に進まないということがよくあります．それを心折れずに乗り越えるためには，付録Aでエラー解決の方法を学びましょう．本書の第6〜9章で学んだことを土台に新しい統計分析手法を学ぶには付録Bを読みましょう．さらに，RStudioをもっと使いこなす発展的な方法は付録Cにまとめてあります．

　本書は最新の手法を網羅的にカバーした事典ではなく入門書です．そのため基本的には，必要なところだけ読んでもらうというよりは，最初から順番に読んでもらうことを想定しています．しかし，本書をすべて読み終わった後に，必要なところを復習したくなることもあるでしょう．その場合には，図1.2と1.3をもう一度見返して，「〜したい」と書かれたテキストボックスの中から自分が復習したい内容を見つけて該当する章を読み直すとよいでしょう．

1.3　サポートサイト上の補足資料の使い方

　本書での解説に使っているデータとサンプルRスクリプトは，すべて以下のウェブサイトで公開しています．各章を読み始める前に該当章のリンクをクリックし，書かれた内容に従って自分のPCの準備や分析に必要なファイルをダウンロードをしてから，本書を読み始めることをお勧めします．

$$\text{https://tksmiki.github.io/eco\_env\_R/}$$

サポートサイトの利用においては，以下のことに気をつけてください．

- 特に第4章以降，ファイルをダウンロードするフォルダが適切か確認しましょう．
- ファイルをダウンロードするとき，左クリックだけでダウンロード可能なファイルと右クリックが必要なファイルがありますので，サポートサイト上の説明をよく読みましょう．
- Rスクリプト（.Rで名前が終わるファイル）には文字化け防止のために日本語のコメントが全く入っていません．しかしその代わり，Rスクリプトに日本語解説を追加しその実行結果も含めたもの（.htmlで名前が終わるファイル）を，ブラウザ上で表示することが可能です

（図 1.4）．

- 本文中の四角い枠で囲まれたファイル名（ chapter03.R など）は，サポートサイトのファイルに対応しています．本文中にあるスクリプトの行番号も，サンプル R スクリプトファイルを RStudio で開いたときの行番号に対応しています．

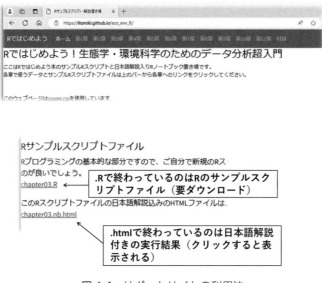

図 **1.4** サポートサイトの利用法

第2章　R環境の準備

本章で学ぶ内容は3つです．まず，Rでプログラミングを始める前に，自分のPCの設定をプログラミングしやすいように整える方法を学びます．次に，プログラミングに必要なアプリであるRとRStudioをインストールし，それらのアプリの設定を整える方法を学びます．最後に，プログラミングを始めるときの，RStudioの基本操作について学びます．最初の2つについては一度設定してしまえば繰り返す必要のない作業です．一方，最後のRStudioの基本操作については，Rを使うたびに必要な操作となりますので，慣れるまで何度か読み直す必要があるかもしれません．

2.1　PCの下準備

Rでプログラミングを始めるためにはRとRStudioという2つのアプリのインストールが必要です．しかし，実はその前に重要な下準備があります．2.1.1節からの説明は，みなさんがOSとしてWindows11またはWindows10がインストールされているPCを使っていることを前提としています．Macコンピュータでは，Windowsで起きるようなトラブルとは無縁ですので，2.1.1節を読み飛ばして2.1.2節に進みましょう．2.2.1～2.2.2節のWindowsに特化した情報についても飛ばして読みましょう．ただし，Rに関係ない部分で，ある程度コンピュータの知識がないと解決できない問題がMacには多々ありますので，初心者はWindowsマシンを使うことを強くお勧めします．ちなみにWindows10以前およびMacの場合の細かい設定を知りたい方は，サポートサイト第2章のページにあるリンクから設定ガイド（settingR_miki.pdf）をダウンロードすれば，自分のPCに応じたインストール手順を学ぶことができます．Linuxを使っている人はすでにコンピュータ操作に慣れているはずですので，ウェブ上で必要な情報を見つけてRとRStudioのインストールは容易にできるでしょうから，ここでは解説しません．

2.1.1　Windows10またはWindows11の設定確認・変更

Windows11搭載PCにRをインストールする場合，まずPC本体の設定として次の4つのチェック項目を確認してください．

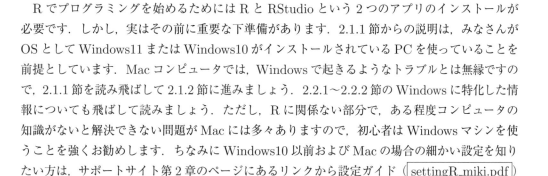

(1) 日本語フォント（漢字・ひらがな・カタカナおよび空白）を使っていないアカウント（ユーザー）でPCにログインすること
(2) アカウントの種類が**管理者**となっていること
(3) **ファイル名拡張子**がエクスプローラ（ファイルやフォルダを表示するアプリ）上で表

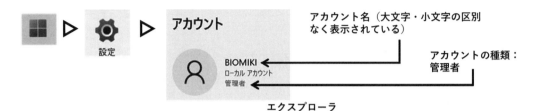

図 2.1 アカウント名・アカウントの種類の確認

　まず，（1）と（2）については図 2.1 のアイコンで示されているように，デスクトップ下部の [Windows マーク] > [設定] > [アカウント]，と進んでいくと確認することができます．（1）と（2）のどちらかが満たされていない場合は，Box 1 内の解説を参考に，条件を満たすように変更が必要です．次に（3）については，エクスプローラ（図 2.2）を立ち上げて，何かファイルが保存されているフォルダを開いてみてください．表示されているファイルの名前の最後に .jpg とか .docx とか .xlsx とかピリオド（.）と数個の文字（jpeg, docx, xlsx）が付いていないと**ファイル名拡張子**（＝ファイルの種類を特定するための情報）が表示されていないということです．残念なことに，大体の市販の PC では，ファイル名拡張子が表示されない初期設定になっています．

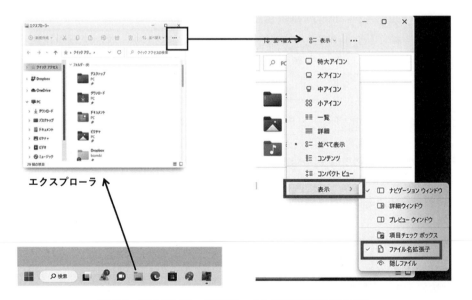

図 2.2 エクスプローラでファイル名拡張子を表示する

PCで安全にスムーズにプログラミングをしていくには，図2.2にあるように，エクスプローラの右上のほうの [表示]（エクスプローラの横幅が狭いと [⋯] というところに隠れています）をクリックすると小さな画面が現れますので，さらに一番下の [表示] をクリックしましょう．そこで，**ファイル名拡張子**をクリックしてチェックマーク（✓）が表示されるようにしましょう．これで（3）については準備 OK です．

最後に（4）です．OneDrive は Microsoft のクラウドサービスです．これは，ファイルをバックアップしたり 2つ以上の PC やスマートフォンなどでファイルを同期したりするのに便利なアプリですので使っている人も多いでしょう．しかし R・RStudio とは相性が良くありません．そこで，R と RStudio を使って行うデータ分析のデータや R プログラミング用ファイルを保存するフォルダは，OneDrive 以外の場所に作ることを強く強くお勧めします．[PC] > [ドキュメント] の下に新しいフォルダを，日本語フォントを一切使わず，かつ全角でも半角でもスペース（空白）を間に挟まないような名前で作るとよいでしょう（たとえば，ikari や shinji は OK ですが，ikari shinji は NG です）．特に RStudio は現在までのところ日本語フォントと相性が悪いです．たとえば，OneDrive フォルダの下にある「ドキュメント」フォルダでは，コンピュータの中の位置（＝住所）を示すパスが C:¥Users¥user_name¥OneDrive¥ドキュメントとなっています．このパスの最後の部分の日本語フォント（＝**ドキュメント**）のせいで，RStudio にうまく認識されずにエラーが出てしまいます．

もしも OneDrive と同じように同期やバックアップができるアプリを使いたいのであれば，Dropbox をお勧めします．Dropbox をインストールして Dropbox の下に日本語フォントを使わないフォルダを作れば，RStudio と喧嘩することなくうまく，データ分析を進めていくことができるでしょう（図2.3）．

OneDrive 問題は，これから R と RStudio をインストールするときにも再燃しますので次節以降も特に Windows ユーザーの方は注意深く読み進めてください．

OneDrive　　　　**Dropbox**

図 **2.3**　OneDrive の使用を避ける

PC アカウントの種類は，自分で買っていつも使っている PC であれば管理者である可能性が高いです．一方，家族など他人がメインで使っている PC の場合，自分のアカウントは管理者となっていないことも多く，アプリを勝手にインストールすることができません．その場合は管理者アカウントを持つ人にログインしてもらって，ご自分のアカウントの種類を管理者に変更してもらいましょう．大学生の皆さんは大学が Microsoft 社のサービスを利用

している場合，入学時に学籍番号・在籍番号とリンクした Microsoft アカウントが自動で割り当てられていて，その Microsoft アカウントに紐づいたアカウントで大学指定の PC にログインしているかもしれません．もちろんこれでも構いませんが，アカウント名について漢字・平仮名・カタカナを含むフルネームが割り当てられている場合，そのアカウントは R と RStudio ととても相性が悪いです（もしかしたら RStudio のバージョンアップとともに，この問題は解消されるかもしれませんが）．その場合は日本語フォントを使わないアカウントを新たに作りましょう．

　Windows は Microsoft アカウントと紐づけた PC アカウントを使うように強く勧めてきますが，Microsoft アカウントとも何のメールアドレスとも紐づいていない独立したアカウントを作るのがシンプルでお勧めです．このような独立したアカウントの作成方法をかいつまんで説明すると，管理者アカウントで Windows にログインした状態から，[設定] > [アカウント] と進み，[その他のユーザー] を選択し，[その他のユーザーを追加する] から [アカウントの追加] ボタンをクリックします．そうするとまず，メールアドレスまたは電話番号の入力を求められますが，それは書き込まず，「このユーザーのサインイン情報がありません」というメッセージをクリックしましょう．そうするともう一度メールアドレスの入力を求められ，そのメールアドレスによって Microsoft のアカウントを作るように促されます．しかし，そこで一番下の [Microsoft アカウントをもたないユーザーを追加する] をクリックします．すると「この PC のユーザーを作成します」という画面が出てきますので，その最初の入力フォーム「この PC を使うのは誰ですか？」の下に，アルファベットのみかつ文字の間にスペースを挟まない新しい**ユーザー名**を入力します．その次は指示に従って，パスワードおよびパスワードを忘れたときの秘密の質問を入力していきましょう．

　これでようやく，新しいユーザー（＝アカウント）が作成されて，設定画面の [アカウント] > [その他のユーザー] 画面に戻ります．ところがいま作った新しいユーザーは**管理者**タイプではありません．そこで，[アカウント名] をクリックすると現れてくる [アカウントのオプション] という文字の横の [アカウントの種類の変更] というボタンをクリックして，アカウントの種類を標準ユーザーから管理者にグレードアップしましょう．これで新しいユーザーの設定は OK です．新しく作ったユーザーでログインし直してから，R と RStudio のインストールに進みましょう．

2.1.2 Mac の設定確認・変更

　Mac コンピュータに R をインストールする場合，まずマシン本体の設定として次の 3 つのチェック項目を確認してください．

(1) 日本語フォント（漢字・ひらがな・カタカナ）を使っていないアカウント（ユーザー）で Mac にログインすること
(2) アカウントの種類が**管理者**となっていること

(3) ファイル名拡張子が Finder（ファイルやフォルダを表示するアプリ）上で表示されていること

（1）と（2）についてはわからなかったらウェブ上で検索して解決策を探してみましょう．（3）を満たすためには，Finder の [メニュー] から，[環境設定] > [詳細] > [すべてのファイル名拡張子を表示] にチェックをいれてください．

2.2　RとRStudioのインストール

2.2.1　Rのインストール

CRAN のサイト（https://cran.r-project.org/）に行って自分が使っている PC の OS に対応した R のインストーラをダウンロードしましょう．特に Windows の人は図 2.4 の "Download R for Windows" リンクをクリックした後の画面で，図 2.5 の "Install R for the first time" を押して指示どおり進めれば OK です（図 2.5）．

[Windows を使っている人]

Rのインストーラファイル（R-4.2.1-win.exe または最新のバージョンのもの R-4.*.*-win.exe）（*の部分には何らかの数字が入っています）をダブルクリックしてインストールを開始します．ここで自分の PC 上で，インストーラは R-4.*.*-win.exe と表示されていますか？ 単に R-4.*.*-win と表記されていませんか？ もしそうなら，2.1.1 節で説明した「ファイル名拡張子が表示されていること」がまだ満たされていません．もう一度その部分の説明を読み直して，PC の設定を変えましょう．

さて，インストール開始後に何個か質問をされますが，一部慎重に選ぶ必要があります．それは「インストール先の指定」という画面です（図 2.6）．R for Windows 4.*.*をインストールするフォルダを指定することができますが，最初から指定されているフォルダをうのみにしてはいけません．このインストール先に OneDrive の文字が入っていると大変危険です（たとえ

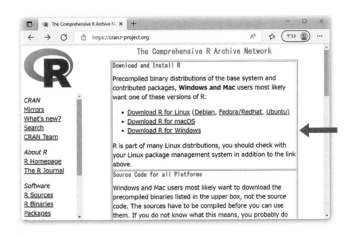

図 2.4　CRAN のダウンロードサイト

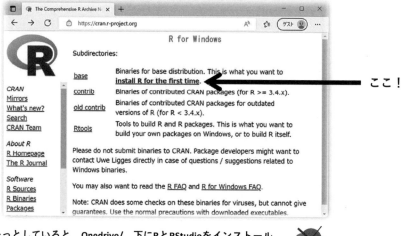

ぼーっとしていると　Onedrive/　下にRとRStudioをインストール
してこようとする

図 2.5　Rインストール（Windows の場合）

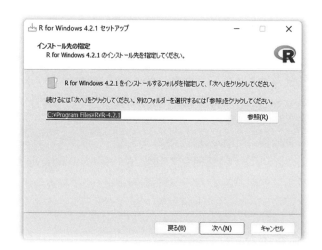

図 2.6　Rのインストール先について

ば，C:¥Users¥＊＊＊＊¥OneDrive¥R-4.2.1，＊＊＊＊の部分はユーザー名）．一番安全なのは C ド
ライブの直下の Program Files[1] の下に R およびインストールするバージョン名を含むフォル
ダを作ってインストールすることです（多くの PC ではインストーラが勝手にそのようなフォ
ルダを指定してくれます．たとえば図 2.6 のように C:¥Program Files¥R¥R-4.2.1）．インス
トール先に OneDrive が含まれていないことを確認したら，[次へ] ボタンをクリックして先に
進みましょう．その後から聞かれる質問に対しては特にこだわりがなければ標準（デフォルト）
で選択されている答えをそのまま選んでいけば問題ありません．

---

[1]　いろいろなアプリ（プログラム）がインストールされているフォルダ．

[Mac を使っている人]

　Mac のデスクトップ画面の上部にあるツールバーの左端のリンゴマーク（Finder の左横）を
クリックし，一番上の [この Mac について] をクリックすると，小さなウィンドウが出てきま
す（図 2.7）．そこには MacOS の名前とバージョンが表示されているはずです．このバージョ
ンが 10.13 以降（10.13 も OK）でないと，RStudio をインストールして使うことはできませ
ん．10.13 以降の OS を搭載した新しいマシンを使うか，Windows に乗り換えるか，2.1 節の
はじめで紹介した設定ガイド（冒頭のフローチャート）を使って自分の Mac 環境にあった設定
をしましょう．10.13 以降の人は，インストーラの指示に従って進めていけばトラブルにあう
ことはまずないでしょう．

ぼーっとしていると　Onedrive/　下にRと
RStudioをインストールしてこようとする

図 2.7　MaC OS のバージョン確認

2.2.2　RStudio のインストール

　RStudio のサイト（https://posit.co/）に行って，自分が使っている PC の OS に対応した
RStudio のインストーラをダウンロードしましょう．トップページの [DOWNLOAD RSTU-
DIO] タブを選択すると，ダウンロード可能なアプリの一覧が出てきます（図 2.8）[2]．ここでは
[RStudio Desktop]（個人 PC 用の無料版です．研究室の計算機サーバーなどにインストール
するなら [RSTUDIO SERVER]）を選びましょう．[DOWNLOAD STUDIO] ボタンをクリック
すると，RStudio のサイトがいまアクセスしている皆さんの PC の OS の種類を自動判定し，
Windows ユーザーには Windows 用インストーラを，Mac ユーザーには Mac 用のインストー
ラをダウンロードするように促してきます．

[Windows を使っている人]

　R のインストールと同じように RStudio のインストール過程も油断なりません．OneDrive
と関連する場所にインストールしてはいけません．インストーラを起動するとクリックを 1，2

---

　[2]　RStudio のウェブサイトは頻繁にデザインが変わるので，RStudio のダウンロードボタンを探すのは
　　　容易ではありません．そんな時は "RStudio Desktop" で Google 検索すると見つけやすいです．

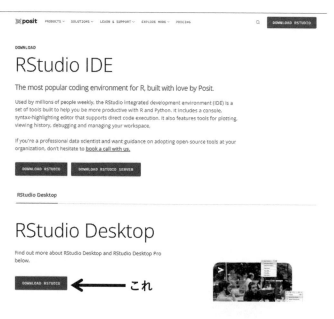

ぼーっとしていると　Onedrive/　下にRとRStudioを
インストールしてこようとする　

図 2.8　https://posit.co/のトップページから [DOWNLOAD RSTUDIO] をクリックしたところ

回した後にインストール先の選択画面が出てきますが，ここでは C:¥Program Files¥RStudio
と書き込みましょう．インストール画面に最初からこのフォルダが書き込まれていればそのま
まにして OK です．後は指示どおりに進めていきましょう．

[Mac を使っている人]

　R のインストールと同様に，MacOS のバージョンが 10.13 以上の人しか RStudio をインス
トールできません．利用可能な Mac から RStudio のダウンロードページにアクセスすれば，
自動で OS のバージョンに適したインストーラをダウンロードできます．ダウンロードしたイ
ンストーラをダブルクリックし指示どおりに進めていけば，インストールが完了します．

2.2.1 または 2.2.2 節で失敗してしまった Windows ユーザーへ：R と RStudio のどちらの
インストールに問題があるのか判定するのは容易ではありません．そこで思い切って両方とも
アンインストールし，最初からインストールをやり直しましょう．再インストール時は，必ず
R→RStudio の順に進めましょう．本書の説明を見落としているかもしれませんので，1 回目
よりもゆっくり 2.1.1 節の最初から読み進めましょう．

2.3　**RStudio** の基本操作と便利な設定

　ここではサンプルファイルをダウンロードして，それに基づいて RStudio の使い方を学んで
いきましょう．

2.3.1 サンプルファイルのダウンロード

サンプルファイルを格納したサポートサイト (https://tksmiki.github.io/eco_env_R/) 第2章の中の test_rscript.R をクリックすると (図2.9), 勝手にダウンロードが始まるか, ダウンロード (あるいは, 名前を付けて保存) 先のフォルダの指定を要求されるでしょう. 前者の場合は, ダウンロードフォルダにダウンロードされていることが多いので, 正しくダウンロードされたかを確認しましょう. いずれにせよ, 本書を読むにあたって, これから多くのファイルをダウンロードしたり, 自分でファイルを作ったりすることになるので, 専用のフォルダを作りましょう. くどいですが, OneDriveの下に作ってはいけません. [PC] > [ドキュメント] 直下[3]か, Dropbox をインストールしている場合は, Dropbox フォルダ直下に, 日本語フォントとスペースを使わないフォルダを作成しましょう (practice_R などはいかがでしょうか?).

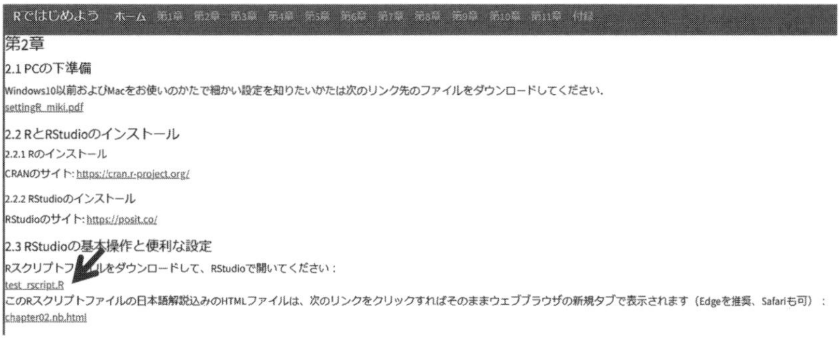

図 2.9 サンプル R スクリプトやその日本語解説をまとめたサポートサイト

2.3.2 **RStudio の外見 (GUI) の説明**
(1) ファイルを開こう

さて, 上で作ったフォルダ (practice_R) に chapter02 というサブフォルダを作りましょう. そして chapter02 フォルダの中に test_rscript.R をダウンロード, もしくはダウンロードフォルダから移動させてきたら, そのアイコンをダブルクリックしてみましょう. 拡張子が .R で終わるファイルが RStudio にちゃんと認識されていれば, 図2.10 のような画面が出るでしょう.

あるいは, 自分のコンピュータで初めて.R 拡張子のファイルを開くとすると, Windows では「このファイルを開く方法を選んでください」という画面が出てきます (図2.11). その候補に [RStudio] が出るはずですので, [RStudio] を選ぶとともに [常にこのアプリを使って.R ファイルを開く] というチェックボックスのチェックを入れてください. もしも図2.12 のような画面が出るとすると問題です. 図2.12 は R アプリ単体での起動画面ですので, RStudio がそもそもインストールされていないか, インストールされていても拡張子.R のファイルを開く「既定のアプリ」が RStudio ではなく R 単体に設定されていますので修正が必要です. Windows で既定のアプリを変えるには, [Windows のツールバー (Windows 11 ロゴ ■)] > [設定 (⚙)]

---

[3] この [ドキュメント] フォルダの表記は日本語ですが, PC 内部では [Documents] というアルファベット表記のフォルダなので選んでも構いません.

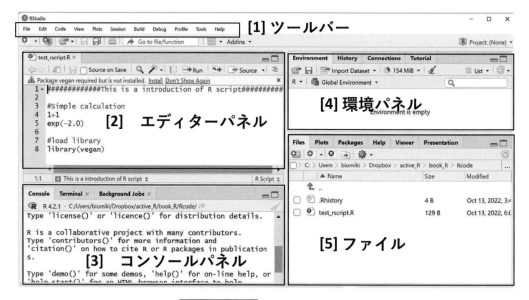

図 2.10 test_rscript.R を RStudio で開いたところ

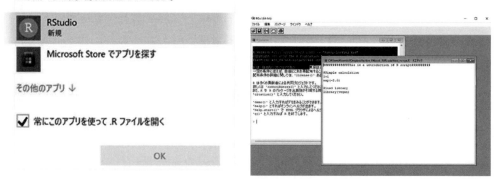

図 2.11 Windows で初めて.R 拡張子のファイ
ルを開くとき

図 2.12 これは RStudio ではなく R で開いた場
合（失敗）

> [既定のアプリ] > [ファイルの種類ごとに既定のアプリを選ぶ], をクリックし, 画面を下に
スクロールして.R のところまできたら, 既定のアプリを R から RStudio に変更します.

Mac の場合は test_rscript.R を Ctrl (コントロール) キーを押したままクリックすれば, [情
報を見る] から, どのアプリケーションで開くかを選ぶことができます. さらに [同じ種類の書
類はすべてこのアプリケーションで開きます] で [すべて変更] ボタンを押せば, .R 拡張子のファ
イルはすべて RStudio で開くように変わります.

(2) Rスクリプト

コンピュータにしてもらうことの最小単位であるコマンドを複数連ねたものがコードでした。コードというかたまりを複数連ねれば、プログラムができあがります。このプログラミングコード全体をRスクリプトといい、それが保存されているファイルをRスクリプトファイルといいます。Rスクリプトファイルは、.Rという拡張子をつける決まりとなっています。簡単にいえば、コマンド＝文、コード＝段落、Rスクリプト＝文章全体というイメージを持つとよいでしょう[4]。

それでは、図2.10にあるような、RStudioの外見について説明していきます。RStudioは一番上にFile, Edit, Codeなどの文字の並ぶ**ツールバー**（[1]）があり、その下で4つの**パネル**[5]（ウィンドウ：[2]〜[5]）に分割されているのがわかるでしょう。

(3) 4つのパネル

[2]のパネルは、Rスクリプトファイルを編集してコマンドを追加・修正したり、読み込んだ数値データを確認したりするための**エディターパネル**[6]です。エディターパネルでは、それ自体で複数のファイルを開いてタブで切り替えることができます。

[3]のパネルはConsole（**コンソール**）パネルです。[2]に書き込まれたコードを実行した結果やエラーメッセージが表示されます。また、一度限りしか実行する必要がない簡単なコマンドを実行するときには、エディターパネルは使わずに、コンソールに直接コマンドを書いて実行するほうがよいでしょう。

[4]の環境パネルにはRのプログラムを実行している最中に生成される変数・ベクトル・行列やデータ（**オブジェクト**といいます）の一覧が表示されます。オブジェクトの中で特に[Data]のところに載っているオブジェクトをダブルクリックすると、[2]のパネルに表示させてその中身の情報を確認することが可能です。

[5]のファイルパネルにはよく使う複数の機能がタブ表示でいくつかまとめられています。いま開いているフォルダ上の**ファイル一覧**を確認したり（Files）、分析結果の**グラフ**を表示したり（Plots）、**ヘルプファイル**を確認してプログラミングで使うパッケージや関数の使い方を調べたり（Help）できます。

(4) エディターパネルの色の意味・設定

RStudioの4つのパネルの中で、作業時間のうち一番長く使うのはエディターパネルです。したがって、このパネルの見た目を快適にするのはけっこう大事です。RStudioのデフォルトの設定では、背景は白色、文字には黒や緑などが配色されているはずです。文字の色が分かれている理由は、RStudioがRの文法規則を自動で読み取り、プログラミングする過程をスムーズにするために、書かれた内容に応じた色を表示しているからです。

---

[4] ただしコマンドとコードはしばしば同じ意味で使われます。
[5] ペイン（pane）ともいいます。
[6] ソースパネル、スクリプトペインともいいます。

この配色デザインについては，[1] のツールバーの中の右から 2 番目の [Tools] メニューの中で変更可能です．Tools メニューの一番下，[Global options] を選ぶともう 1 つウィンドウが出てきます．その中でさらに [Appearance] をクリックし，[Editor theme] の中のいろいろな選択肢を選ぶと，背景と文字の配色が変わります（図 2.13）．自分の好みの配色デザインを選ぶと，不慣れなプログラミング作業も楽しくなるでしょう．

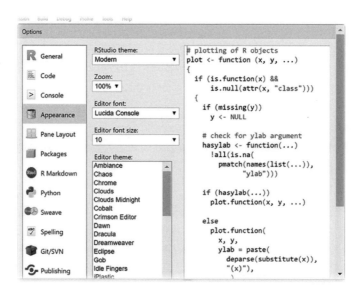

図 2.13 Global options で配色デザインを変えよう

2.3.3 超重要情報！ 作業ディレクトリの指定を毎回行う

もう 1 ステップ，新しいスクリプトファイルを開くたび，あるいは RStudio を立ち上げるたびにすべきことがあります．R スクリプトからは，コンピュータの中のファイルにアクセスしてデータを読み込んだり書き出したりすることができます．そのとき，たとえば MS Word で必要なファイルを開くときのように，人間が必要なファイルの置かれたフォルダまでマウス操作でたどっていくことはしません[7]．代わりに，読み込んだり書き込んだりするファイルの名前を R のスクリプト内に書く必要があります．それに加えて，R が指定されたファイルにたどり着くためには，コンピュータ上のどの場所を基準に作業をしているかということを R に教えてあげる必要があります．

このコンピュータ中の**現在位置**を R に教えてあげるには，[1] のツールバーの中の [Session] ツールから，[Session] > [Set Working Directory] とマウス操作で進んで [To Source File Location] を選択してください（図 2.14）．

これがスクリプトを開くたびに必ずしないといけないことです．これは**作業ディレクトリ（フォルダ）の指定**という操作であり，[To Source File Location] を選ぶことで，いま使って

---

7)　人間が手で操作していたらそれはプログラミングではないですね．

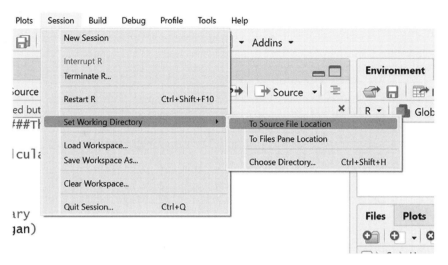

図 2.14　作業ディレクトリ（フォルダ）を指定する

いる R スクリプトファイル（R の**ソースファイル**ともいいます）が保存されているフォルダを
基準位置にしてファイルを探すことになります．これに関するさらなる詳細情報は第 3 章で説
明します．しつこいですが作業ディレクトリの指定作業は必ず毎回行いましょう．

2.4　Rスクリプトファイルにおける基本操作

2.4.1　コメントは超絶大事

　コード実行方法を説明する前に，R スクリプトの外見についても説明しておきましょ
う．図 2.10 のエディターパネルの左端には行番号が表示されています．#から始まる行
は**コメント**と呼ばれ，コード実行時には R には認識されません．コメントは R スクリプ
トを書いたり読んだりする人向けのメッセージです．たとえ自分 1 人しか使わず別の人と
共有する予定のない R スクリプトであっても，こまめにコメントを残しましょう．プロ
グラミングのコードというのは書いた本人も書いた理由をすぐに忘れてしまうものです．
コメントは後日同じ R スクリプトを開いて修正したり実行したりするであろう，未来の自分の
ためのメッセージです．

2.4.2　コマンドの実行・簡単な計算

　さて，$\boxed{\text{test\_rscript.R}}$ の 1 行目はコメントで，2 行目は空行です（空行も R は認識せず，飛
ばします）．3 行目もコメントです．4 行目に書いてあるのは 1 + 1 という計算をせよという**コ
マンド**（＝**命令**）です．これを実行するには，4 行目にカーソルを合わせてハイライトにし（図
2.15），キーボードから Windows の場合は Ctrl（コントロール）キーを押しながら Enter（エ
ンター）キーを押します．Mac の場合は Command（コマンド）キーを押しながら Enter キー
を押します．このとき，ありがちな失敗があります．コマンドをハイライトにしたまま，順番を

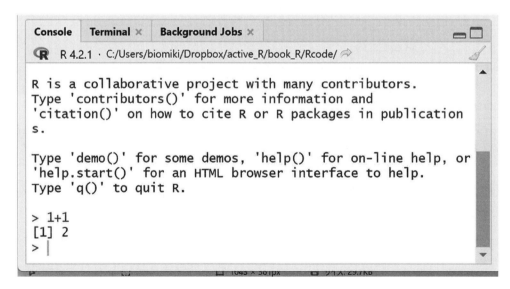

```
1 ▾ #############This is a introduction of R script##########
2
3   #Simple calculation
4   1+1
5   exp(-2.0)
6
7   #load library
8   library(vegan)
```

4:4   📖 This is a introduction of R script ⬍   R Script ⬍

図 2.15 エディターパネルで実行したい行をハイライトにする

間違えてEnter キーを先に押すとその部分の文字が消滅します．でも慌てない！ Ctrl キー（または Command キー）を押しながら Z キーを押せば元に戻ります．

　上の操作によってこの部分（1+1）の部分だけがコンソールパネル（図 2.10 の [3] のパネルです）に自動的にコピーされ（>1+1 の部分です．>はコマンドの一部ではなく，コンソールにおいて何か入力可能であることを示すマークで，プロンプトといいます），その計算結果が図 2.16 に [1] 2 として表示されます．[1] は**出力**の 1 つ目という意味で，出力結果自体は 2 という数値です．

Console   **Terminal** ×   **Background Jobs** ×

Ⓡ R 4.2.1 · C:/Users/biomiki/Dropbox/active_R/book_R/Rcode/ ⤳

```
R is a collaborative project with many contributors.
Type 'contributors()' for more information and
'citation()' on how to cite R or R packages in publication
s.

Type 'demo()' for some demos, 'help()' for on-line help, or
'help.start()' for an HTML browser interface to help.
Type 'q()' to quit R.

> 1+1
[1] 2
>
```

図 2.16 コンソールパネルに実行結果が表示される

　R は何百行もあるコードを一気に実行するようなタイプのプログラミング言語ではありません．プログラミングしている我々ユーザーとコンピュータが対話的に少しずつ実行していくタイプのプログラミング言語です．そして，コードは上から下に実行したい順に書くことが基本

です．人が本を読むときやいろいろ考え事をするときには，行ったり来たりすることが多いですが，コードは一方向で書くものだと覚えておいてください．

少しずつ実行するといっても，それは1行1行実行するという意味ではありません．1つの作業が複数行に書かれたコマンドのかたまりになっているときは，複数行を一度に実行することもよくあります．もしも複数の行に書かれたコマンドを上から順に一度の操作で実行したいときは，たとえば，4行目と5行目を両方ともハイライトにし，実行のためのキーを2つ押します[8]．そうすると，コンソールには1行1行順に，かつ自動的にコードがコピーされ，順に実行結果が表示されます．このときコメント行（3行目）をハイライトに含めても結果は変わりません．コメントもコンソールにコピーされますが，何も実行されません．コンソールパネルに表示される実行結果は図2.17のようになります．

図 2.17　複数行を実行した場合のコンソールの表示

以後，毎回Rのエディターパネルに書かれたコードやコンソールパネルでの出力について，画像キャプチャーを使って説明するのではなく，コード自体やコンソールの表示は背景がグレーのかたまりとして表記します．スクリプト上のコードとコンソールの見分け方としては，> が入っているほうがコンソール画面上のコードおよび実行結果であると思えばOKです．

2.4.3　基本操作で良く出会うトラブル

コマンドの実行は完了している？：1+1のようなコマンドならコンソールに2という出力が表示されますが，実行してもコンソールには実行したコードがコピーされるだけで，続けて何も表示されない場合もあります．しかしその場合は，コマンドが実行すべき計算に時間がかかったり，プログラム自体が固まったりしている状態かどうかわかりません．入力したコマンドの実行が完了している場合には，コンソールの最終行に次の入力待ちの記号 > が表示されているはずです．この記号の有無でコマンドがうまく終わっているかどうかを判断するとよいでしょう．

コマンドの入力が終わっていない：1 + 1 - 3のような単純なコマンドでも，もしもタイピングを間違えたりマウスでハイライトにする部分を失敗したりして，1 + 1 - の部分しかコンソールに送られない場合，Rは入力が終わっていないと判断します．試しにコンソールに直接1 + 1 - と入力後にEnterキー（Returnキー）を押してこのコードを実行してみてください．すると以下のように，コマンドの続きの入力を促す + という記号が最後の行に表示されます．

---

[8]　どのキーとどのキーか，覚えていますか？

この + 記号は，足し算の意味ではありません．

```
> 1 + 1 -
+
```

このとき，コードの続きがわかっていればそれを追加でコンソールに直接入力すればいいです．しかし，多くの場合は，なぜ入力が終わってないか理解できないでしょう．そういうときは > という記号を続きに入れると，R はこのコードの意味がわからないと判断し，エラーメッセージ[9] を吐き出してくれます．このエラーは悪いことではなく，新たにコードを最初から入力できるように > という記号が表示されますので，また最初からコードを入れ直すことができます．

```
> 1 + 1 -
+ >
Error: unexpected '>' in:
"1 + 1 -
>"
>   ← 新たなコマンドを最初から入れてほしいという意味（つまり入力待ち状態）
```

2.4.4　パッケージのインストールとライブラリへの読み込み

本書で扱うデータは生態学のものが多いので，それに特化した計算をよくします．R に限らずプログラミング言語では，すべて自分でゼロからコードを作る必要はありません．MS Excel にも**関数**があっていろいろな計算をすることができますね．同じように，あるジャンルごとに便利な関数をたくさん集めて 1 つにまとめたものを**パッケージ**といいます．そして，パッケージをプログラミングしている最中に読み込んで，収納しておく場所を**ライブラリ**といいます．

図 2.15 の 8 行目 library(vegan) の意味は，vegan という名前のパッケージをこのスクリプトで使うためにライブラリへと**読み込む**ためのコマンドとなっています．vegan は群集生態学で使われる多様性の計算や種組成の違いを評価するためのツールをまとめたパッケージです．本書でも，第 8 章以降で使います．試しにこのコマンドを実行してみましょう．すると，これまで授業などでこのパッケージを使ったことがない限り，コンソールには以下のようにエラーメッセージが表示されるでしょう．

```
> library(vegan)
Error in library(vegan): 'vegan'という名前のパッケージはありません
```

このメッセージは，そもそもお使いの PC に，vegan というパッケージが**インストール**され

---

[9]　本書では，基本的にエラーメッセージが英語で表示される環境を仮定しています．日本語の訳がわかりにくいこともあるからです．ただし，日本語でエラーを返したい場合には，Sys.setenv(LANGUAGE="")というコマンドをコンソールに書いて実行すればよいです．逆に日本語メッセージを英語に変えたい場合は Sys.setenv(LANGUAGE="en") というコマンドの実行をしましょう．

ていないために出るメッセージです.

「パッケージがない」といわれたら,パッケージをインストールしましょう.インストールするためにはRスクリプトの中にコマンドを書くこともできますが,初学者の皆さんはマウス操作でやるほうが簡単です.ツールバーの [Tools] > [Install Packages...] と選択していくと,インストールしたいパッケージを指定するための小さなウィンドウが現れます(図 2.18).

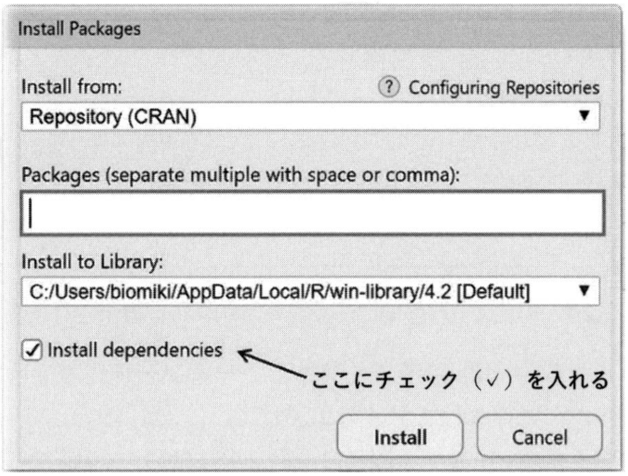

図 2.18 インストールするパッケージを指定する画面

真ん中のフォームに,vega とタイプしていくのですが,途中までタイプすると候補が自動的に出てくるので,[vegan] を選択します(図 2.19).

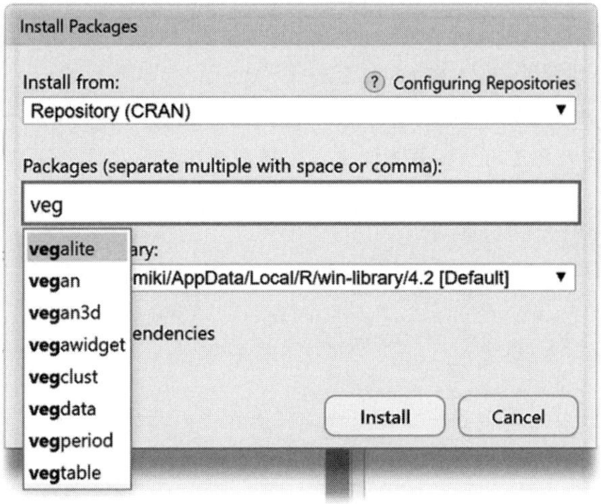

図 2.19 途中までタイプすると候補が出てくる

一番下の [Install dependencies](いまインストールしようとしているパッケージが必要とする(依存する)他のパッケージもインストールする)というチェックボックスに ✓ を入れた

図 2.20 インストール中にコンソールパネルに表示される画面

ままにします．そうしたら [Install] ボタンを押すと，コンソール上でインストール過程が表示されながらインストールが実行されます（図 2.20）．

初めてパッケージをインストールする際には，図 2.18 に移行する前に [Create Package Library（パッケージ保存用のライブラリを作成する）] という小さなウィンドウが現れるでしょう．そのウィンドウには，「Would you like to create a personal library *** to install packages into?（***というフォルダにパッケージをインストールするための個人用ライブラリを作りますか？）」というメッセージが出ます．*** の部分に OneDrive という文字が含まれている場合，そもそも R と RStudio のインストール場所が良くありませんので，R と RStudio をいったんアンインストールして，2.2.1 節からやり直しましょう．***の部分に OneDrive が含まれていなければ，Yes を選択しましょう．

インストールが成功した場合には，コンソール画面の最後に以下のようなメッセージが出るはずです（C:¥・・・のところは各個人によって異なるので気にする必要はありません）．

```
The downloaded binary packages are in
    （日本語でメッセージが出る場合は，「ダウンロードされたパッケージは，以下にあります」という
表記となります）
        C:¥Users¥user_name¥（中略. . .）¥downloaded_packages
```

インストールに失敗した場合は，コンソールに表示されるメッセージの一部に ERROR という単語が含まれ，最後の列には * removing… という文字列が表示されるでしょう．インストールがどこかの時点で失敗したので，インストールに使ったファイルは削除（removing）しますという意味です．こうなった場合，失敗の原因はいろいろあるので，簡単に解決できるとは限りません．vegan パッケージは第 8 章まで使わないので，このインストール作業と 8 行目 library(vegan) の実行は，とりあえず飛ばしても構いません．もしも自分で何とか解決したい場合は，第 11 章と付録 A を読んでみてください．

パッケージを**インストール**する作業とインストール済みパッケージの**ライブラリへの読み込み**をする作業は全く別ですので混乱しないようにしましょう．インストールは初めてパッケージを使おうと思うときに一度だけ必要であり，ライブラリへの読み込みは，RStudio を起動して R スクリプトを実行するたびに毎回必要な作業です．

2.4.5 新しいスクリプトファイルの作成と保存

次に自分で新しいスクリプトファイルを作ってみましょう．RStudio のツールバーの直下に小さなアイコンが並んでいる部分があります（図 2.21）ので，その一番左のアイコンをクリックして，そのトップの選択肢 [R Script] を選択します．すると，何も書かれていない新しいスクリプトファイルが，エディターパネルの中に新しいタブとして開きます．ここに #This is my first R script. とタイプしてみましょう（図 2.22）．

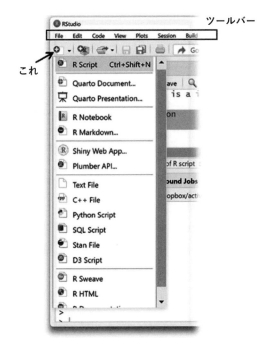

図 2.21 新しいスクリプトファイルを作る

図 2.22 新しいスクリプトファイルに書き込んでみる

しかし，これで「書けた！」わけではなく，いま自分が書いた文字の列は保存されていません．その証拠にタブのところには [Untitled*] と表示されているはずです．これはファイル名が付いていなくて（Untitled）かつ，一番最近書き込まれた内容（#This is my first R script.）が保存されていないこと（*マーク）を示しています．Ctrl を押しながら S を押すと（S は保存 Save のイニシャルです）ファイルを保存する画面が出てきます（図 2.23）．ファイルを保存するところを選ぶことはもちろん，ファイル名を拡張子.R で終わらせることが重要です（たとえば，myfirst_script.R などにするとよいでしょう）．

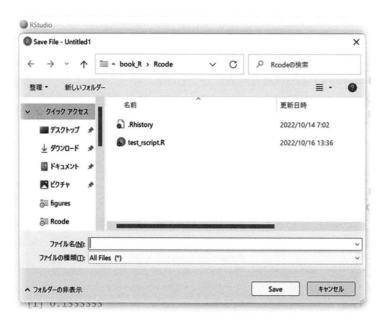

図 2.23 ファイル名を付けるときは拡張子を忘れない

いまはまだまだ慣れていないかもしれませんが，プログラミングに慣れてくると何行も何十行も一気にコードを書くかもしれません．調子が出てきてプログラミングするのはいいのですが，せっかく書いたコードが消えてしまっては元も子もありません．Ctrl+S（Mac では Command+S）を押す癖をつけて頻繁に保存を繰り返しましょう．最後に書き込んだことが保存されていなければ，いつもタブのところのファイル名の端には*マークが表示されているでしょう．

$\mathcal{R}$ 第2章の到達度チェック

- ☐ 管理者権限で PC/Mac にログインできた ⇒2.1.1 節（または 2.1.2 節）
- ☐ ファイル名拡張子を表示できた ⇒2.1.1 節（または 2.1.2 節）
- ☐ R をインストールできた ⇒2.2.1 節
- ☐ RStudio をインストールできた ⇒2.2.2 節
- ☐ 本書で扱うファイル保存用のフォルダを用意できた ⇒2.3.1 節
- ☐ 上のフォルダは OneDrive とは無関係に用意できた ⇒2.3.1 節
- ☐ サンプルスクリプトファイル test_rscript.R をダウンロードできた ⇒2.3.1 節
- ☐ サンプルスクリプトファイルをダブルクリックすると RStudio が起動する設定ができた ⇒2.3.2 節
- ☐ R スクリプトファイルを開くたびに作業ディレクトリの設定を行うことを覚えた ⇒2.3.3 節

第 **2** 部

データの整理整頓

　第2部ではまず第3章で，Rにデータを読み込むにあたって，Rでデータを操作する仕組み
と，Rに読み込む前にデータを保存するExcelの利用法を解説します．ExcelからRへのデー
タ読み込みをできるようにすることが第3章のゴールです．次に第4章では，大量のデータを
複数のファイルから自動でRに読み込むための仕組みを2つ学びます．1つは**メタデータ**の利
用であり，もう1つはコンピュータに特定の作業を自動的に繰り返させるためのプログラミン
グの制御構造（**条件文**，**繰り返し文**）です．これら2つの仕組みを組み合わせて，大量のデー
タを読み込むためのRスクリプトを書けるようになることが第4章のゴールです．最後に第5
章では，Rに読み込んだ後のデータについて，すぐに統計分析ができる一歩手前までに加工す
ることがゴールです．そのための作業は2つあります．1つは，エラーを引き起こすような意
図しない情報を削除するというデータの**整理**です．もう1つは，データの可視化や統計分析の
ときに扱いやすい形にデータの並び順などを変えるというデータの**整頓**です．

　データの可視化や統計分析自体は日々新しい手法が生まれるために多くの人が使う手法が移
り変わっていきますが，データの整理・整頓のルールはしばらくの間は変わらないでしょう．
第2部で扱う内容は世間一般でイメージされるデータ分析とはだいぶ違うものですが，非常に
重要なステップですので頑張って進めていきましょう．

第3章　Rにデータを読み込む

　本章で学ぶ内容を，図3.1にまとめました．「これまでの流れ」には，第2章までにできるようになったことがまとめてあります．まだ始まったばかりなので，できることはRStudioでの基本操作だけです．でもこの基本をおさえているおかげで，「サンプルデータ1」と「サンプルデータ2」のところにあるような数値データが並んだファイルからデータをR上に読み込むことができるようになります．これらのサンプルファイルの代わりに，図3.1にある「自分で用意する場合の最小限のデータ」を準備すれば，自分で取得したデータで第3章で行う作業を進めることができます．

　サンプルデータ1とサンプルデータ2（あるいはあなた自身のデータ）を使って，本章では「やりたいこと（目的）」に対応した「やること」を3つのステップで学んでいきます．それぞれのステップで使う主な関数はその右側にまとめてあります．これらの関数はすべてbase, statsなどのR標準パッケージの中に含まれているものですので，特別なパッケージを読み込む必要はありません．以降の章も同様の流れで学んでいきます．

これまでの流れ

第1章
第2章　RStudioが使える状態に
　　　　なった

今ここ！

第3章　マウスを使わずRに
　　　　データを読み込む

サンプルデータ1

20行 x 3列の
ＣＳＶ形式ファイル

サンプルデータ2

テキスト形式ファイル

20210810_04_day14.txt

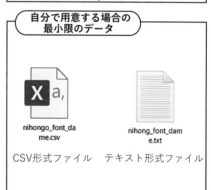
自分で用意する場合の
最小限のデータ

nihongo_font_da
me.csv

nihong_font_dam
e.txt

CSV形式ファイル　　テキスト形式ファイル

図 3.1　第 3 章のフローチャート

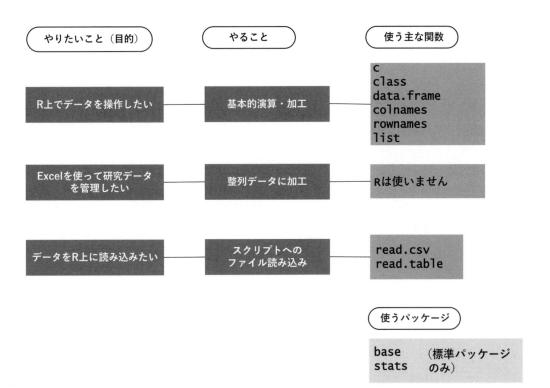

3.1 R上でのデータの基本操作：ベクトル，行列，データフレーム，リスト

> **やりたいこと**
> R上でデータを操作したい

3.1.1 単純な計算のしかた

まずは，以下のような単純な計算をRで行う方法を学びましょう．一度理解すればとても簡単なルールではありますが，数学のように見えて数学とは異なるルールがプログラミングにはあるのではじめは混乱しやすいものです．

$$a = 1$$
$$b = 2$$
$$c = a + b$$

a = 1とb = 2はそれぞれ，「aは1と等しい」，「bは2と等しい」という関係を表します．いわゆる**文字式**です．同じルールでc = a + bは，「cはa + bと等しい」という関係を表しますので，「cの値は何？」と聞かれたら当然c = 1 + 2 = 3と答えられるはずです．これらに対応することをRでやろうとすると，次のようになります[1]．新しいRスクリプトファイルを作り，その白紙のスクリプトファイルにエディターパネルから次の3行のコマンドを書き込み，実行してみましょう．スクリプト上の左端の数字は行番号です．

```
1    a <- 1
2    b <- 2
3    c <- a + b
```

この3行を実行するとコンソール上にはこれらのコマンドがコピーされるだけで何も起きていないように見えますが，環境パネルの，Valueのところに，aは1，bは2，cは3という表示が出ているので確かめましょう．ここまでうまくいったら，[ファイルを保存] して名前を付けるのを忘れないようにしましょう．chapter03.Rのような名前がよいでしょう．

この結果は，予想どおり文字列を用いた数学的な計算と同じになっていますので，だから何？と思われることでしょう．しかし，文字式における関係とRにおけるコマンドの意味はだいぶ異なります．これをいまから説明していきます．

まず，a <- 1 というコマンドの意味は数学のように「aと1を等しい関係にせよ」ではありません．これの意味は，「aという名前の，情報を1つ保存できる<u>ハコ</u>を用意し，このハコに1という<u>数値を保存</u>せよ」です．これについてさらに専門用語で言い換えると「aという**オブ**

---

[1]　なぜこんな単純なことから始めるかというと，数学のルールとプログラミングでのルールが全く同じではないことを手っ取り早く理解してもらうためです．

ジェクトを用意し，このオブジェクトに 1 を**代入せよ**」ということになります．なぜこのような意味になるかというと**代入演算子**である <- で a と 1 をつないでいるからです．この代入演算子の役割は，この演算子の右側にあるもの（今回の場合は 1）を演算子の左にあるもの（今回の場合は a）に代入することです．この代入という**演算**は等式関係とは似ていますが実は違います．演算は，日常の言葉では計算あるいは作業のことです．等式関係である a＝1 は左右を入れ替えて 1＝a とできます．しかし，代入においては代入される側と代入する側は明確に区別されてますので，左右を入れ替えて 1 <- a としたり，代入演算子の向きを変えて 1 -> a としたりすることはできません．このルールをとりあえず受け入れると，次の行のコードの意味もわかるはずです．b <- 2 は「b という名前のオブジェクトを用意して，2 という値を代入せよ」です．

では，c <- a + b はどうでしょうか？ 直感的には「a と b の値を足して c に代入せよ」ですよね？ これでもちろん正解ですが，なぜそうなるか説明できますか？ ここからの説明は，慣れればプログラミングの最中にいちいち意識することはなくなりますが，ここでは初めてなので確認してみます．c <- a + b というコードには実は 2 つの演算子があります．代入演算子の <- と算術演算子の 1 つである加算 + です．2 つ以上の演算子があるときどちらを優先するかにはルールがあります．「演算子の優先度って何？」と思うかもしれませんが，算数・数学で類似の例があります．$2＋3×5$ はどうやって計算しますか？ 足し算（加算）よりも掛け算（乗算）のほうが先に計算するルールですので，$2＋3×5＝2＋15＝17$ ですね．これとプログラミングにおける演算子の優先度は同じアイデアです．

c <- a + b に戻ると，算術演算子（+）は代入演算子（<-）よりも優先度が高いのが R でのルールです．したがって，このコードの意味は「a + b によりオブジェクト a と b に保存されている値を加算し，c という名前のオブジェクトを用意して，その加算結果をこのオブジェクトに代入せよ」ということになります．ここでも先ほどと同様に，左辺と右辺を入れ替えること（a + b <- c）はできません．

さあ，これでベクトル・データフレーム・リストを学ぶ準備はバッチリです．ところで，いままでのコマンドを書き込んだ R スクリプトファイルはちゃんと保存しましたか？ 第 3 章用にフォルダ（chapter03）を作ってその中に保存するとよいでしょう[2]．ファイルの保存が済んだら，先に進みましょう．

3.1.2 ベクトル：ひと連なりのデータを 1 つのオブジェクトで扱う

R のベクトル（vector）は数学のベクトルと似た概念です．c() 関数を使って複数の数値を 1 つのオブジェクトに代入することができます．次のコードを上で作ったスクリプトファイルに書き加えてみましょう．自分でスクリプトファイルを作ることを強くお勧めしますが，以降の内容はサポートサイト（https://tksmiki.github.io/eco_env_R/chapter03/）から chapter03.R として入手可能です．

---

[2] サポートサイト第 3 章のページから，他にも必要なファイルを同じフォルダ内に保存するとよいでしょう．

```
chapter03.R
 5    #From Chapter03 3.1.2
 6    #simple generation of vectors
 7    test_v <- c(1.0, 2.0, 2.5)
```

　Rのベクトルに代入できるのは数値だけではありません．次のように文字列も代入できます．
文字列は""（**ダブルクオーテーション**と読みます）で囲うのがポイントです．

```
chapter03.R
 8    test2_ v <- c("red", "yellow", "green")
```

　このようにベクトルを作るのはとても簡単です．ベクトルに限らずオブジェクトを作って数
値や文字列などを代入していく作業が連なって，データ分析のためのプログラムはできあがり
ます．ここで，オブジェクトをたくさん作っていくと，中身が何なのか忘れてしまうことがあり
ます．もっと正確にいうと，中身のデータのタイプが何か忘れてしまうということがあります．
そんなとき，オブジェクトの中身のタイプを調べるには class() という関数を使います．ここ
はスクリプトファイルに書き込んでももちろんよいのですが，コンソールに class(test_v)
というコマンドを直接書き込んで実行してみましょう．すると次のようになるはずです．

```
> class(test_v)
[1] "numeric"
```

　このコードの意味は，「オブジェクト test_v のデータクラス（タイプ）を判定して表示
せよ」というものです．実行結果の"numeric"は**数値**という意味です．同様にコンソールに
class(test2_v) というコマンドを書いて実行してみましょう．実行結果は"character"とな
るはずで，これは**文字列**を意味します．
　もう少し，ベクトルの使い方を学びます．そのためにもう1つ数値ベクトルを作りましょう．

```
11    test3_v <- c(2.0, 3.0, 4.5)
```

　少し厄介なのは，数学におけるベクトルと R におけるベクトルでは，計算（演算）ルールに
同じところと違うところがあることです．まず同じところは，足し算と引き算（加算・減算）で
す．コンソールに test_v + test3_v と書いて Enter キーを押すと，次のように実行される
はずです．各要素の足し算となっていることを確認しましょう．

```
> test_v + test3_v
[1] 3 5 7
```

　違うところは，掛け算と割り算（乗算と除算）です．ベクトルの掛け算は高校数学では，各ベ
クトルの各要素を掛けてそれらを全部足す内積というルールで習います．しかし，R で単に掛

け算記号（＝乗算演算子）＊（**アスタリスク**と読みます）を使うと，要素ごとの掛け算（1.0*2.0,2.0*3.0, 2.5*4.5）となります．

```
> test_v * test3_v
[1]  2.00  6.00 11.25
```

このような計算が便利なときは確かにあるのですが，数学のルールと混同すると大きな問題になるので注意が必要です．なぜ大きな問題になるかというと，RにはRのやりかたがあるので，コードを書いた人の意図と違っていたとしてもエラーメッセージが出ないからです．したがってコードを書いている人自身も間違いに気づかず先に進んでしまうことになります．

同様に，単純に割り算の記号 /（**スラッシュ**と読みます）を使うと，要素ごとの割り算となります．これも高校数学では教わらない計算です．

```
> test3_v / test_v
[1] 2.0 1.5 1.8
```

一方，**内積**（2つのベクトルから1つの数値＝スカラーを生成する演算です；1.0*2.0+2.0*3.0+2.5*4.5）については，%*% という特別な記号の組合せを使って次のように実行します．

```
> test_v %*% test3_v
      [,1]
[1,] 19.25
```

実行結果の表示がいままでと少し違いますが，気にしなくてよいです．

以上のように数学で使われている仕組みをRプログラミングで使う際には，数学と同じルールとR独自のルールが混在しているので注意してください．

3.1.3　行列とデータフレーム：縦横に広がるデータを1つのオブジェクトで扱う

ここで学ぶのは，データ分析で最もよく使うタイプのオブジェクト，**データフレーム**です．それに加えてよく似たタイプである行列についても学びます．データフレームはExcelファイルの個々のワークシートのようなものだと思えばよいでしょう．

(1)　データ保存のための主役：データフレーム

まず，先ほど作った2つのベクトルをそれぞれ**列**にもつデータフレームを作ってみます（図3.2）．

これはたった1行のコマンドですが，いろいろなことが同時にされているので混乱しないように，1つひとつ追っていきましょう．まずdata.frame()という関数を使ってデータフレームをつくろうとしています．このdata.frame()関数の中では，各列の名前と列の中身に与える値を数値ベクトルで指定しています．具体的にいうと，length = test_vの部分では，length（長さ）という名前の列を作って，その列にはベクトルtest_vの3つの値を割り当てています．

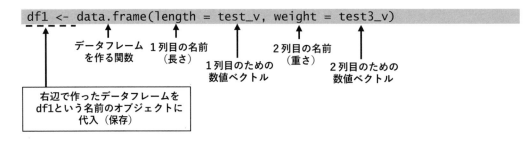

```
df1 <- data.frame(length = test_v, weight = test3_v)
```

データフレーム
を作る関数

1列目の名前
（長さ）

1列目のための
数値ベクトル

2列目の名前
（重さ）

2列目のための
数値ベクトル

右辺で作ったデータフレームを
df1という名前のオブジェクトに
代入（保存）

図 3.2　 chapter03.R の 15 行目の説明

同様に，weight = test3_v の部分では，weight（重さ）という名前の列に test3_v の値を割り当てています．見た目が悪くなりますが，この部分は weight = c(2.0, 3.0, 4.5) のように c() 関数を使って直接値を割り当てることも可能です．最後に，代入記号（<-）を使って，生成したデータフレームの内容を df1 という名前の新しいオブジェクトに代入しています（図 3.2）．

これによって，df1 という名前のデータフレームができたことになります．df1 の中身についてはコンソールに df1 とタイプして Return キー（＝ Enter キー）を押せば，次のように表示されるはずです．

```
> df1
  length weight
1    1.0    2.0
2    2.0    3.0
3    2.5    4.5
```

データフレームの特徴は，**列名**と**行名**をもつことです．列名は colnames(データフレーム名) という形のコマンドで確かめることができて，df1 の場合は次のようになります．

```
> colnames(df1)
[1] "length"  "weight"
```

初心者が混乱しがちなことがあります．ダブルクオーテーション""は名前の一部ではありません．同様に rownames(df1) というコマンドで行名を確認できます．

```
> rownames(df1)
[1] "1"  "2"  "3"
```

細かいことにも注意しましょう．数字の 1, 2, 3 が""で囲まれているということは，この数字がデータのタイプとしては数値ではなく文字列（または因子）であることを示しています．オブジェクトに保存されている個々のデータについては，**数値**（numeric や整数 integer など）・**文字列**（character）・**因子**（factor）を区別することがデータ分析をするうえで非常に重要になっ

てきます．詳しくは第4章で解説しますがここがこんがらがってしまうと，思わぬエラーに出会って先に進まないということがよくあります．

さて，行名が 1, 2, 3 では具体的な意味がないので，c() 関数で指定しましょう．たとえば，sample01, sample02, sample03 という名前を付けたければ，次のようにします．

```
> rownames(df1) <- c("sample01", "sample02", "sample03")
  (関数名)
```

ここでは，関数 rownames() はデータフレームの行名の確認に使えるだけでなく，行名に特定の値を割り当てることにも使えることに注目しましょう．

また，行名の指定（割り当て）はベクトルの中身を代入することでもできます．

```
rownames(df1) <- test2_v
```

ここで，R 言語に限らずコンピュータ言語一般における基本ルールの1つを紹介します．オブジェクトにすでに値が割り当てられていても，もう一度値を割り当てるコマンドを実行すると，値は上書きされるとともに古い値の情報は残りません．つまり履歴は残らないということです．具体例でいうと，1つ前のコマンドによって，df1 の行名は sample01, sample02, sample03 となっていましたが，その次に test2_v の値を代入したので，red, yellow, green に置き換わりました．このとき，sample01, sample02, sample03 という情報は永遠に失われたので注意してください．

(2) 必見！データフレーム頻出ミス

ここでは，データフレームに名前を割り当てるときによくあるミス・注意点を4つ紹介します．

行数が合わない：既存のデータフレームの行に名前を付けるとき，行数と付ける名前の数に違いがあるとうまくいきません．たとえば次のように，3行あるデータフレームに名前を2つだけ指定しようとすると，Error から始まるエラーメッセージがコンソールに表示されます．

```
> rownames(df1) <- c("red", "blue")
Error in `.rowNamesDF<-`(x, value = value) : 無効な 'row.names' 長です
```

このエラーメッセージのキーワードは「無効な 'row.names' 長です」の部分です．素直に「長さが違う」といってもらえるとわかりやすいのですが，エラーメッセージはなかなかわかりにくいものです．少しずつ慣れていきましょう．

複数の行に同じ名前を付ける：既存のデータフレームの行に名前を付けるとき，2つ以上の行に同じ名前を付けることはできません．たとえば次のように，1行目と2行目に sample01 という同じ名前を付けようとすると，Error から始まるエラーメッセージおよび Warning message を含む警告メッセージが表示されます．

```
> rownames(df1) <- c("sample01", "sample01", "sample02")
Error in '.rowNamesDF <- '(x, value = value) :
    重複した 'row.names' は許されません
In addition: Warning message:
non-unique value when setting 'row.names': 'sample01'
```

エラーメッセージでは，「重複した'row.names'は許されません」の部分で，列名が一部重複していることを教えてくれています．警告メッセージのほうでは sample01 が重複した名前（= non-unique value）であることを教えてくれています[3]．

列名に関するトラブル：上の2つの例は行名に関するエラーでした．列名に関しても行名と同じルール・エラーならよいのですが，実は微妙に違います．列名 colnames(df1) に対しても上のエラーが出た行と同じようなコードを自分で書いてみて，どんなエラーが出るか確かめてみましょう．新しいルールを学ぶときには，わざとエラーが出るコードを書いてみて，実際に何が起きるか確かめることが上達の秘訣です．過去に見慣れたエラーであれば，いざ本番用のコードを書いたときに対処が迅速かつ容易にできるようになるからです．

図 3.3 行と列の方向の覚え方

横が行・縦が列：行と列の区別にこんがらがるときは，漢字および英単語から図3.3をイメージして覚えましょう[4]．行は横に伸びていくもの，列は縦に伸びていくものです．

(3) 似て非なる行列・配列

データフレームとほぼ見た目が同じオブジェクトとして，**行列**（matrix, array）があります．データフレームとの違いを理解するために，もう一度次のコードを実行して（スクリプトに書いて実行するとよいです），行名・列名の付いたデータフレームを作りましょう．

---

[3] このエラーメッセージは，日本語設定（Sys.setenv(LANGUAGE = "")）の下での表示です．しかし，日本語と英語が混ざっています．R のバージョンによってエラーの表示，日本語と英語の混ざり具合も変わってきますので，全く同じメッセージではなくても気にしなくてよいです．

[4] 筆者のオリジナルのアイデアではありません．出典：ひと目でわかる行列（Row・Column）の方向の覚え方（https://lambdalisue.hatenablog.com/entry/2013/07/18/134507）.

```
chapter03.R
15    df1 <- data.frame(length = test_v, weight = test3_v)
16    rownames(df1) <- test2_v
```

df1 の中身は以下のとおりでしたね．

```
> df1
  length weight
1   1.0    2.0
2   2.0    3.0
3   2.5    4.5
```

これを行列に変換して，データフレームとの違いを確認しましょう．このデータフレーム df1 と数値の情報は同じでありながら，タイプの異なる（class の異なる）オブジェクトを作るために as.matrix() という関数を使ってデータフレームを行列に変換し，その中身を，新しい名前 mat1 というオブジェクトに代入します．ついでに作ったオブジェクトのタイプも class() 関数で確認しましょう．

```
chapter03.R
18    mat1 <- as.matrix(df1)
19    mat1
20    class(mat1)
```

mat1 のタイプはコンソールに，"matrix" "array"と表示されるので，これは行列または配列という意味です[5]．

データフレームと行列の扱いで注意しないといけないのは，縦（列）と横（行）に広がるデータへのアクセス方法です．データフレーム・行列ともに **オブジェクト名 [行, 列]** というコマンドで特定の行と列の値にアクセスできます．たとえば，df1[3,1] というコマンドで df1 の3行目かつ1列目の要素である 2.5 という値にアクセスできます．しかし，データフレームや行列に保存されたデータを使うときは，特定の行・列の1つの値に注目するよりも，一つひとつの行や列の値を取り出して統計処理を加えることのほうがずっと多いのが実情です．行全体にアクセスするときは，列の指定をする場所を空欄にして次のようにします．

```
> df1[3,]
      length weight
green   2.5    4.5
> mat1[3,]
```

---

[5] 行列なのか配列なのかハッキリしてほしいところですが，ベクトル・行列など複数の値を一度に扱う数学上の仕組みは，プログラム言語上はそれぞれ1次元配列・2次元配列のように「配列」と呼ばれるので，行列と配列の差は気にしなくて構いません．

```
length weight
  2.5    4.5
```

特定の列のみにアクセスするときも同じようにできます.

```
> df1[,1]
[1] 1.0 2.0 2.5
> mat1[,1]
   red  yellow  green
   1.0    2.0    2.5
```

しかし，データフレームのときだけ データフレーム名$列名 というコマンドでも特定の列にアクセスできます. 行列・配列ではこれができないので注意が必要です.

ちなみに データフレーム名$列名 というコマンドをタイプするときは$までタイプすると候補となる列名が RStudio から自動的にサジェスト（＝選択肢が提示）されるので，列名をすべてタイピングする必要はありません（図 3.4）.

```
> df1$length
[1] 1.0 2.0 2.5
```

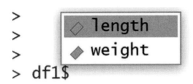

図 **3.4** 便利な自動補完・サジェスト機能を活用しよう

基本的な解説はこれで終わりです. 本格的にデータ分析を行う第 6 章以降でもデータフレームの操作について詳しく説明していきます.

3.1.4 リスト：複数のデータフレームを 1 つのオブジェクトで扱う

3.1.3 節で学んだデータフレームは，データ分析の中心となるものです. しかし，データ量がどんどん増えてくると，複数のデータフレームに通し番号をつけて，1 つにまとめて扱いたいときが出てきます. そんなときに活躍するのが，**リスト**というタイプのオブジェクトです. 複数のワークシートを 1 つのファイルに保存できる Excel のような仕組みをイメージするとよいでしょう.

リストは，複数のデータフレーム，データフレームとベクトルなどの複数のオブジェクトを集めて 1 つのオブジェクトとして扱える仕組みです. つまり，複数のハコを集めたオブジェクトです. データフレームやベクトルなどのオブジェクトと少し違うのは，値を代入する前に空のリストをまず作る必要があるところです. 空のリストは list() 関数によって生成すること

ができます．そして，それぞれのハコに対しては**二重括弧** [[ ]] の中に数字を入れた形でオブジェクトの代入と呼び出しができます．

　次の 4 行からなるコードでは，23 行目で空のリストを作成し，24 行目・25 行目で df1 と mat1 をリストの 1 番目と 2 番目の要素にそれぞれ代入しています．26 行目では，3 番目の要素にベクトルを代入しています．リストの各要素には異なるタイプのオブジェクトを代入することができます．

```
23    test_list <- list()
24    test_list[[1]] <- df1
25    test_list[[2]] <- mat1
26    test_list[[3]] <- c(1,2,3,4)
```

　リストの中身は，リスト名による読み出しですべて一度にコンソールに表示することもできますし，特定の要素を二重括弧 [[]] で指定して表示することもできます．

```
> test_list
[[1]]
       length weight
red       1.0    2.0
yellow    2.0    3.0
green     2.5    4.5

[[2]]
       length weight
red       1.0    2.0
yellow    2.0    3.0
green     2.5    4.5

[[3]]
[1] 1 2 3 4
> test_list[[3]]
[1] 1 2 3 4
```

　リストの各要素は，代入元のオブジェクトのタイプと同じ振る舞いをします．たとえば，今回作ったリストの要素 1 はデータフレームですので，次のようなコマンドで特定の列にアクセスできます．

```
> test_list[[1]]$weight
[1] 2.0 3.0 4.5
```

　リストの便利な使い方は，後ほど第 4 章で学びましょう．

3.1.5 超重要情報！R におけるコマンドの基本的構造

3.1.1 節以降，値の代入やベクトル・データフレームの作り方などを学んできましたが，共通のコマンドの構造に気づいたでしょうか？ R における各コマンドでは，基本的に以下の 2 つの形がとてもよく使われますので，これらの形に慣れ，忘れないようにしてください．

構造 1

> オブジェクト名

構造 2

> **オブジェクト名 <- 何らかの演算（例：単純な計算・データの作成・何らかの統計処理）**

　構造 1 は，オブジェクトの中身の情報を使って，さらに何らかの計算や統計処理・可視化をするとき，そのオブジェクトの中身を確かめるために使うコマンドです．このコマンドを実行するとオブジェクトの中身がコンソール上に表示されるので，自分が知りたい情報を確認することができます．

　構造 2 は，これから先のすべての章でよく使います．代入演算子（<-）の右側で，何らかの演算をしてその結果を左側で指定するオブジェクトに代入（つまり保存）する目的で使うコマンドです．R でのデータ分析では，たった 1 行のコマンドでやりたいことが終わることはありません．いくつかの演算を順につなげて分析をしていくことになります．このとき，1 つの行で実行したコマンドの結果は次の行で再利用することが非常に多いです．そのため，各行での実行結果は単にコンソールに表示させるのではなく，結果を新しいオブジェクトに保存して再利用するのです．たとえば，単に 1 + 1 というコマンドを実行してその結果をコンソールに表示させるのではなく，構造 2 を利用して，a <- 1 + 1 というコマンドを実行してその結果を後で再利用するのです．

> **BOX 2　　ベクトル・データフレーム・行列の演算その他**
>
> 　ここでは発展的な内容として，ベクトルや行列にまつわる他の演算についても解説しておきます．
> (1) ベクトル・データフレーム・行列とスカラー（＝単一の数値のこと）の加算・減算：要素ごとの加算・減算となります．
>
> $$\begin{pmatrix} a & b \\ c & d \end{pmatrix} \pm \alpha = \begin{pmatrix} a \pm \alpha & b \pm \alpha \\ c \pm \alpha & d \pm \alpha \end{pmatrix}$$
>
> (2) ベクトルとデータフレーム・行列の積（一次変換）：演算子は %*% を使います．
> 　　左側の行列の各行ベクトルと左側のベクトルの内積を使って新たなベクトルを生成する演算です．

$$\begin{pmatrix} a & b \\ c & d \end{pmatrix} \cdot \begin{pmatrix} m \\ n \end{pmatrix} = \begin{pmatrix} (a & b) \cdot \begin{pmatrix} m \\ n \end{pmatrix} \\ (c & d) \cdot \begin{pmatrix} m \\ n \end{pmatrix} \end{pmatrix} = \begin{pmatrix} am + bn \\ cm + dn \end{pmatrix}$$

(3) データフレームどうしの掛け算（行列の積）・アダマール積（要素ごとの積）：
演算子は * を使います.

$$\begin{pmatrix} a & b \\ c & d \end{pmatrix} \circ \begin{pmatrix} e & f \\ g & h \end{pmatrix} = \begin{pmatrix} ae & bf \\ cg & dh \end{pmatrix}$$

(4) 行列どうしの通常の積：演算子は %*% を使います.
　　左側の行列の各行ベクトルと右側の行列の各列ベクトルの内積を使って新たな行列を生成する演算です.

$$\begin{pmatrix} a & b \\ c & d \end{pmatrix} \cdot \begin{pmatrix} e & f \\ g & h \end{pmatrix} = \begin{pmatrix} (a & b) \cdot \begin{pmatrix} e \\ g \end{pmatrix} & (a & b) \cdot \begin{pmatrix} f \\ h \end{pmatrix} \\ (c & d) \cdot \begin{pmatrix} e \\ g \end{pmatrix} & (c & d) \cdot \begin{pmatrix} f \\ h \end{pmatrix} \end{pmatrix} = \begin{pmatrix} ae + bg & af + bh \\ ce + dg & cf + dh \end{pmatrix}$$

3.2　研究データの整頓と Excel への保存

> **やりたいこと**
> Excel を使って研究データを管理したい

3.2.1　Excel は生データの保存のみに使う

　第1章の図 1.1 を見直してみましょう．データ分析の第1ステップは**データ整頓**です．これには Microsoft 社の Excel，もしくは Google スプレッドシートなどの互換アプリを使います．
　Excel を R とうまく組み合わせて使うには，Excel の使用用途は**生データ**（raw data）の保存用に特化しましょう．生データというのは観測や実験から得られた数値データ，と実験条件や実験日などの補足情報（**メタデータ**といいます）のことです．これを Excel のワークシートに保存していきましょう．ここでのポイントは，データを Excel 上では加工しないことです．たとえば，生データを保存する時点で，すでに複数の測定値の平均値を分析に使うことが決まっていたとしても，Excel 上で平均値を計算するといったデータの加工作業は避けましょう．「はじめに」の「なぜプログラミングが必要なの？」で書いたように，マウスでポチポチクリック

してデータを加工する作業には再現性がないからです[6].

3.2.2 整然データにする

これから詳しく説明するように，R のデータ読み込みスタイルと R で便利な計算や統計分析，作図（＝可視化）などをするときに利用する（＝呼び出す）関数でのデータの認識スタイルには，ある一定の癖(くせ)があります．そのため，この癖に合うようにデータを並べていく必要があります．図 3.5（A）を見てみましょう．まず Excel のワークシートは，列にアルファベットが割り振られ（A 列，B 列，C 列…），行に数字が割り振られている（1 行目，2 行目，3 行目…）ことを確認してください．

Excel から R にデータをすんなり読み込むためには，各行に 1 つの組合せのデータ（1 つのデータセット）を並べていきます．たとえば，ある観測日時の年月日・月名・場所・繰り返し番号（ID）・水質指標（水温，pH，溶存酸素…）などを横方向に並べていきます．別々の行には

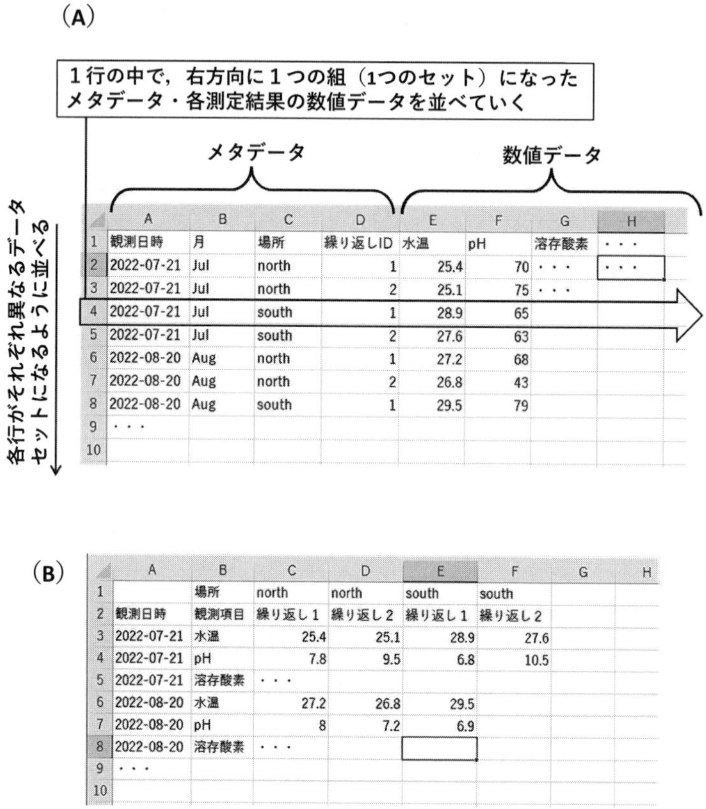

	A	B	C	D	E	F	G	H
1	観測日時	月	場所	繰り返しID	水温	pH	溶存酸素	・・・
2	2022-07-21	Jul	north	1	25.4	70	・・・	・・・
3	2022-07-21	Jul	north	2	25.1	75	・・・	
4	2022-07-21	Jul	south	1	28.9	65		
5	2022-07-21	Jul	south	2	27.6	63		
6	2022-08-20	Aug	north	1	27.2	68		
7	2022-08-20	Aug	north	2	26.8	43		
8	2022-08-20	Aug	south	1	29.5	79		
9	・・・							
10								

	A	B	C	D	E	F	G	H
1		場所	north	north	south	south		
2	観測日時	観測項目	繰り返し 1	繰り返し 2	繰り返し 1	繰り返し 2		
3	2022-07-21	水温	25.4	25.1	28.9	27.6		
4	2022-07-21	pH	7.8	9.5	6.8	10.5		
5	2022-07-21	溶存酸素	・・・					
6	2022-08-20	水温	27.2	26.8	29.5			
7	2022-08-20	pH	8	7.2	6.9			
8	2022-08-20	溶存酸素	・・・					
9	・・・							
10								

図 3.5　(A) Excel のワークシートの説明，(B) (A) を見やすくまとめた形

6) 世界中に公表され，人々の考え方や技術，国の政策などに影響を与えうるデータ分析において，再現性はその結果の信頼性を担保する非常に重要な要素です．何でも Excel で済ませる使い方とは今日でお別れをしましょう．

異なる観測日のデータの組み合わせが書き込まれている一方，各列には個々の項目が縦に並んで書き込まれていることになります（この並べ方は，tidy data（＝**整然データ**）形式と呼ばれています）．単にデータを見やすくまとめると図3.5（B）のようになってしまうのですが，これだとRでの分析と相性が悪いので避けるようにしましょう．

　ただし，実験や観測時に手書きで用意するであろう生データについて，最初からtidy dataスタイルで用意すべきかどうかは，データのタイプや自分の好みにもよるでしょうから，何ともいえません．たとえば，マイクロプレート（図3.6）[7] で微生物を培養したり水質分析をしたりする実験だとすると，手書きでデータをまとめるときには，マイクロプレートのウェルの並びのとおりにデータを書き込んでいくほうが合理的でしょう．そのうえでExcelを使ってデータを電子化する際に，可能であればtidy dataに整頓することをお勧めします．マイクロプレートリーダーのような機器からの測定結果は，tidy dataではない形式で電子ファイルとして出力されることも多いです．このような場合は，人間の目視によっていちいちtidy dataにすることは時間の浪費になるだけでなくミスを誘発するので避けるべきです．Rに読み込んでから整頓すれば十分ですので，この方法については第4章で詳しく解説します．

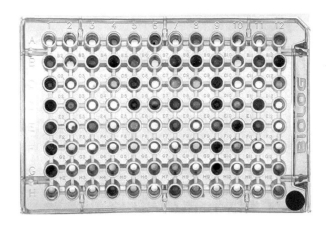

図 3.6　マイクロプレートの1種であるエコプレート（EcoPlate）．各ウェル（丸い穴）の発色の程度を数値として一度に多くのデータが得られる例（龍谷大学・山田葵子氏撮影）　→ 口絵 3

3.2.3　Excel 上でのファイルの保存

　Excel のワークシート上にまとめたデータは，拡張子がxlsxである，**Excel ブック形式**で保存しておきましょう．Excel ブック形式であれば複数のワークシートを1つのファイルに含めることができるからです．

　Excel ブック形式で保存したら，Rで分析・可視化に使う予定のワークシートを一つひとつ**CSV 形式**で保存し直します．Excel のツールバーから，[ファイル] > [名前を付けて保存] を選択します．すると，ファイル名を入力するフォームの下にファイル形式を選ぶボックスがあ

---

[7]　詳しくは5.2.2節を参照．

りますので，その中から [CSV（コンマ区切り）(*.csv)] という形式を選びましょう．ここで，[CSV UTF-8（コンマ区切り）(*.csv)] を選んではいけません [8]．

　ファイル形式を選ぶツールバーの上にファイル名を指定するフォームがあります．ここには先ほど Excel ブック形式で保存したときのファイル名が書き込まれているはずです．ファイル名の付け方は 3.2.4 節で詳しく説明しますので，とりあえずはいじらなくてよいです．

　[CSV（コンマ区切り）(*.csv)] を選んでいるので，拡張子が csv のファイルが新たに作られるはずです．拡張子が何だかわからない人は 2.1.1 節に戻って復習しましょう．ここで，Excel ブック形式から CSV 形式に保存し直そうとすると，Excel から警告メッセージでいろいろいわれますが，保存したいシートが画面に表示されている状態であれば問題ありませんので構わず進みましょう．

3.2.4　ファイル名の付け方

　PC や ICT に関する学部基礎科目の講義実習では，Microsoft Office やウェブブラウザの使い方は学びますが，ファイル名の付け方まで学ぶことは少ないようです．ここで説明するのは，データ分析に特化した，やや保守的なファイル名の付け方のルールですが，このルールに従っていれば間違いないでしょう．

　　ルール 1：ファイル名には拡張子を含める
　　ルール 2：半角英数字および半角記号の一部（=, -, _）だけ使う
　　ルール 3：半角でも全角でもスペースをファイル名の一部に混ぜない

　ルール 1 についてはこれまで何度も強調していますので，ここでは追加情報だけ扱います．Excel に限らずアプリ一般で，[名前を付けて保存] でファイル名を付けるときに保存形式をうまく選んでいないと失敗します．失敗すると，たとえば "test.csv.csv" とか，"test.csv.xlsx" など，ちぐはぐなファイル名が付いてしまいます．また Windows のエクスプローラ（あるいは Mac の Finder）上でファイル名を変えるとき，拡張子の表示をしていないと，拡張子を変えたつもりでも実際には "test.csv.xlsx" のようにおかしなファイル名となってしまいます．これに気づいたら，2.1.1 節に戻ってしっかり学び直しましょう．

　ルール 2 については，R や RStudio は日本語フォントの扱いが得意ではないので必ず守ってください．イコール（=），ハイフン（-），アンダーバー（_）以外の半角記号も使っていけないということはありません．しかし，ピリオド（.）は使わないほうがよいでしょう．ピリオドは拡張子前に必ず使うので，他の部分では使わないほうがシンプルでよいからです．

　ルール 3 については，Windows や Mac を普段使いしたり，R と RStudio を使ったりするだけであれば特段守らなくてもよいルールではあります．しかしデータ分析やプログラミング

---

[8] CSV ファイルからデータを読み込むときの関数の挙動が，R のバージョンによって今後変わるかもしれません．どちらの形式での読み込みがうまくいくか，初めてファイルを読み込むときに，両方の形式で保存してみて，自分自身で確認しましょう（読み込み方は 3.3 節参照）．

の世界に足を踏み入れた以上，やはり必ず守ることが重要です．今後 Linux サーバーを使って System コンソールに直接コマンドを書き込んだり，C 言語などの他の計算機言語を使ったり，あるいは R のスクリプトファイルの中で System コマンドを呼び出したりすることも出てくるでしょう．そこで 1 つのコマンドに複数の情報を含める場合，情報の切れ目をスペースで認識させます．たとえば，Linux のシステムコマンドの 1 つである，`cp file1 file2` というコマンドでは，`file1` の内容を `file2` にコピーしますが，このコードが「（コピーせよ：cp）＋（コピー元：file1）＋（コピー先：file2)」という構造で認識されるのは 3 つの情報がスペースで区切られているからです．したがって，1 つのファイル名にスペースが入っていると，そうしたコードをうまく実行することはできません．

　一つひとつのファイル名に関する基本ルールは以上です．第 4 章では，大量のデータを R で読み込むことを効率的に行うための追加ルールも学ぶことになります．

3.3　Excel から R へのデータの読み込み

> **やりたいこと**
> データを R 上に読み込みたい

　ここでは，また新しい R スクリプトファイルを作成するか，第 3 章の冒頭で作ったスクリプトファイルに追記していくか，どちらでも構いません．ここでは，2 つのタイプのサンプルファイルを R に読み込む練習をしますので，まずはサポートサイトの data_sample2.csv と 20210810_04_day14.txt をダウンロードしましょう（https://tksmiki. github.io/eco_env_R/chapter03/）．ダウンロードしたファイルは，chapter03.R が置かれているのと同じフォルダに保存または移動させてください．そして，2.2.3 節に書いてある方法で，作業フォルダを指定しましょう．これでデータを読み込む準備は万端です．

　CSV ファイルを読み込むときは次のコマンドを使います．

chapter03.R

```
31    test_data01 <- read.csv("data_sample2.csv", header = T)
```

　CSV ファイルを読み込むためには，`read.csv()` 関数を使います[9]．この関数の () の中身の最初は，読み込むべきファイル名です．次の `header = T` は何でしょう？ この部分の理解を進めるため，一度 R を離れ，自分の PC で data_sample2.csv をダブルクリックして Excel でこのファイルを開いてみてください．Excel では列名は A,B,C…と固定されているので，列名に相当するものを指定しようとすると，1 行目に書いていくしかありません．これが data_sample2.csv で

---

[9]　このコードを実行してエラーが出るときは，2.3.3 節を確認後，それでもミスに気づかなければ，BOX3 を読んでください．それでもエラーが解決しないときは，同じファイルを何度もダウンロードしていませんか？ その場合，少なくとも Windows ではファイル名の末尾に（1）や（2）が勝手に追加されることでファイル名が変更されたことが原因かもしれません．`read.csv()` 関数の `""` の中で指定しているファイル名と完全に一致するようにファイル名を変更してください．

は，x, y, z となっているわけです．この実質列名の情報を header = T というオプションで，列名とすることができます．その結果，数値としてデータフレーム test_data01 の 1 行目にインプットされる値は，Excel の 2 行目の値 (1，-0.247628902，1.318188431) です．

もしも，R に読み込ませたい CSV ファイルに列名にあたる情報がなく，いきなり数値で始まる場合は，header = T の代わりに，header = F としましょう [10]．

もう 1 つ，重要なことがあります．read.csv() 関数は，R 上のプログラムから CSV ファイルの中身を直接いじるわけではありません．CSV ファイルの中身は R 上のオブジェクトにコピーされます．上のコマンドの場合は，test_data01 という名前のデータフレームにコピーされて，そのデータフレームをいじることになります．したがって，R にデータを読み込んだ後に CSV ファイル自体が影響を受けることは全くありません．

最後に，CSV 形式以外の表タイプのファイルからデータを読み込む場合について解説します．各種計測機器から出力されるファイルを読み込む場合が想定されます．まずは自分の PC の OS にデフォルトで付随しているテキストエディタ（Windows ならメモ帳）で 20210810_04_day14.txt を開いてみましょう（図 3.7）．

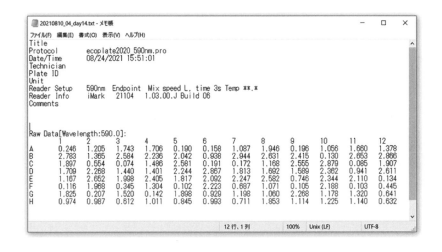

図 3.7　20210810_04_day14.txt の内容

これは 96 ウェルマイクロプレート（図 3.6）の吸光度をまとめたものです．1〜9 行目まではマイクロプレートリーダーの設定などの情報が載っています．その後，10〜12 行目までが空行であり，13 行目は Raw Data[Wavelength:590.0]:というデータの種類に関する情報，14 行目は，8 行 × 12 列のマイクロプレートの列番号を表す 1〜12 の数字が入っています．ここで 1〜13 行目までは R に読み込む必要がなく，14 行目をヘッダーにすると考えると，次のように read.table() 関数において，skip = 13 というオプション（正確には引数：詳しくは 4.2.3 節参照）を付けて最初の 13 行を読み飛ばすことにします．

---

[10]　「T とか F とか何？」と思うかもしれません．詳しくは 4.2 節で学びます．

```
32    test_data02 <- read.table("20210810_04_day14.txt", skip = 13, header = T)
```

これにより read.csv() 関数のときと同様に，PC の中のファイルの中身を R スクリプト中のオブジェクトにコピーすることができます[11]．

BOX 3　相対パスは人類にはまだ早い！？

相対パスと**絶対パス**とは何か，知らない人も多いかもしれません．しかし，実験や観測のデータ量が増えてくると，R スクリプトを置いているフォルダとデータを置いているフォルダを分けて整理したくなります．つまり，そのときに役立つ相対パスをきちんと理解しておいたほうがよいです．相対パスと絶対パスが理解できなくても，サンプルコードを真似していけば本書の内容は一通り R で実行できますが，せっかくなので頑張ってみましょう．

コンピュータ上のファイルやフォルダの位置を表す住所（アドレス）が，**パス**（path）です．パスには 2 種類あるのですが，**絶対パス**はコンピュータの大元のドライブ（Windows の場合は C や D など）からの全住所情報を含むものです．たとえば，筆者の Windows PC の Dropbox フォルダの絶対パスは C:/Users/biomiki/Dropbox です（階層を区切る記号の / は OS によって異なるので深く考えなくてよいです）．

さてこのとき，図のケース 1 のように Dropbox フォルダの中に practice_R というフォルダがあり，その中に 3 つのファイルがある場合を考えましょう．このとき，data_sample2.csv の絶対パスは C:/Users/biomiki/Dropbox/practice_R/data_sample2.csv です．しかし chapter03.R というスクリプトの中で data_sample2.csv を読み込みたいとき，絶対パスを指定せずファイル名だけを指定すれば read.csv() 関数は data_sample2.csv を見つけることができ，問題なくデータが読み込めます．これが，単にファイル名を指定しているコード `test_data01 <- read.csv("data_sample2.csv", header = T)` でファイルが読み込める理由です．指定した作業フォルダ直下に data_sample2.csv があるのでファイル名だけ指定すればよいのです．

しかし，ケース 2 のように practice_R の中に別のフォルダ data_R を作ってその中にデータファイルを保存しておく場合，上のコードだと，read.csv() 関数は data_sample2.csv を見つけることはできません．なぜなら，作業フォルダ直下には data_sample2.csv という名前のファイルは存在しないからです．したがって，無理やりこのコードを実行すると，`cannot open file ' data_sample2.csv ': No such file or directory`（「そんなファイルはない」）というエラーメッセージが出るはずです．

では，read.csv() 関数がこのファイルを見つけられるようにするにはどうすればよいでしょう？ 1 つには絶対パス C:/Users/biomiki/Dropbox/practice_R/data_R/data_sample2.csv で指定することです．しかしこれはあまりにもアドレスの指定が長くて面倒です．

---

[11]　このコードを実行してエラーが出るときは，2.3.3 節を確認後，それでもミスに気づかなければ，BOX3 を読んでください．

ここで登場するのが**相対パス**です．相対パスでは基準となる場所から先のアドレスだけを指定すればよいのです．ケース 2 の場合，practice_R の直下を基準にすると，data_sample2.csv の相対パス表記は，./data_R/data_sample2.csv です．ここでピリオド（.）は基準となる現在位置（カレントディレクトリ current directory ともいいます）を表します．この相対パスの意味は，「基準となる現在位置（.）の直下に data_R というフォルダがあり（/dataR），そのフォルダの直下に data_sample2.csv がある（/data_sample2.csv）」ということです．

　さらにややこしいことをいいますが，相対パスは下の階層に下がるだけではなく上の階層に行くこともできます．たとえば，図のケース 3 のようになっていて，作業フォルダが script_R にある場合，data_sample2.csv にたどり着くにはいったん script_R の 1 つ上のフォルダ（practice_R）に行ってからその直下のフォルダ data_R を経ていく必要があります．したがって相対パスは，1 つ上の階層に行くことを表すピリオド 2 つ（..）から始めて，../data_R/data_sample2.csv です．1 つ上の階層にまず行くからといって practice_R 自体をパスに入れる必要がないのがポイントです．最後になりますが，ケース 1 の場合も同じルールで相対パス表記ができて，./data_sample2.csv になります．ややこしいですが覚えておくと大変便利です．

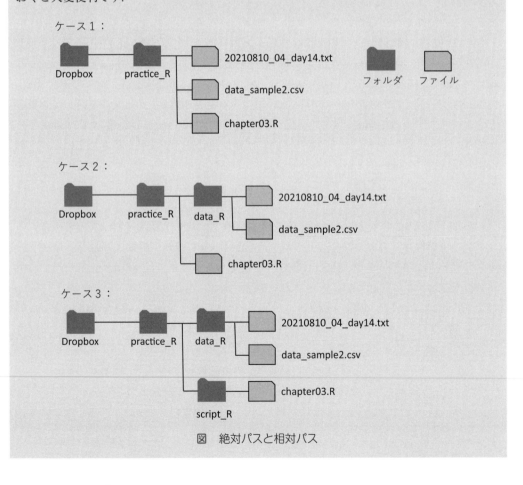

図　絶対パスと相対パス

ℛ 第3章の到達度チェック

- [ ] R でデータを保存する仕組みとして, ベクトル・データフレーム・リストの違いがわかった ⇒3.1.2, 3.1.3, 3.1.4 節
- [ ] R におけるコードの基本的構造がわかった ⇒3.1.5 節
- [ ] Excel にデータをどのように整頓すればよいかわかった ⇒3.2.2 節
- [ ] ファイル名の適切な付け方がわかった ⇒3.2.4 節
- [ ] `read.csv()` と `read.table()` を使うときに, 読み飛ばしたい行があるときのコードが書けるようになった ⇒3.3 節
- [ ] `read.csv()` と `read.table()` を使い, 「そんなファイルはない」というエラーが出たときの主な原因がわかった ⇒BOX3, 2.3.3 節

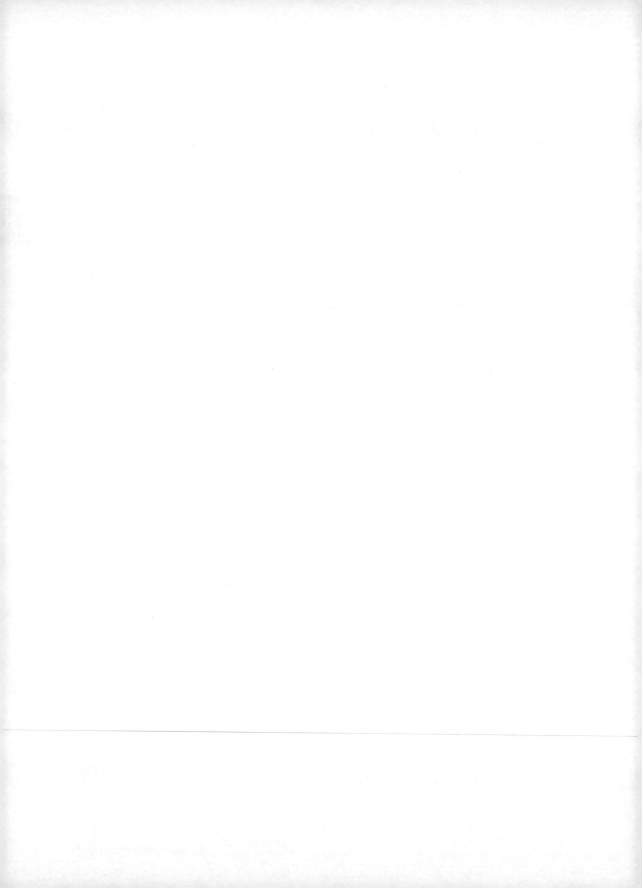

第4章　大量のデータを読み込む

　本章で学ぶ内容を，図 4.1 にまとめました．第 4 章では，サポートサイト（https://tksmiki. github.io/eco_env_R/chapter04/）の中からダウンロード可能な，「サンプルデータ 1」と「サンプルデータ 2」の 2 つのデータ群を使って大量にデータを読み込む方法を学びます．本書では，共通のサンプルデータを元に可視化や統計分析を実行できるスタイルとしています．一度勉強した後，自分でとったデータを使って同じようなことをする場合は図 4.1 の「自分で用意する場合の最小限のデータ」にある形式のデータを準備しましょう．つまり，メタデータをまとめた CSV 形式のファイルと，観測[1] データをまとめた CSV 形式またはテキスト形式のファイルが必要になります．本章で使う関数はすべて base, stats などの R の標準パッケージの中に含まれているものですので，特別なパッケージを読み込む必要はありません．

---

[1]　「観測」の定義は章末の BOX4 を参照．

これまでの流れ

第1章
第2章 | RStudioが使える状態になった

第3章 | マウスを使わずRにデータを読み込めた

今ここ！

第4章 | 10個以上のファイルから自動でデータを読み込む

サンプルデータ1

メタデータファイルのダウンロード

内容に問題のないメタデータファイル：
metadata_phyto.csv
わざとエラーを含めたメタデータファイル：
metadata_phyto_e1.csv

各観測のデータファイルのダウンロード

20180316_1_ryuko.csv
20180316_2_ryuko.csv
20181004_1_ryuko.csv
わざとエラーを含めたファイル：
20181004_1_ryuko_e1.csv
20181004_2_ryuko.csv
20181004_3_ryuko.csv
わざとエラーを含めたファイル：
20181004_3_ryuko_e1.csv
20181025_1_ryuko.csv
20181025_2_ryuko.csv
20190425_1_ryuko.csv
20190425_2_ryuko.csv

植物プランクトンの種組成データ

サンプルデータ2

メタデータファイルのダウンロード

メタデータファイルを**test_ecoplate**フォルダの中にダウンロードしましょう。

内容に問題のないメタデータファイル：
format_xitou_pattern.csv
わざとエラーを含めたメタデータファイル：
format_xitou_pattern_e1.csv

各観測のデータファイルのダウンロード

以下のファイルは、**test_ecoplate**の下の**text_file**フォルダの中にダウンロードしま
test_ecoplate直下にダウンロードしてはいけません。
20141216Eco_N1.TXT
20141216Eco_N2.TXT
20141216Eco_N3.TXT
20141216Eco_T1.TXT
20141216Eco_T2.TXT
20141216Eco_T3.TXT
20150228Eco_20_N1.TXT
20150228Eco_20_N2.TXT

細菌の炭素代謝データ

自分で用意する場合の最小限のデータ

nihongo_font_da
me.csv

nihong_font_dam
e.txt nihong_font_dam
e.txt nihong_font_dam
e.txt

nihongo_font_da
me.csv nihongo_font_da
me.csv nihongo_font_da
me.csv

メタデータとして
CSV形式ファイル

観測データとして
テキスト形式ファイル
または
CSV形式ファイル

図 4.1 第 4 章のフローチャート

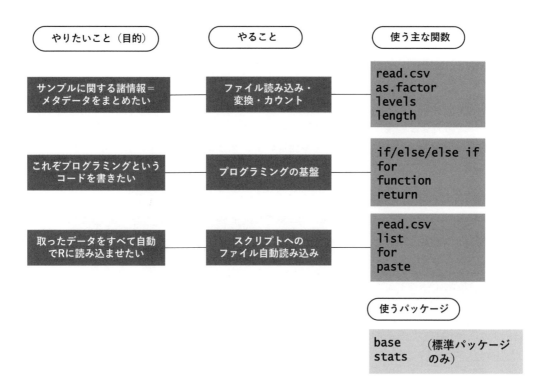

やりたいこと（目的）	やること	使う主な関数
サンプルに関する諸情報＝メタデータをまとめたい	ファイル読み込み・変換・カウント	read.csv as.factor levels length
これぞプログラミングというコードを書きたい	プログラミングの基盤	if/else/else if for function return
取ったデータをすべて自動でRに読み込ませたい	スクリプトへのファイル自動読み込み	read.csv list for paste

使うパッケージ

base stats	（標準パッケージのみ）

第4章

さあ，ここからが本番です．まずは第4章以降，第3部でも使うデータをサポートサイト第4章のページからダウンロードしましょう．ダウンロードして使っていくのは，2つのデータです．1つは，湖における植物プランクトン群集（図4.2）の組成を計数したデータです．もう1つは，微生物群集の有機炭素分解機能の多様性を評価するためのマイクロプレートの一種であるエコプレート（EcoPlate）（図3.6）の実験データです．どちらも，実験処理区と対照区，サンプリング月日などの複数のサンプリング条件ごとに，1つの観測が複数の生物種の個体数，複数の有機化合物への反応量などを示す多変量のデータとなっています．これら2つのサンプルデータは，自分が今もっている，あるいは今後自分の研究の結果として手に入れるであろうデータと共通性が高いと思いますので，代表例として使っていきます．

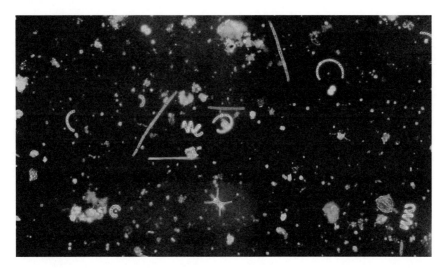

図 4.2　琵琶湖の湖水の顕微鏡写真：複数種の植物プランクトンがいるのがわかる → 口絵4

4.1　Excel を使ってメタデータをまとめる

> **やりたいこと**
> サンプルに関する諸情報＝メタデータをまとめたい

メタデータという言葉は3.2.1節で初めて出てきました（図3.5）．メタデータ（あるいはメタ情報）は，分析の中心となる微生物の活性や植物プランクトンの種数などの観測数値以外の情報，たとえば実験条件やサンプリング日時などを集めたものです．それに加えて，観測データを保存しているファイルの名前もメタデータファイルに含めることで，次節以降で説明する大量データの自動読み込みに活用する戦略を立てます．

では，4.4節で読み込む予定の2つのタイプのデータのうち，その1つに対応したメタデータファイル metadata_phyto.csv を https://tksmiki.github.io/eco_env_R/chapter04/test_phytoplankton/からダウンロードし，Excelで開いてその中身を確かめてみましょう（図4.3）．

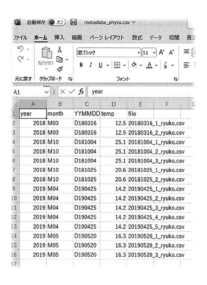

図 **4.3** 龍湖のメタデータ（ metadata_phyto.csv ）を Excel で開いたところ

このメタデータは，2018 年の 9 月から 2019 年の 5 月まで複数回にわたってサンプリングした植物プランクトンの群集データ（＝種ごとの個体数のリスト）に対応するものです．観測の合計数は 15 です（Excel の各行が 1 つの**観測**に対応しています）．A 列は西暦年（4 桁），B 列は月名です．月名は数字だけでもよいと思うかもしれませんが，Excel の性質上，04 のようにゼロから始まる数字は自動的に 4 に置き換わってしまって桁数をそろえるのが難しいので，数字の頭に月（month）の頭文字の M を追加しています．C 列は年月日をまとめたもの（YYMMDD），D 列は水温（temp）を表しています．

　E 列（file）は各観測の数値データを保存している CSV ファイルのファイル名一覧となっています．15 個のファイルにそれぞれの観測の結果が保存されていることを意味しています．

　では，この CSV ファイルを phyto_test.R （https://tksmiki.github.io/eco_env_R/chapter04/）の中の 2 行目のコマンドを使って R に取り込んでみましょう．

phyto_test.R

```
2    phyto_metadata <- read.csv("metadata_phyto.csv", header = T)
```

　YYMMDD が同じものは同じ観測日の 1 サンプル内の異なる観測だと考えると，YYMMDD の水準数[2]（level の数）が**サンプル数**だということになります．水準数がいくつあるかを確認するには levels() 関数によってまず level の一覧を作成するところから始めます． phyto_test.R の 4 行目を実行しましょう．コンソールには以下の出力が出るはずです．

---

[2]　「水準」の定義は 6.4.1 節を参照．

```
> levels(as.factor(phyto_metadata$YYMMDD))
[1] "D180316" "D181004" "D181025" "D190425" "D190520"
```

ここで，`levels(as.factor(phyto_metadata$YYMMDD))` とするのは，Excel 上の数値と文字列が，`read.csv()` 関数でR内部に取り込まれたときに，データクラスが数値（numeric），文字列（character），因子（factor）となるかがRのバージョンによって変わることに起因します．`levels()` 関数は factor タイプのオブジェクトからしか水準を抜き出せません．そこで，`phyto_metadata$YYMMDD` が文字列と認識されている場合にも対応できるように，`as.factor()` 関数で factor に変換しておくのです．ここで as という英単語は「～として」という意味で使われています．上の実行結果を見れば，水準は5種類あることが目で見てわかるのでサンプル数は5であることがわかります．ただし，水準が多数ある場合では目視で数えるのは数え間違いを誘発するので避けるべきです．そんなときのために，ベクトル（vector）や数値列（numeric）の長さを計算してくれる `length()` 関数があります．コンソールに `length(levels(as.factor(phyto_metadata$YYMMDD)))` というコードを直接書いて実行すると，以下のような出力結果が出ます．年月日には5つの値，すなわち5つの水準があることがわかります．

```
> length(levels(as.factor(phyto_metadata$YYMMDD)))
[1] 5
```

これら2つの関数 `levels()` と `length()` に関しては，できることは単純ですが，今後もいろいろなところで大活躍するので心の隅に留めておきましょう．また，数値（numeric）・文字列（character）・因子（factor）間の変換のための `as.numeric()`, `as.character()`, `as.factor()` の使い方にも注意が必要です．因子に見える文字列を因子に変換するのは，上で説明したように `as.factor(オブジェクト名)` で十分です．しかし，数字に見えるのに因子となっているオブジェクトの変換をするには，一度因子を文字列に変換した後，さらに数値に換えるというトリッキーな処理 `as.numeric(as.character(オブジェクト名))` が必要です．

このようにして読み込んだメタデータは 4.4 節以降で活用します．メタデータに関する説明はいったんこれで終わりです．

4.2　Rプログラミングの基礎を学ぶ（if, loop, 関数）

> **やりたいこと**
> これぞプログラミングというコードを書きたい

データを自動変換したり統計処理したりするために最小限の知識として，条件分岐・繰り返し（ループ）・関数の基礎を説明します．プログラミングらしい思考が苦手だと思ってもここだけは耐えてください．逆にこの節を読んでプログラミングに目覚めたら，別の書籍を読んだりしてどんどん勉強していくとよいでしょう．

4.2.1　条件分岐（if）

　まずは条件分岐です．データ分析の場面では，分析に使えるデータと使えないデータをより分けたり，ある条件を満たす数値を別の数値に変換したりする場面で**条件分岐**が大活躍します[3]．次のコードは，aというオブジェクトの値が 3 より大きいか小さいかという条件を判定するためのものです[4]．

chapter04_4-2.R

```
 4    #if statement (if文)
 5    a <- 3   aというオブジェクトに数値3を代入
 6    if(a > 3) { #check the condition   「a > 3」という条件式で条件分岐させる
 7    cat("a is greater than 3.", "\n") #this is executed when the condition is true
 8    } else{   「a > 3」という条件式が偽のときに次のコードが実行される
 9    cat("a is less than or equal to 3.", "\n") #this is executed when the condition is
          not true
10    }
```

　それでは，順を追ってこの中身の意味を解説していきます．

条件式と関係演算子：if 文は，if というキーワードで始めます．そしてそれに続く括弧の中 **if(条件式)** に判定したい条件式を書き込みます．上の例では，a > 3 が条件式です．条件式とは，**関係演算子**を使って真偽を判定する計算式のことです．これは，数学では出てこないタイプの演算子なのでピンとこないかもしれません．プログラミング言語にはいくつか異なるタイプの演算子が用意されています．すぐわかるのは四則演算をするような算術演算子です（すでに 3.1.1 節で紹介しました）．たとえば，足し算（加算）をするには + という演算子を使います．演算子を使ってコードを実行すると基本的には，演算の結果が出力されます．a + 3 という計算（＝演算）を実行すると，ここでは 6 という数値が出力されます．これと同じように関係演算子を使った場合も，何らかの出力が出ます．関係演算子の場合は，コードに書かれている**関係**が成り立つ（関係が**真**であるといいます）か成り立たない（関係が**偽**であるといいます）かをそれぞれ，TRUE, FALSE という形で出力します．試しにコンソールのほうに a > 3 という条件式だけを書いて，実行してみましょう．次のようになるはずです．

```
> a > 3
[1] FALSE
```

　いま，aの値は 3 なので「aは 3 より大きい」という条件式の出力は成り立たない＝偽（FALSE）となります．

---

[3]　条件分岐はプログラミングらしい仕組みです．その反面，人間にとっては一瞬で判断できるような単純な条件判定を実現するために，長々とコードを書かないといけません．したがって，初めてやる人は面倒に思うかもしれません．

[4]　コードの一部が太文字になっているのは，説明のための強調表現です．

この関係演算子について少し慣れるために，他の関係演算子を使った場合に TRUE と FALSE のどちらが出力されるか，次の一つひとつをコンソールに書き込んで実行してみましょう．

　(1) a < 3　　aは3より小さい（＝3未満）か？
　(2) a >= 3　aは3以上か？
　(3) a <= 3　aは3以下か？
　(4) a == 3　aは3と等しいか？
　(5) a != 2　aは2と等しくないか？
　(6) a == b　aはbと等しいか？

関係演算子の失敗ポイント：（1）〜（6）の中の間違えやすいポイントをいくつか紹介します．まず，（2），（3）の以上・以下については，> または < は = と1つに組み合わさって1つの演算子になります．したがって，順番を変えたり（=<），間にスペースを入れたり（> =）することはできません．

　次に（4）です．等号記号は数学でなじみ深いからこそ間違いが起きやすいです．ここはa = 3とはできません．これではオブジェクトaに3が代入されてしまいます．なぜなら，Rではイコール記号（=）は等しいかどうかを判定するための関係演算子ではなく，代入演算子として使われてしまっているからです．したがって右辺と左辺が等しいかどうかを判定する演算子としては，イコール記号を2個，間にスペースを挟むことなく続けた記号（==）を使います．

　（5）については，右辺と左辺が等しくないときに TRUE，等しいときに FALSE を出力する演算子です．（6）については，そもそもオブジェクトbが定義されていない（用意されていない）ので，条件式の真偽を判定することはできず，エラーメッセージが出力されるか，bと一致しないので FALSE が返ってくるはずです．

　細かいことですが，いま出てきた関係演算子についても，すでに出てきた算術演算子についても**演算子**（operator）と**被演算子**（operand）の間にはスペースを挟む習慣をつけることを強くお勧めします．たとえば，a<-1+2 ではなく，a < 1 + 2 のほうがよいです．これを徹底しておかないと， if(条件式) を使う場面でもミスが起こります．たとえば，if(a < -1) とするつもりのところを，if(a <- 1) なんていうミスをしてしまうとaと-1のどちらが大きいかを比べる条件式ではなく，1をaに代入する計算が実行されてしまいます．ただし，上で説明した，「複数の記号を組み合わせた関係演算子の中間にスペースを入れてはいけない」というルールとは混同しないでください．

ifブロック：if文では， if(条件式) の後に{}で囲ったブロック構造を用意します． if(条件式) {...} のかたまりをifブロックと呼びます．この{}で囲った内部に書いたコードはif()内の**条件式**が真（＝TRUE）のときのみ上から順に実行されます．条件式が成り立たない偽＝（FALSE）のときは何も実行されずに，ifブロックが終わるところまで進んでいきます．上の例の8行目でいうと，aの値が3より大きいときだけブロック内のコマンド cat("a is greater than 3", "¥n") が実行されるデザインとなっています．しかし，実際にはaの値は3のため，a > 3 という条

件式が（= FALSE）となり，このブロック内のコマンドは実行されません．

else ブロック：条件分岐全体で，ある条件が満たされているときのみ何か計算し，その条件が満たされていないときは何もする必要がない場合には，上の if ブロックだけを作れば十分です．if ブロックが終わったところからは，その条件にかかわらず，必ず実行したいと考える内容を追加していけばよいことになります．しかし，条件「分岐」というくらいですから，多くの場合は，ある条件が満たされた場合は A を実行し，満たされない場合は B を実行するというように分岐させるはずです．このような単純な分岐を行うには，if ブロックの直後に `else{...}` という構造の else ブロックを追加します．

　サンプルコードでは，if ブロックの条件式 a > 3 が満たされないとき，すなわち a の値が以下のときには cat("a is less than or equal to 3", "¥n") が実行される予定の構造になっています．実際，a の値は 3 ですから，if ブロックの条件式は満たされず（偽 = FALSE），else ブロック内のコードが実行されます．コードを全部実行するとコンソールには次のようにメッセージが表示されるはずです．というのも if ブロックでも else ブロックでも使っている cat() 関数は括弧の中で""で囲まれた文字列をコンソールに出力するという機能をもっているからです．

```
a is less than or equal to 3.
```

　この文字列は，「a は 3 より小さいか 3 と等しい」という英語表現になっているだけです．if ブロックと else ブロックを組み合わせた条件分岐全体では，a の値が 3 より大きいときには，「a は 3 より大きい」というメッセージをコンソールに出力し，その条件を満たさないときには「a は 3 より小さいか 3 と等しい」というメッセージを出力するデザインとなっています[5]．

else ブロックに関する失敗ポイント：ささいなことではありますが，サンプルコード 8 行目 if ブロック直後の else ブロックについて，else の手前で改行すると失敗します[6]．

```
Error: unexpected 'else' in "else"
```

　閉じた括弧 (}) に続けて改行せずに else ブロックを書き始めるのが気持ち悪いという人は，if ブロックと else ブロックをまとめて{}で囲ってしまう方法をとれば，if ブロックと else ブロックの間で改行してもエラーは出ません．具体的には次のようにします．ここから先のコードは，サンプルコードの chapter04_4-2.R に書き込まれていません．chapter04_4-2.R のファイルの中に，22 行目から自分でタイピングして書き込み，実行してみましょう．

---

[5]　人間なら一瞬で判定できることをプログラミングするなんて大げさだ，と思ったかもしれませんが….

[6]　実際に chapter04_4-2.R の 8 行目の else の前で改行し，5 行目（a <- 3）から実行し直してみましょう．

```
22  {
23    if (a > 3) { #check the condition
24      cat("a is greater than 3", "¥n") #this is executed when the condition is true
25    }
26    else{
27      cat("a is less than or equal to 3", "¥n") #this is executed when the condition
            is not true
28    }
29  }
```

この場合，コードの読みやすさ（＝**可読性**）を高く保つためには，最初の括弧の後の if ブロックのところは，Tab キーを押して空白を挿入し，複数のブロックどうしの包含関係を視覚的にも明快にするのがよいでしょう．

else if ブロック：実は if ブロックと else ブロックだけでは現実世界で直面するような条件分岐を表現しきれません．たとえば，お昼ご飯の準備をするときの頭の中での自問自答を想像してみてください（図4.4）．最初の問いかけは「ご飯ものがいいかな？」です．これに対する答えによって，次の行動が条件分岐します．もしも（if），ご飯ものにする場合は，ご飯を炊くことが決まります．一方，ご飯ものにしない場合には次の問いかけ（枝分かれ）が発生します．「じゃあ，麺にしようかな？」が次の問いかけでその答えによってさらに枝分かれします（else if 条件分岐）．ご飯ものにはしないけれど麺にする場合は，麺をゆでるお湯を沸かそう，となるでしょう．麺でもない場合（else）には，実際にはまだまだ選択肢はありますが，パンを食べることにして，たとえばパンを買いに行こう，と考えるわけです．

このように if ブロックにおける条件式が満たされない場合（FALSE の場合）のみ，追加の条件評価に進む仕組みが else if ブロックです．ここで注意しないといけないのは，if ブロックの条件式が FALSE のときのみ，新たな条件評価に進むということです．そうではなくて，1つ目

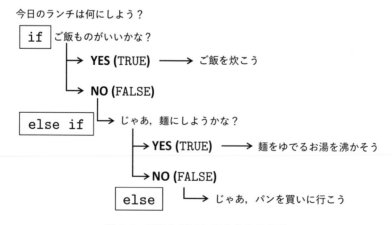

図4.4　日常生活でも出会う条件分岐

の条件評価の結果にかかわらず新たな条件評価をするときに使うべきは else if ブロックでなく新たな if ブロックです．上のランチの例でいえば，ご飯ものも麺も両方食べることを許容するなら，「麺にしようかな？」のところは else if ブロックではなく，if ブロックを使えばよいことになります．

　a というオブジェクトの数値が 3 より大きいかどうかを判定した，if ブロックと else ブロックを組み合わせたコードをちょっと修正すると，次のように else if ブロックを使うものも簡単に作れます．

```
chapter04_4-2.R

31    #else if statement
32    a <- 2
33    if (a > 3) { #check the condition
      cat("a is greater than 3.", "¥n") #this is executed when the
34    condition is true
      } else if(a > 1) {
35    cat("a is less than or equal to 3 but greater than 1.", "¥n")
36    #this is executed when the condition is not true
      } else {
37    cat("a is less than or equal to 1.", "¥n") #this is executed when
38    the condition is not true
      }
39
```

　あまり内容のないプログラムになっていますが，こんな感じで if ブロック，else if ブロック，else ブロックを使っていくとよいでしょう．

条件分岐における失敗ポイント～見かけのロジックに騙されない： if ブロック・else if ブロック・else ブロックを組み合わせた条件分岐は何かロジカルな気がしますよね？ でもここが落とし穴です．これらのブロックを組み合わせたとき，個別のブロック内の処理はもちろんロジカルです．なぜなら条件式の成立（真）・不成立（偽）に忠実にコードが実行される構造だからです．しかし，ブロックを組み合わせた全体が妥当な条件分岐になっているかどうかは，R は知ったことではありません．少なくとも本書を執筆している 2024 年時点では，そこまで判断してくれません．図 4.4 の例でいえば，1 つ目の問いかけに対して，NO と答えたときに else if ブロックを使って，再び「ご飯ものがいいかな？」と同じ問いかけを設定することもできます．しかし，同じ問いかけを 2 回したからといって，プログラムの場合には判断を変えることはできませんから，この 2 回目の else if ブロックで YES（TRUE）のほうに分岐されることはあり得ません．つまり，2 回目も同じ問いかけをするというのは妥当な内容となっていません．他にも，else if ブロックで「カレーライスにしますか？」という問いかけをすることも妥当な条件分岐ではありません．なぜなら，1 つ目の問いかけで NO と答えている時点でご飯ものの可能性は否定されているのに，ご飯ものの 1 つであるカレーライスの可能性を問うことに意味がないか

らです．このように，ランチ決定プロセスにおける各ブロックでの条件式の中身を決めるのは
あくまで我々人間ですので，全体として意味がない条件分岐を簡単に作れてしまうのです．

　オブジェクト a の数値を判定するコードでいえば，最初の if ブロックで「a が 3 より大きい
か（a > 3）」を判定したのちに，その判定が偽だったときに発動する else if ブロックの条件を
「a が 5 より大きいか（a > 5）」を設定することも可能です．しかし，a > 3 ではないという
こと（a > 3 が偽であるということ）は，当然 a の値は 3 以下なので，a > 5 という条件式が
真になることはあり得ません．つまり，a > 5 が真になるときに実行すべきコードを else if ブ
ロックの {} の中に書き連ねても，それが実行されることはあり得ないので無駄になるわけです．
R としての文法には従っているわけですから，このような妥当ではないコードを実行しても何
もエラーは出ません．しかし内容に意味がないわけですから，きっとコードを書いた人間の意
図していたのとは違う挙動を示すことになるでしょう．

　上の 2 つの例では意味がないことは明らかだったでしょう．それはとても単純な状況を想定
していたからです．しかし，データ分析のために条件分岐を使う場面とは，プログラミングな
しに手作業でデータを分別するのが難しいようなややこしい状況です．したがって，一見妥当
に見えるけれども意図したとおり，条件分岐が起きないということは珍しくないのです．これ
は，プログラミングがうまく行かない要注意ポイントだといえるでしょう．

4.2.2　繰り返し処理＝ループ（for ループ）

　次は繰り返し（ループ）です．単純作業を何千回でも何万回でも一瞬でしてくれるのが現代
のコンピュータです．R では for ループブロックを使います．次のサンプルコードは，整数を
1 から 10 まで足し合わせていく計算に，この for ループブロックを使ったものです．

chapter04_4-2.R

```
42    n <- 10
43    sum <- 0          ループの中{}で 1 から n まで 1 ずつ値が増えていくオブジェクト
44
45    for(j in 1:n) {
46      sum <- sum + j
47    }
48    print(sum)
```

　ではこのコードを解説していきます．まず 42 行目，n <- 10 ではループの繰り返し数を 10
にするつもりでその繰り返し数 10 を n という名前の数値オブジェクトに代入しています．次
に 43 行目では，1 + 2 + 3 + 4 + 5 + 6 + 7 + 8 + 9 + 10 という計算の結果を保存するための数
値オブジェクト sum を用意して，その初期値をゼロに指定しています．

　ここで，1 から 10 まで足した結果を sum に代入したいなら，次の 1 行のコマンドで済むと
思いませんか？

```
sum <- 1 + 2 + 3 + 4 + 5 + 6 + 7 + 8 + 9 + 10
```

そのとおりです．では，1 から 1000 まで足し合わせるにはどうしますか？ 1 から 1000 まで全部書きたくないですよね．そんなときに使うのが for ループです．for ループは for というキーワードで始まり，() の中でループの中で更新していく数字を保存するためのオブジェクト名（ここでは j），ループの開始時の数字（ここでは 1）と終了時の数字（ここでは n，つまり 10）を指定します．次の {} 内に各ループにおいて実行したいコードを書いていきます．ここでは，たった 1 行のコード sum <- sum + j だけです．

この for ループブロックで何が起きているのか，1 ステップずつ説明してみましょう．

(1) j の値が 1 になる（45 行目の () の中）．
(2) 現状の sum の値に j の値（= 1）を足し，sum に代入する．j = 1 の時点では，for ループの外で代入された 0 という値なので，0 に 1 を足す．sum の値は上書きされるので，意味としては sum の値が 0 + 1 = 1 へと更新される（46 行目）．
(3) ループが 1 回転したので，次のループのはじめに j の値は 1 つ増えて 2 になる．
(4) 現状の sum の値（= 1）に j の値（= 2）を足し，sum の値を更新する．
(5) ループが 1 回転したので，次のループのはじめに j の値は 1 つ増えて 3 になる．
(6) これ以降，sum の値を，1 つ前のループでの sum の値に j を足したものに更新し，j の値を 1 つ増やす作業を j が 10 になる回まで繰り返す．
(7) ループは j が 10 のところが最後なので，sum には 10 を最後に足して終了する．
(8) 結果的に sum = 0 + 1 + 2 + 3 + 4 + 5 + 6 + 7 + 8 + 9 + 10 となってループは終了し，48 行目に進む．

そして最後の 48 行目の print(sum) というコマンドで sum の値がコンソールに表示される，というサンプルスクリプトになっています．for ループブロックは一度慣れてしまえば，条件分岐よりも単純であり，難しくありません．

繰り返し処理を途中でやめる：for ループブロックの中で if ブロックなどを使って条件分岐を組み合わせると，for ループを途中で抜け出したり（break），ある回のループ内の処理を飛ばしたり（next）する処理も可能になります．ここではこれ以上説明しませんが「for ループ R 途中でやめる」のようなキーワードで Google 検索すれば，解説ページがすぐ見つかるでしょう[7]．

4.2.3 関数

4.2.2 節の for ループブロックの説明で，1 から 1000 まで足し合わせる計算をするなら，ループが必要だとしました．でも，数学が得意な人なら，次の公式を思い出したかもしれません．

---

[7] Google 検索のコツは第 11 章で学べます．

$$\sum_{k=1}^{n} k = \frac{n(n+1)}{2}$$

　公式があるので，R でわざわざプログラミングする必要性が感じられないかもしれません．しかし，この例は簡単だからこそ**関数**という便利な仕組みを理解するのによいものです．

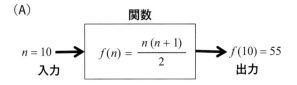

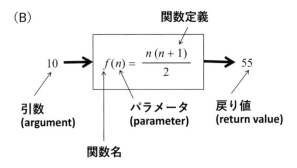

図 4.5　(A) 関数のイメージ，　(B) R における関数にまつわる用語

　皆さんがこれまで勉強してきた数学における関数のイメージは図 4.5 (A) のようなものかと思います．n という変数の関数 $f(n)$ があって，それに「入力」として特定の値を入れると $f(n)$ の値が「出力」されるという仕組みとして理解していることでしょう．(A) では $n = 10$ を入力すると $f(10) = 55$ が出力されます．

関数にまつわる用語：R では，図 4.5 (B) のような用語を使って**関数**という仕組みを提供しています．まずこの例では f は関数名，n は**パラメータ**（parameter）の名前です．パラメータを使った実際の計算式 $n(n+1)/2$ は関数の中身です．R も含めた多くの言語で，このパラメータ n と入力される値 10 は区別されます．このパラメータ n に引き渡されることになる値のことを**引数**（argument）」といいます．そして出力される値のことを**戻り値**（return value）といいます [8]．

関数定義：これらの用語を使って，関数を実際に定義するには次のような形のコードを書く必

---

[8]　引数とパラメータについては「パラメータ」というカタカナ語をよしとせず，**実引数**（= argument）と**仮引数**（parameter）と呼ぶときもあります．実際のところ，R では区別せず引数と呼ぶことが多いですが，ここでは文法上の位置づけの違いを強調するために引数とパラメータという呼び方にしました．

要があります.

```
関数名 <- function(パラメータ名 = デフォルトの引数値) {
    関数の中身
    return(戻り値)
}
```

図 4.5 の例であれば，次のようにコードを書けます．ただし関数名として f はあまりにも単純すぎるので f_sum ということにします.

chapter04_4-2.R

```
50    #a simple function
51    f_sum <- function(n = 10) {
52      sum <- n*(n + 1)/2
53      return(sum)
54    }
```

上の 4 行のコードを一気に実行すれば関数が定義されます．ただしこれはただの定義であって実際に計算が実行されるわけではないので，コードを実行してもエラー以外には，特にコンソールにメッセージや出力が表示されることはありません.

関数呼び出し：この定義がうまくいったら，関数名と引数の指定によって，関数を**呼び出して**その実行結果を得ることができます．コンソールに直接書いてみましょう.

```
> f_sum(n = 5)
[1] 15
```

ちなみに，引数を指定しない場合，関数定義の中で使われているデフォルトの値が引数としてパラメータに引き渡されます.

```
> f_sum()
[1] 55
```

また，関数定義において **パラメータ名 ＝ デフォルトの引数値** のところの「＝ デフォルトの引数値」はなくても全然かまいません．その場合は引数としてのデフォルトの値が指定されていないので，関数を呼び出すときは必ず引数を指定する必要があります．**デフォルト**（default）というのは関数の中で想定されている標準の設定という意味です．したがって，デフォルトの値というのは，標準の設定値ということです.

他の人が作った関数を使う：ここまで関数定義と関数呼び出しを解説しました．ここで皆さん

はすでに自分で定義したわけではない関数を使っていることに気づくでしょう．たとえばコンピュータ内に保存された（Rの外側にある）CSVファイルを読み込むためのread.csv()関数や，任意の文字列をコンソールに表示するためのcat()関数などを思い出してみてください．Rには便利な計算をしてくれる関数が数多く用意されています．そのうちの一部はRを立ち上げただけですぐに使えるようになっていますが，その他の関数は**パッケージ**としてストックされてネット上に公開されています．そのようなパッケージの中に入っている関数を利用するためには，2.4.4節ですでに説明したようにパッケージのインストールとライブラリへの読み込みが必要です．

関数定義の練習：それでは練習として，先ほどの関数の変形で任意のnからmまでの足し算をしてくれる関数を作ってみましょう．実はパラメータは，コンマ（,）で区切ることで複数使うことができます．ここでは，単に数学の公式を使うのではなく，ループ構造を使ってみます．

chapter04_4-2.R

```
56    f_sum2 <- function(n = 3, m) {
57      sum <- 0
58      for(j in n:m) {
59       sum <- sum + j
60      }
61      return(sum)
62    }
```

この関数を使うには次のように呼び出します．

```
> f_sum2(n = 100, m = 1000)
[1] 495550
```

関数定義・呼び出しにおける失敗ポイント：ここでは，典型的なエラーを2つ紹介するとともに，避けるべきあいまいなコードの書き方を1つ解説したいと思います．まず1つ目のエラーは，関数定義で使われていないパラメータに引数を渡すことで起きるエラーです．次のように，コンソールに直接書いてf_sum()関数を呼び出してみます．

```
> f_sum(n = 100, m = 1000)
Error in f_sum(n = 100, m = 1000) : unused argument (m = 1000)
```

　最初に定義した関数f_sum()にはパラメータが1つしかありませんので，上のエラーメッセージのように「使われていない引数がある（unused argument (m = 1000)）」，と怒られるわけです．
　2つ目のエラーは，デフォルトの引数が指定されていない関数なのに引数を指定しなかったときに起きるエラーです．

```
> f_sum2(n = 100)
Error in f_sum2(n = 100) : argument "m" is missing, with no default
```

m という引数が使われていない（argument "m" is missing）と怒られるわけです.

いま説明した2つの状況は完全にエラーなので，関数は戻り値を返すことなく終了します.

次に説明するのは人間にとって読みやすい（＝可読性の高い）コーディングのために，避けるべきスタイルです. エラーではないので R 自体は問題なく関数を実行してくれますが，コードを書いている本人すら誤解しやすいスタイルがあります.

関数定義ではパラメータ名を決めますね. 上の例なら n や m です. そこでは関数を呼び出すときは f_sum(n = 100) のように具体的に引数として数値を指定していました. しかし実際のコーディングの場面では，引数自体をオブジェクトにすることが多いです. つまり，関数を呼び出す前に end_number <- 100 のように具体的な数字をいったん別のオブジェクトに格納し，関数呼び出しでは f_sum(n = end_number) とします. ここで避けるべきスタイルとは，引数に使うつもりのオブジェクトの名前を関数内のパラメータの名前と同じにすることです. つまり，次のようなコーディングは紛らわしいのでしないことをお勧めします.

```
n <- 100
f_sum(n = n)
```

引数とパラメータの区別について，筆者の理解は上のとおりですが，人によってやりかたが違うだけでなく，言語によっても標準的なやりかたは異なります. こうだ，と決め付けずに新しいことを学ぶたびに柔軟に対応していくことがとても大切であることを心に留めておいてください.

BOX 4　R の for ループは実は遅い

これは R 言語特有の問題かもしれませんが，for ループの繰り返し回数が多い場合には計算時間が長くなりがちです. for ループでは，逐次計算といって，1つ前の繰り返しが終わらない限り次の繰り返しは始められません. しかし，たとえば，同じような処理（数値を全部10倍にするなど）を別々のデータに施すような作業を for ループの中で繰り返す場合，一つひとつの繰り返しは前の回に影響を受けないので，いちいち繰り返しが終わるまで待っているのは効率が良くありません.

そのようなときには主要な解決策が2つあります. apply() 関数というものを使ってお手軽に並列計算をするか，for ループ自体を並列化させて CPU の複数スレッドを同時に使って並列計算をするかの2つです. 並列計算には，いくつかのパッケージが開発されていますが，筆者がよく使っているのは pforeach というパッケージです. これも Google 検索すればすぐに解説ページを見つけることができるでしょう. 余談ですが，他の言語，たとえば C++言語では，ある程度自動的に for ループが並列化されるようになっています. そういう高速な言語を最初に修得した人にとっては，R の for ループは遅すぎるように感じるかもしれま

せん.

4.3　メタデータを活用した大量のデータの自動読み込み

> **やりたいこと**
> 取ったデータをすべて自動で R に読み込ませたい

　ここまでで大量のデータを自動で R に読み込むためのコードに使う R の文法は学び終わりました．それを活用してデータの自動読み込みの仕組みを見ていきましょう．

4.3.1　自動読み込み例 1：植物プランクトンの種組成データ

　4.1 節のところで読み込んだメタデータも活用し，15 個の CSV ファイルを読み込んでいきましょう． phyto_test.R を開いてください．

phyto_test.R

```
 1   ###For Chapter 4: Sections 4.1 & 4.3
 2   phyto_metadata <- read.csv("metadata_phyto.csv", header = T) #load file list
 3   levels(as.factor(phyto_metadata$YYMMDD))
 4
 5   ####load each data##############
 6   raw_data <- list() #prepare empty list
 7   no_sample <- length(phyto_metadata$file)
 8   for(i in 1:no_sample) {
 9     print(i)
10     raw_data[[i]] <- read.csv(as.character(phyto_metadata$file[i]), header = T)
11   }
```

　まず，2 行目は 4.2 節で説明したとおり，植物プランクトンの群集データに関するメタデータをまとめた CSV ファイルを読み込むコマンドになっています．3 行目も同様に説明済みのコードであり，サンプリング日を確認するためのコマンドです．

　この先が自動読み込みにつながる新しいコードです．6 行目では raw_data という名前の中身が空のリストを作っています．空のリストを作るためには list() 関数を使えばよいです．「リスト」自体について忘れてしまった人は，3.1.4 節に戻って復習しましょう．

　7 行目の右辺 length(phyto_metadata$file) は，いまから読み込もうとしているサンプルの数（＝サンプル数）を確認するための計算です． phyto_metadata$file の中身は何かというと，次のように実際に植物プランクトンの群集データが保存されている CSV ファイルの一覧となっています．

```
> phyto_metadata$file
 [1] "20180924_1_ryuko.csv" "20180924_2_ryuko.csv" "20181004_1_ryuko.csv"
 [4] "20181004_2_ryuko.csv" "20181004_3_ryuko.csv" "20181025_1_ryuko.csv"
 [7] "20181025_2_ryuko.csv" "20190425_1_ryuko.csv" "20190425_2_ryuko.csv"
[10] "20190425_3_ryuko.csv" "20190425_4_ryuko.csv" "20190425_5_ryuko.csv"
[13] "20190520_1_ryuko.csv" "20190520_2_ryuko.csv" "20190520_3_ryuko.csv"
```

したがってこの一覧の要素数が知りたかったら，length() 関数を使えばわかります．上のコンソールの出力を目視で数えたら 15 個のファイルがあることがわかりますね．length(phyto_metadata$file) も 15 という値を返します．この数値は，代入演算子（<-）によって，7 行目の左辺にある no_sample とオブジェクトに代入されることになります．

8 行目から 11 行目の for ループは 15 個のファイルを 1 つずつ順番に読み込んで，raw_data に保存していくという作業を繰り返すためのコードです．このループ構造のアイデアを理解するために，まずはループを使わずに 15 個のファイルを順に読み込んでいくにはどうしたらいいか考えてみましょう．read.csv() 関数を 15 回使えばそれができます．この関数は，すでに 1 行目にメタデータを格納した CSV ファイル metadata_phyto.csv を読み込むときに使っています．具体的には，次のようなコードを 15 行書けばよいですよね．

```
raw_data[[1]] <- read.csv("20180924_1_ryuko.csv", header = T)
raw_data[[2]] <- read.csv("20180924_2_ryuko.csv", header = T)
raw_data[[3]] <- read.csv("20181004_1_ryuko.csv", header = T)
raw_data[[4]] <- read.csv("20181004_2_ryuko.csv", header = T)
raw_data[[5]] <- read.csv("20181004_3_ryuko.csv", header = T)
```

これくらいのコード，根性を出せば 15 行くらい書けるし，そのほうが単純でよい，と思われるかもしれません．しかし，根性という言葉ほどプログラミングに似合わないものはありません．プログラミングは我々人間ができるだけ楽して複雑な処理をするためにあるので，このようなとりあえず全部書き出せばいいだろう，という力技を使うのはやめましょう．それは単にスタイルの問題と思うかもしれませんが，この書き方だといざデータ分析を進めるときには重大な欠陥が生じるため，実用上も避けることが重要なのです．データ分析の現場ではデータを取り直したり，分析に使うデータを代えたりすることはよくあります．このようなときには必然的に R に読み込む CSV ファイルも変わってきます．長い R スクリプトの中で読み込むべき CSV ファイルの名前を一つひとつ直していくのは手間がかかり，かつ単純ミスを引き起こしやすいプロセスです．これが，力技を避けるべき理由です．

では，どうやって解決するか？ ここでメタデータの一部として読み込んだphyto_metadata$file が役に立ちます．どういうことかというと，まずこのファイル一覧のうち 1 番目のファイル 20180924_1_ryuko.csv を読み込もうと思ったら，

```
raw_data[[1]] <- read.csv("20180924_1_ryuko.csv", header = T)
```

とする代わりに，`phyto_metadata$file` の 1 番目の要素を [1] と指定すれば，次のように書けるのです．

```
raw_data[[1]] <- read.csv(phyto_metadata$file[1], header = T)
```

ちなみに，`read.csv("phyto_metadata$file[1]", header = T)` のように `""` で読み込むべきファイル情報のところを囲う必要はありません．むしろ，囲うとエラーが出てうまくいきませんので注意しましょう．囲う必要がないのは，`phyto_metadata$file[1]` 自体が文字列 20180924_1_ryuko.csv を保存しているからです．逆に囲ってしまうと `phyto_metadata$file[1]` 自体が文字列だと認識されてしまいます．当然コンピュータの中に `phyto_metadata$file[1]` という名前のファイルは存在しないのでエラーとなります．

さあ，うまい書き方がわかったのでコードを書き直してみましょう．たとえば，次のようなコードはどうでしょうか？

```
raw_data[[1]] <- read.csv(phyto_metadata$file[1], header = T)
raw_data[[2]] <- read.csv(phyto_metadata$file[2], header = T)
raw_data[[3]] <- read.csv(phyto_metadata$file[3], header = T)
raw_data[[4]] <- read.csv(phyto_metadata$file[4], header = T)
raw_data[[5]] <- read.csv(phyto_metadata$file[5], header = T)
```

これは惜しいです．しかし，やっぱり力技ですね．依然として 15 個のファイルを読み込もうと思ったら漏れなく 15 行のコードを書く必要があります．

さあ，ついに 4.3.2 節で紹介した for ループを使うときがきました．

phyto_test.R

```
8    for(i in 1:no_sample) {
9      print(i)
10     raw_data[[i]] <- read.csv(as.character(phyto_metadata$file[i]), header = T)
11   }
```

8 行目は，for ループの始まり部分であり，繰り返しのたびに更新されるオブジェクトを `i` として，1 から `no_sample`（= 15）まで繰り返す設定としています．9 行目では繰り返しのたびに更新される `i` の値をコンソールに出力するように `print()` 関数を使っています．この部分は，第 5 章で説明するエラー処理の場面で役割を発揮するので，とりあえずはこういうものだと思っておいてください．そして 10 行目こそがこの for ループの本丸となるコードです．`i` が更新されるたびに，メタデータファイルに保存されている `i` 番目のファイル名にアクセスし（`as.character(phyto_metadata$file[i])`），そのファイルの中身をリストの `i` 番目 `raw_data[[i]]` に保存するのです．最後に 11 行目は for ループブロックの終わりを示す `}`

で締めくくっています.

　ここでは，意図せぬエラーを防ぐために一種の**冗長性**をもたせています．read.csv()関数
の最初の引数として，phyto_metadata$file[i]ではなく，それを文字列へと変換させる関数
as.character()に挟んでいます．その理由は，phyto_metadata$file[i]の中身のデータタ
イプが文字列（character）だと思っていても，実は因子（factor）である可能性もあるからです.
これによって，phyto_metadata$file[i]の中身がそもそも文字列の場合はas.character()
を使うのは実質的に何も起きないので無駄（冗長）になってしまいますが，因子だった場合に
は意図したとおり文字列として，read.csv()関数に引数として認識されることができるよう
になるのです.

　最後に，群集データを読み込んだリストのraw_dataの中身を確認してみましょう．たとえ
ば3番目の要素の冒頭部分だけを見るために，head()という関数を使ってみると次のように
コンソールに中身を出力することができます.

```
> head(raw_data[[3]])
    type                species      abundance
1 green Staurastrum dorsidentiferum  240
2 green      Micrasterias hardyi     38
3 cyano      Microcystis viridis     31
4 diatom      Acanthoceras sp.       17
5 diatom   Aulacoseira granulata     17
6 green        Tetraedron sp.        11
```

データが正しく読み込まれいることがわかりますね.

4.3.2　自動読み込み例2：細菌群集の炭素代謝データ（エコプレート）

　次に3.3節でも扱ったマイクロプレートの一種であるエコプレートの発色データ（テキスト形
式のファイル）をread.table()関数を使って読み込むところを自動化してみましょう．4.3.1
節の例（植物プランクトンの個体数データ）と少し違う状況を想定します．Rスクリプトを保存
するフォルダとは別のフォルダに，エコプレートのデータが保存されている状況でのコーディン
グをしています．より具体的には，ecoplate_test.R というRスクリプトを保存しているフォ
ルダ（test_ecoplate という名前とします）の中に text_file というフォルダがあって，その中に
txt形式（テキスト形式）のファイルが複数保存されている状況を考えます（図4.6）.

　この場合，test_ecoplate.R を保存しているフォルダをRの作業フォルダに指定する
のが普通ですから，text_file フォルダの中のファイル（たとえば 20141216Eco_N1.TXT ）
にアクセスするためには，BOX3で説明している**相対パス**を用いてファイルの場所
を./text_file/20141216Eco_N1.TXTとしなければなりません.

　次のように，植物プランクトンのデータと同じようにメタデータはCSVとして保存してお
り，その一部である，列名 data_file のところにファイル名一覧がある状況だとしましょう.

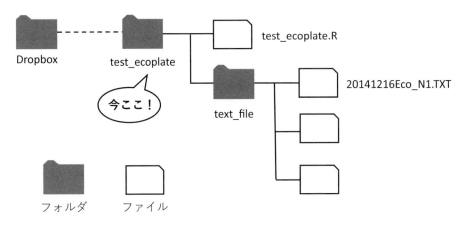

フォルダ　　　ファイル

図 4.6　R スクリプトの保存先フォルダ

```
> head(read.csv("format_xitou_pattern.csv", header = T))
      sample        day treatment        data_file
1 20141216N1 20141216D         N 20141216Eco_N1.TXT
2 20141216N2 20141216D         N 20141216Eco_N2.TXT
3 20141216N3 20141216D         N 20141216Eco_N3.TXT
4 20141216T1 20141216D         T 20141216Eco_T1.TXT
5 20141216T2 20141216D         T 20141216Eco_T2.TXT
6 20141216T3 20141216D         T 20141216Eco_T3.TXT
```

　このとき read.table() 関数の中でファイルの場所を相対パスで指定するには，paste() という複数の文字列を合成するための関数を使います．paste() 関数は paste(**文字列 1，文字列 2，…文字列 N，sep = "文字列間をつなぐ文字"**) という形式で使います．たとえば，2 つの文字列をハイフン（-）でつなぐ場合は，次のようにすればよいです．

```
> paste("2022Dec", "Biwako", sep = "-")
[1] "2022Dec-Biwako"
```

　この仕組みを使えば，相対パスも文字列間を隙間なくつなぐ設定（sep = ""）で次のようにできます．

```
> paste("./text_file/", "20141216Eco_N1.TXT", sep = "")
[1] "./text_file/20141216Eco_N1.TXT"
```

　この仕組みを活かすとともに，各テキストファイルの中では最初の 5 行を読み飛ばすとすると（skip = 5），次のようにメタデータ（format_xitou_pattern.csv）内で指定されているファイルの内容をすべて自動で読み込むコードを書くことができます．

```
1    #Date, treatment, and file information from Xitou data sets
2    metadata_ecoplate <- read.csv("format_xitou_pattern.csv", header=T)
3
4    dat_list <- list()
5    no_sample <- length(metadata_ecoplate$data_file)
6    for(j in 1:no_sample) {
7      print(j)
8      file_path <- paste("./text_file/", metadata_ecoplate$data_file[j], sep = "")
9      dat_list[[j]] <- read.table(file_path, skip = 5)
10   }
```

2 行目でメタデータを読み込み，6 行目からの for ループでデータを読み込んでいます．1 つのデータは 96 個の数値から成るので出力結果はここに載せませんが，このコードを実行後，コンソールに dat_list[[3]] と打ち込めば，3 番目のデータを確認することができるでしょう.

4.3.3 自動読み込み過程を関数化する

4.3.1, 4.3.2 節のサンプルコードを使えば，複数ファイルの自動読み込みが一通り実現できます．しかし，このような自動読み込みが必要になる観測や実験においては，複数年にわたって同じようなサンプリングを行うことも多いです．このような状況では，年ごとにメタデータのまとめ方が異なったり，データを保存するフォルダを変えていったりということがよくあります．それら複数年のデータを読み込むにあたって，年ごとに 10 行程度のコードを繰り返し書くことは効率よくありません．こんなときには，メタデータのファイルとデータの保存場所のフォルダ情報を入力したら，データがすべて読み込まれるような関数を用意してしまった方が簡単です．ここでは，1 つの例として，4.4.2 節で扱ったエコプレートの自動読み込み過程を関数化していきます.

```
11
12   ####Function to load ecoplate data
13   #Parameter list
14   #relative_path: relative path of data folder from the folder where the R script is
             saved
15   #file_list: the vector of file names that we intend to load
16   #no_skip: the number of skip rows in ecoplate text file
17
18   load_ecoplate_data <- function(relative_path, file_list, no_skip = 5)
19   {
20     data_list <- list()
21     for(i in 1:length(file_list)) {
22       file_name <- paste(relative_path, file_list[i], sep = "")
23       data_list[[i]] <- read.table(file_name, skip = no_skip)
```

```
24      }
25      return(data_list) #output (return value) of this function
26    }
```

　12～17 行目はどんな関数であるのかの説明コメントです。12 行目で何のための関数なのか（エコプレートのデータを読み込むため：to load ecoplate data）を宣言し，13～17 行目まではこの関数のパラメータが何であるかを簡単に説明しています。

　18 行目からが関数定義であり，ここでは load_ecoplate_data という名前の関数を定義しています。この関数には 3 つのパラメータを設定しています。

　第一に，relative_path は 4.3.2 節で扱ったのと同じように R スクリプトと読み込むべきデータが別のフォルダに保存されている場合に必要になるパラメータです。データを保存してあるフォルダまでの相対パスを指定するために使い，引数として文字列を想定しています。第二に，file_list は読み込むべきファイル名の一覧が保存されている文字列ベクトルを指定するためのパラメータです。第三に no_skip は読み込むべきファイルで読み飛ばすべき行数を指定するためのパラメータです。デフォルトの値として 5 を指定しています。

　22～25 行目の for ループを実行すると，data_list というデータを保存したリストができあがります。続いて，このリストを 24 行目で return() 関数の中に入れることで，このデータリストをこの関数の戻り値とします。

　ここまで実行したら，関数が使えるようになります。そこで，次のコードの 28 行目のように関数を呼び出せば，4.3.2 節で実行したのと同じようにエコプレートのデータを自動で読み込むことができます。ただし読み込んだ結果は，コンソールにテキストとして出力されてしまって，それ以降の分析に使うことができません。したがって，29 行目のコードのように，この関数の出力をたとえば data_ecoplate という名前のオブジェクトに代入することにすれば，それ以降のデータ分析にいま読みこんだデータをすべて使える準備ができたことになります。

ecoplate_test.R

```
28    load_ecoplate_data(relative_path = "./text_file/", file_list =
          metadata_ecoplate$data_file, no_skip = 5)
29    data_ecoplate <- load_ecoplate_data(relative_path = "./text_file/", file_list =
          metadata_ecoplate$data_file, no_skip = 5)
```

　以上で，多くのデータを R に自動的に読み込む仕組みについては学ぶことができました。次の第 5 章では，いま読み込んだ植物プランクトンの群集データと微生物の炭素代謝データについて，統計分析ができる一歩手前まで整理・整頓する方法を学びます。引き続き，phyto_test.R と ecoplate_test.R を使います。

BOX 5　用語の整理：観測とサンプル

　本書のこれまでの部分で，「データ」や「サンプル」や「サンプリング」という言葉を何気なく使ってきました．しかし，統計学やデータ分析では，互いに似たような言葉を意味が全く異なることに対して使います．そこで，これらを整理しておくことにします．

　まず，一つひとつの実験結果で得られた数値（多変量の場合は数値のかたまり）を，今後**観測**と呼ぶことにします．「自分の持っている結果は野外観測ではなく実験から得られたものなので，観測ではない」と思う人もいると思います．しかし，R 上ではデータの取得元が室内実験であろうと，野外観測であろうと，コンピュータシミュレーション結果であろうと"observations"（観測）と呼びますのでそれに合わせます．

　次に，**サンプル**という表現の意味を説明します．一度の観測や実験では，複数の処理を用意したり同じ処理を繰り返したりすることが多く，そのようにして一度に行って得られた複数の「観測」を 1 つにまとめたものを 1 つの「サンプル」と呼びます．

　最後に**サンプル数**（＝標本数）（number of samples）・**サンプルサイズ**（sample size）という非常に混同しやすい用語を説明します．サンプル数はサンプリング（データ採取）をした回数を表します。サンプルサイズは，1 つのサンプルに含まれる観測の数です．たとえば，1 回のサンプリング（データ採取）で 10 個の観測を得て，同じようなサンプリングを月 1 回，12 ヵ月にわたって繰り返した場合，統計学の用語を使えば，サンプル数は 12 であり，1 つのサンプルは 10 個の観測を含むので，1 つのサンプルあたりのサンプルサイズは 10 です．

　サンプルサイズとサンプル数を混同してしまうことはよくあります．さらに日常の用法だと，「1 つのサンプル（統計用語）」を「1 回の観測（日常の用法）」と，一つひとつの「観測（統計用語）」を「サンプル（日常の用法）」といってしまいます．とてもややこしいですね．筆者自身もこの文章を書いているときにこれらの用語の定義を確認しましたし，講義で説明するときにも毎回定義を再確認してから使うようにしています．

　今後の章では，観測，サンプル（＝標本），サンプル数（＝標本数），サンプルサイズは上で説明した統計用語の意味で使います[9]．一方，データ，観測データ，サンプリングという言葉は，皆さんがイメージするような一般的な（日常的な）意味で使い続けます．たとえば，観測データを観測の意味で使うときもありますし，すべてのサンプルに含まれるすべての観測全体を指す意味で使うときもあります．おそらく，誤解なしで理解してもらえるはずです．

$\mathcal{R}$ 第 4 章の到達度チェック

☐ R 上のデータタイプとして，数値・文字列・因子の違いがわかった ⇒4.1 節
☐ else ブロックと else if ブロックの違いがわかった ⇒4.2.1 節

---

[9]　ただし，サンプルデータ・サンプルスクリプト・サンプルコードという表記では，サンプルをデータ・スクリプト・コードの例という意味で使っており，統計用語とは無関係です．

☐ for(j in 1:n) {…}というループブロックにおける (j in 1:n) の部分の意味がわかった ⇒4.2.2 節

☐ 関数のパラメータと引数の違いがわかった ⇒4.2.3 節

☐ メタデータにファイル名の一覧を含める理由がわかった ⇒4.3.1 節

第5章　読み込んだデータの整理整頓

　4.3 節では，複数のデータを自動で読み込むコーディングについて解説しました．サンプルコードとサンプルデータをそのまま使った場合には，おそらく何のエラーも出なかったはずです．しかし実際のデータ分析の現場では，このデータ読み込みとその後のデータ整理整頓で，多くのエラーが発生します．本章ではまず，ありがちなエラーとその対処方法を，意図的にエラーを加えたファイルを用いて解説していきます．

　本章で学ぶ内容を，図 5.1 にまとめました．第 4 章の最後までの内容を理解してすべてのサンプルコードを実行している場合には，「サンプルデータ 1」と「サンプルデータ 2」にある raw_data と data_ecoplate という 2 つのデータフレームができあがっているはずです．第 5 章ではこれらを使います．一度勉強した後に自分でとったデータを使って同じようなことをしたくなった場合は，図 5.1 の「自分で用意する場合の最小限のデータ」にある形式のデータを準備しましょう．つまり，メタデータをまとめた CSV 形式のファイルと，データファイルとしてテキスト形式または CSV 形式で観測データを用意してください．第 5 章で使う関数はすべて標準パッケージ（base, stats）の中に含まれているものですので，特別なパッケージを読み込む必要はありません．

これまでの流れ

第1章 第2章	RStudioが使える状態に なった

第3章	マウスを使わずRに データを読み込めた

第4章	10個以上のファイルから 自動でデータを 読み込めた

今ここ！ 第5章	統計分析に進める形に データを加工する

サンプルデータ1

メタデータファイルのダウンロード

内容に問題のないメタデータファイル：
metadata_phyto.csv
わざとエラーを含めたメタデータファイル：
metadata_phyto_e1.csv

各観測のデータファイルのダウンロード

20180316_1_ryuko.csv
20180316_2_ryuko.csv
20181004_1_ryuko.csv
わざとエラーを含めたファイル：
20181004_1_ryuko_e1.csv
20181004_2_ryuko.csv
20181004_3_ryuko.csv
わざとエラーを含めたファイル：
20181004_3_ryuko_e1.csv
20181025_1_ryuko.csv
20181025_2_ryuko.csv
20190425_1_ryuko.csv
20190425_2_ryuko.csv

**植物プランクトンの
種組成データ**

raw_data

サンプルデータ2

メタデータファイルのダウンロード

メタデータファイルをtest_ecoplateフォルダの中にダウンロードしましょう。

内容に問題のないメタデータファイル：
format_xitou_pattern.csv
わざとエラーを含めたメタデータファイル：
format_xitou_pattern_e1.csv

各観測のデータファイルのダウンロード

以下のファイルは、test_ecoplateの下のtext_fileフォルダの中にダウンロードしま！
test_ecoplate直下にダウンロードしてはいけません。
20141216Eco_N1.TXT
20141216Eco_N2.TXT
20141216Eco_N3.TXT
20141216Eco_T1.TXT
20141216Eco_T2.TXT
20141216Eco_T3.TXT
20150228Eco_20_N1.TXT
20150228Eco_20_N2.TXT

細菌の炭素代謝データ

data_ecoplate

**自分で用意する場合の
最小限のデータ**

nihongo_font_da
me.csv

メタデータとして
CSV形式ファイル

観測データとして
テキスト形式ファイル
または
CSV形式ファイルの
データ

図 **5.1**　第5章のフローチャート

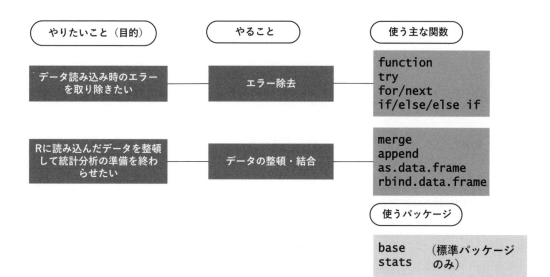

第5章

> **やりたいこと**
> データ読み込み時のエラーを取り除きたい

5.1.1 Excel を用いたデータ保存での保存形式のミス

　ここでは 4.3.1 節で扱った植物プランクトンのデータ読み込みに関して，ファイルの保存形式を間違えた場合を考えます．このとき，RStudio 上にどのようなエラーメッセージが表示されるか，そしてどのようにそのエラーを解消すればよいかを見ていきましょう．なお，本節でのエラーは R のバージョンが新しいと発生しません． phyto_test.R の 15〜23 行目のコードを実行して何もエラーが出ない場合は，一般的な参考情報として読んでいただくだけで十分です．

　次のコードは 4.3.1 節のサンプルコードとほとんど一緒です．しかし， phyto_test.R の 15 行目でメタデータを読み込むところだけ，読み込み元の CSV ファイル名が metadata_phyto.csv ではなく，metadata_phyto_e1.csv となっています[1]．

phyto_test.R

```
15    phyto_metadata <- read.csv("metadata_phyto_e1.csv", header = T) #load file list
16
17    ####load each data###############
18    raw_data <- list() #prepare empty list
19    no_sample <- length(phyto_metadata$file)
20    for(i in 1:no_sample) {
21      print(i)
22      raw_data[[i]] <- read.csv(as.character(phyto_metadata$file[i]), header = T)
23    }
```

　このコードを 15〜23 行目まで，つまり for ループの終わりまで実行すると，コンソールには次のように表示されるはずです．

```
> for(i in 1:no_sample)  {
+ print(i)
+ raw_data[[i]] <- read.csv(as.character(phyto_metadata$file[i]), header = T)
+ }
[1] 1
[1] 2
[1] 3
Error in make.names(col.names, unique = TRUE) :
   invalid multibyte string at '<ef>サ<bf> type'
```

---

[1]　この CSV ファイルで，あえてエラーのあるファイルからデータを読み込むように筆者が設定しています．

この出力結果は以下のように読めます．まず，j が 1，2 のときは for ループの中身の計算（つまり 21 行目と 22 行目）が問題なく進んで j = 3 まで更新されたことが [1] 1，[1] 2，[1] 3 という出力からわかります．つまり，j = 1 と 2 のときの計算はすべて順調に終わったということがわかります．次に j が 3 のときの 21 行目の print(j) が問題なく実行されたその直後に，エラーが出ていることがわかります．つまり，j = 3 のときの 22 行目のコード，すなわち 3 つ目の CSV ファイル phyto_metadata$file[3] の読み込みがうまくいっていないことがわかります．この 3 つ目の CSV ファイルとは，以下のように phyto_metadata$file[3] とコンソールにタイプすれば，以下のように 20181004_1_ryuko_e1.csv であることがわかります．

```
> phyto_metadata$file[3]
[1] "20181004_1_ryuko_e1.csv"
```

では，この 20181004_1_ryuko_e1.csv をダブルクリックして Excel から開いてみましょう．何も気になる問題は見つからないはずです．しかし，エラーメッセージの中心部分である「invalid multibyte string at '<ef>サ<bf>type'」＝「'<ef>サ<bf>' に不正なマルチバイト文字があります」にヒントがあります．

R のエラーメッセージは日本語でも英語でも文字どおりの意味ではないことが多いです．このエラーの場合は，実際に不正な文字があるのではなく，read.csv() 関数が想定している文字コードと異なる文字コードでファイルが保存されていることを示唆しています．特に日本語 OS 環境で使っている場合，CSV ファイルの保存形式に問題があると生じるエラーです．よく起きるエラーなので覚えておきましょう．

では，解決方法を説明しましょう．Excel には CSV 形式っぽい保存形式が 2 つあります．20181004_1_ryuko_e1.csv を開いている Excel のツールバーから，[ファイル] > [名前を付けて保存] を選ぶと新たにファイルを保存する画面が出てきます．通常，あるファイルを開いた状態で [名前を付けて保存] を選ぶと今開いているファイルの形式が最初に選択肢として表示された状態になります．次の図 5.2 を見ると，20181004_1_ryuko_e1.csv は，csv という拡張子をもっているにもかかわらず，ファイル形式は単なる CSV ではなく [CSV UTF-8（コンマ区切り）(*.csv)] であることがわかるでしょう．これではうまくいかないので，ただの CSV 形式 [CSV（コンマ区切り）(*.csv)] を選び直しましょう．ファイル名を変える必要はありませ

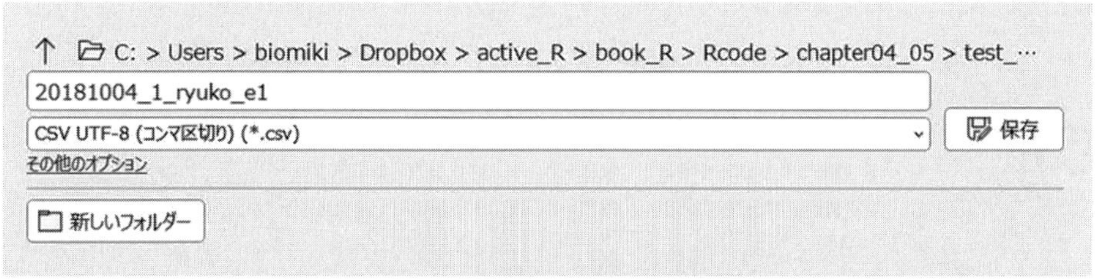

↑ 🗁 C: > Users > biomiki > Dropbox > active_R > book_R > Rcode > chapter04_05 > test_…

20181004_1_ryuko_e1

CSV UTF-8 (コンマ区切り) (*.csv)　　💾 保存

その他のオプション

📁 新しいフォルダー

図 5.2　CSV ファイルには 2 つの形式が隠れている

ん．ファイル名を変えずにファイルを上書きすることで，単にファイル形式を意図したものに変えることができます．

　上の上書き保存が完了したら，$\boxed{\text{phyto\_test.R}}$ の 20〜23 行目までの for ループを再実行しましょう．すべての繰り返しがうまくいって，print(j) の出力がコンソールに 1〜15 まで表示されれば成功です[2]．

5.1.2　Excel にデータを整理したときに余分な行や列が追加されてしまうミス

　さて，5.1.1 節でのエラー処理がうまくいっていれば，15 個の CSV ファイルから植物プランクトンのデータが読み込まれたことでしょう．ただし，もう 1 つ意図的なミスを CSV ファイルに仕込んでおきました．コンソールに raw_data と打ち込めば，raw_data の 1 つ目の要素 [[1]] から最後の要素 [[15]] までがすべて表示されます．それをゆっくり見ていくと 5 番目 [[5]] のところがおかしいことに気づくでしょう．1〜3 列目は，植物プランクトンの分類群タイプ（type），種名（species），個体数（abundance）という列名が付いているのに続けて，X という名前の 4 列目があることになっています．かつ 37 行目にも種名も個体数もない無意味な行が追加されていることがわかります．NA とは Not Available の略語であり，日本語でいえば「データなし」ということになります．

```
> raw_data[[5]]
   type              species          abundance  X
1  green   Actinastrum hantzschii        1       NA
2  green   Ankistrodesmus sp.            1       NA
3  green   Closterium aciculare          1       NA
(・・・一部省略・・・)
34 cyano   Microcystis novacekii        31       NA
35 cyano   icrocystis wesenbergii        3       NA
36 cyano   Anabaena flos-aquae           1       NA
37                                      NA       NA
```

　元の CSV ファイルに何か余計なことを書いたかな？　と思って Excel で CSV ファイルを開いても 4 列目にも 37 行目にも何も書き込まれていないことに気づくでしょう．

　このように，CSV ファイルを Excel で見ても何もエラーが見当たらないときには，CSV ファイル自体を修正して根本的な解決を目指す必要はありません．それよりも R 上で，すでに読み込んだ raw_data[[5]] を編集して余分な列・行を消すという対処療法が十分有効です．具体的には raw_data[[5]] から 37 行目と 4 列目を除いたものを raw_data[[5]] に上書きすればよいでしょう．R スクリプトの 25 行目にはこの処理が書かれています．

---

[2]　実は R のバージョンアップによって R 4.2 以降のバージョンでは CSV UTF-8（コンマ区切り）（*.csv）の形式のままでも問題なくデータの読み込みがうまくいきます．上の説明は R.4.1 以前のバージョンを使っている人向けの情報です．ただし，R のバージョンが変わっても，あらたに類似の問題（文字コードの不具合）はあるかもしれませんので，その際の参考にしてください．もしかしたら単なる CSV ではなく CSV UTF-8（コンマ区切り）（*.csv）しか読み込みができなくなるようなバージョンアップが将来起きるかもしれません．

```
25    raw_data[[5]] <- raw_data[[5]][-37, -4]
```

このコードのうち [-37, -4] の部分はあるデータフレームの 37 行目と 4 列目を取り除いた部分を抜き出すための表記です．オブジェクト raw_data 全体のデータタイプ（class）は list ですが，その各要素，たとえば raw_data[[5]] のデータタイプはデータフレームであるため，データフレーム内の要素を指定したり抜き出したりする表記がそのまま使えるのです．

いま解説したような小さなミスは，これ以外にもよく起きるものです．片っ端から，元々のミスを正す必要はなく，簡単にできる方法はないかをいつも考えながら柔軟なエラー処理をすることが重要です．

BOX 6　CSV ファイルに空列・空行が入ってしまう理由

実は，CSV ファイルというのは Excel で保存するときの「CSV（コンマ区切り）(*.csv)」という表示のコンマ区切りという文字にもあるように，文字や数値をコンマ (,) で区切ったテキストファイルにすぎません．したがって，Excel 以外にも Windows であればメモ帳で開くことができますし，何なら RStudio でも直接開くことができます．20181004_3_ryuko_e1.csv を開いてみると，無駄なコンマが 1 行目の最後の abundance の文字の後にあることに気づくでしょう．同様に 37 行目にも無駄なコンマが入っているのです．read.csv() 関数で CSV ファイルを読み込んだときに余計な列や行が入ってしまうのは，このように無駄なコンマが入っているためです．そんな無駄なコンマが入る理由は，Excel 上で CSV ファイルとして数値データを入力しているときに空欄のセルの上にカーソルを合わせたまま間違えてスペースキーを押してしまったりしたからです．このように意図しないコンマはちょっとした操作ミスで生じますので，気にしても仕方ありません．本文でお勧めしているように，R に読み込んでから不要な列・行を削除するのが一番簡単な対処法です．

BOX 7　エラー処理込みのファイル読み込み関数の作り方

ここでは，もう少し手のこんだエラー処理を扱います．ただし，5.2 節以降では使わないような若干応用的なエラー処理なのでこの BOX ごと読み飛ばしても構いません．

4.3.3 節でエコプレートデータを自動で読み込む関数を作りました．この関数の修正版を 32 行目以降で定義します．この修正版の関数では，一部のファイルの読み込みに失敗しても，そのファイルを飛ばして先に進むことができるようにデザインしています．元の関数と異なるのは，37・38・39 行目です．

```
32   load_ecoplate_data2 <- function(relative_path, file_list, no_skip = 5)
33   {
34     data_list <- list()
35     for(i in 1:length(file_list)) {
36       file_name <- paste(relative_path, file_list[i], sep = "")
37       e <- try(read.table(file_name, skip = no_skip), silent = FALSE) #error
                management
38       if(class(e) == "try-error") next
39       else data_list[[i]] <- read.table(file_name, skip = no_skip)
40     }
41     return(data_list) #output (return value) of this function
42   }
43
44   metadata_ecoplate_e1 <- read.csv("format_xitou_pattern_e1.csv", header = T)
45   data_ecoplate2 <- load_ecoplate_data2(relative_path = "./text_file/", file_list
              = metadata_ecoplate_e1$data_file, no_skip = 5)
```

　まずは実際にこの関数を呼び出して使うときの状況を説明します．4.3.3 節の場合とは異なり，意図的に 15 個目のファイルが存在しないことにしてある CSV ファイル format_xitou_pattern_e1.csv をメタデータとして読み込みます（44行目）．この CSV ファイルを Excel で開いてみれば，15 個目のファイルを NA（存在しない）としていることがわかるでしょう．このようなことは観測や実験ではよく起こります．計画していた観測デザインのとおりにデータを取得できなかった場合でも，当初の観測デザインの情報を保ったメタデータを作るほうが合理的です．その場合，データを取得できなかった観測日や処理区については「データなし」という情報をメタデータに含めることになります．

　このような欠損データありのメタデータファイルを入力として 4.3.3 節で作った load_ecoplate_data() 関数を利用します．関数内で設定されている for ループにおいて，上述の欠損データのところでファイルが見つからずエラーが生じます．その結果，以降のループが実行されることなく，ループも関数の実行自体も止まってしまいます．このような事態を避け，エラーが起きたところは処理を中断してループの繰り返し（i）をスキップし，次の繰り返しに移動するように改変したものが，load_ecoplate_data2() 関数です．

　この新しい関数のコアとなるのは try() 関数を使っている 37 行目です．try() 関数はエラーによってプログラムが意図せず終了するのを回避し，処理を続けるための**例外処理**という仕組みを担っています．try() 関数の引数は別の関数をとるようになっています．今回の例では，read.table() 関数が try() 関数の引数です．try() 関数は read.table() 関数がエラーを吐き出すことなくうまく実行された場合には read.table() 関数の戻り値を自身の戻り値として返します．

　一方 read.table() 関数がエラーを吐き出してしまったときには，プログラム全体をエ

ラーによって終了させるのではなく，try-error というクラスのオブジェクトを返します．

この try() 関数の戻り値を，37 行目のコードでは e というオブジェクトに代入します．次の 38・39 行目の if ブロック・else ブロックによって，read.table() 関数においてエラーが出た場合（38 行目）と出なかった場合（39 行目）の条件分岐を行います．38 行目の if ブロックが真のときには，next というコードによって以降の for ループの中身をスキップし，i の値を更新してループ内の次の繰り返し回に進むことになります．一方，if ブロックが偽のとき，つまり read.table() 関数が順調に読み込むべきファイルを見つけてデータを読み込めたときには，読み込んだ内容を data_list[[i]] というオブジェクトに代入することになります．これが例外処理を含めた load_ecoplate_data2() という関数です．

この関数定義部分を実行したうえで，その続きの 44・45 行目を実行すると次のような警告メッセージ（Warning message）がコンソールに出るでしょう．

```
> data_ecoplate2 <- load_ecoplate_data2(relative_path = "./text_file/", file_list =
    metadata_ecoplate_e1$data_file, no_skip = 5)
Warning message:
In file(file, "rt") :
  cannot open file './text_file/NA': No such file or directory
```

「'./text_file/NA' という名前のファイルはない」という警告ですが，これは意図したとおりなので問題ありません．この関数の結果が代入された data_ecoplate2 というリストの中身をコンソールで確認すれば，15 番目の data_ecoplate2[[15]] が空（Null）であると同時に，そこでデータ読み込みは中断されずに 16 番目以降にもデータが格納されていることに気づくでしょう．

5.2　データの整頓：分析に直結できる形に整える

> **やりたいこと**
> R に読み込んだデータを整頓して，統計分析の準備を終わらせたい

本節では，植物プランクトンの群集データをまとめたリスト raw_data と，エコプレートのデータをまとめたリスト data_ecoplate をさらに整頓して，統計分析ができる直前までの形に整えます．プランクトンのデータを作った phyto_test.R とエコプレートのデータを作った ecoplate_test.R をそのまま使います．しかし，5.1 節までの R スクリプトを実行していなかったり，実行したけれどなんだかよくわからなくなったりしている人もいるかもしれません．その場合には次の 2 つのコマンドをコンソールに書き込んで実行してから，先に進んでいけば，それまでの皆さんのコーディング履歴とは無関係に，5.2 節からプログラムをスムーズに進めることができます．これは料理番組で，いくつかのステップに分けて調理方法を説明するときに時間を短縮するために，1 つのステップの完成品を前もって用意しておいて，次のステップに

進むのと同じシチュエーションだと思ってください.

　ここでいつもの注意事項ですが,このコマンドで使う,`plankton_data.obj` と `data_ecopl.obj` を
それぞれ別々のフォルダに保存しましょう.したがって,`phyto_test.R` の続き(26 行
目以降)を実行するときと `ecoplate_test.R` の続き(46 行目以降)を実行するときでは
作業ディレクトリをそれぞれ指定してから[3]),以下のコマンドを実行する必要があります.

　`phyto_test.R` の続き(26 行目以降)を実行するとき[4]:

```
raw_data <- readRDS("plankton_data.obj")
```

　`ecoplate_test.R` の続き(46 行目以降)を実行するとき:

```
data_ecoplate <- readRDS("data_ecopl.obj")
```

5.2.1　プランクトンデータを整頓する[5]

　皆さんは,4.3.1 節で読み込んだ植物プランクトン群集のデータがどんなものだったかを忘れ
てしまっているかもしれません.それは龍　湖(ryuko)という架空の湖で計 15 回にわたり
プランクトンネットによって湖水をろ過・濃縮し,顕微鏡観察によって個体数をカウントした
植物プランクトンのデータです.15 回の観測はそれぞれ異なる時期の湖水由来であるため,出
現する植物プランクトンの種のリストは毎回異なることになります.仮想例として,ある観測
(観測 1)では種 A,種 B,種 C がそれぞれ 5 個体,2 個体,1 個体が見つかり,また別の観測
(観測 2)では,種 A が 2 個体,種 B が 2 個体,種 D が 1 個体,種 E が 3 個体見つかったとし
ましょう.このデータを統計分析にかけるためには以下のように各観測で「見つかっていない」
種も含めて個体数をまとめる必要があることに気づくでしょう.つまり表 5.1 のような表に整
頓する必要があるわけです.太文字で強調している「0」は元々のデータにはない数値です[6].

表 5.1

観測	種 A	種 B	種 C	種 D	種 E
観測 1	5	2	1	**0**	**0**
観測 2	2	2	**0**	1	3

[3)]　2.3.3 節を復習しましょう.

[4)]　`readRDS()` は,PC 上に保存された R で利用可能なオブジェクトファイルを読み込むための関数です.

[5)]　標準の `base` パッケージではなく,2024 年現在すでに主流になりつつある `dplyr` パッケージを使う場
合には,`base` パッケージ内の関数とは異なる関数を使うことになります.その場合でも,データ整頓の
コンセプトに違いはありませんので,まずは一読をお勧めします.

[6)]　この部分の説明,生物群集や生物多様性について学ぶ機会がこれまでなかった読者には心に響かないか
もしれません.なぜなら,たとえば物理化学的な水質を計測するのであれば,測定項目は常に同一にす
ることができ,かつ限りある種類のみの項目数となるからです(pH,水温,電気伝導度,化学的酸素要
求量,溶存酸素量,全リン量,全有機炭素量など).しかし,物理化学的な環境変数であっても,溶存有
機物の組成や揮発性有機化合物の組成などを測定することを想定してもらえれば,その組成に際限がな
く,検出される化学種(chemical species)のリストが測定のたびに異なるという状況を理解できるで
しょう.

このように見つかっていない種の個体数を 0 にするという作業を手動でするのは面倒ですしミスも生じやすいです．このような作業を自動で R にさせるよう，というのが，ここで想定しているデータの整頓です．それでは早速データの整頓を進めていきましょう．

名前の付け替え：まずは，raw_data の各要素において個体数データを保存している 3 列目の列名 abundance（5.1.2 節を参照）を，各サンプルに固有のものに置き換えます．便宜的にここでは，各要素のデータ元である CSV ファイルの名前を使えばよいでしょう．

phyto_test.R

```
29    for(i in 1:length(phyto_metadata$file)) {
30      colnames(raw_data[[i]])[3] <- as.character(phyto_metadata$file[i])
31    }
```

　このコードでは，i 番目の要素 raw_data[[i]] の列名に colnames() 関数を使ってアクセスし，その 3 番目 [3]（つまり raw_data[[i]] の 3 列目の列名）を，i 番目のデータが保存されている CSV ファイル名で置き換えます．as.character() 関数を使っているのは明示的にファイル名を文字列として列名に代入するためです．この処理をファイルの数だけ繰り返すので，この for ループを実行後には，列名がサンプルごとに異なったものになっているはずです．

小さなエラー処理：次の主要な処理に移る前に，もう一つ小さなエラーがあるのでそれも処理しておきます．コンソールで 6 個目のサンプル raw_data[[6]] の 16 番目の種名（species）を確認すると，

```
> raw_data[[6]]$species[16]
[1] " Microcystis viridis"
```

　上の実行結果のように，種名 *Microcystis viridis* の先頭に不要なスペースが入り込んでいることがわかります．元の CSV ファイルは，顕微鏡観察の結果を人間がタイプして作ったものですから，このような些細なミスも起きるのが普通です．このエラーは以下のコマンドで解消しておきましょう．

phyto_test.R

```
32    raw_data[[6]]$species[16] <- "Microcystis viridis"
```

データのマージ（融合）：それでは次のステップに進みます．merge() 関数を使うと，この節の冒頭で説明したような状況で種のリストを表 5.1 のように共通化することができます．手始めに，1 つ目のデータ（raw_data[[1]]）と 2 つ目のデータ（raw_data[[2]]）を融合してみましょう．ただし，各データの 1 列目（列名 type）はシアノバクテリア（cyano），緑藻（green），珪藻（diatom）などの大きな分類群で種を区別した情報になっていますが，今後の

分析では使わないので [, c(-1)] という書き方を使って削除してしまいます。merge() 関数は，**merge(マージしたいデータ 1，マージしたいデータ 2，〈共通しない項目を残すかどうか〉)** の形式で 3 つの引数をとってデータの融合（マージ）を行います。ここでは 2 つのデータに共通しない種（つまり片方のデータにした出現しない種）の情報も残した表を作ることを目的にしているので，〈共通しない項目を残すかどうか〉のところは all = T と書きます（T は TRUE という意味です）。具体的には次のコマンドのようにマージしたデータを新しいオブジェクト merged_data に代入します。

phyto_test.R

```
34    merged_data <- merge(raw_data[[1]][,c(-1)], raw_data[[2]][,c(-1)], all = T)
```

次に，この処理を 3 個目以降のデータに繰り返し適用することで，15 個のデータをすべてマージすることが可能です。次のループ構造は，merge したものに次のデータをマージするという逐次的なアルゴリズムになっています。すでに 1 つ目と 2 つ目のファイルはマージ済みなので，ループの開始が 3 であることに注意してください[7]。

phyto_test.R

```
35    #looping merge
36    for(i in 3:length(phytometadata$file)) {
37      mergeddata <- merge(mergeddata, rawdata[[i]][,c(-1)], all = T)
38    }
```

4.3.1 節から始めたデータの読み込みと融合までの作業のフローを，図 5.3 にまとめました。次の段落に進むまでに一度確認してください。

マージしたデータの整頓： それではまずマージしたデータの中身を確認してみましょう。View() 関数を **View(データフレーム名)** の形式で実行すれば，コンソールではなくエディター画面の独立したタブとして，マージされたデータを表形式で表示できるはずです。つまり，View(merged_data) とすればよいわけです。それを見れば，計 15 回の観測で一度でも出現した種を隈なくカバーした 100 種超えの長大な種リストができているのがわかるはずです。そして，表 5.1 に似た（まだ同じではありません！）感じで，共通していない種の情報も NA として追加されているのがわかるでしょう。

現在の状態をこの表に完全に寄せるには，NA の部分（すなわち出現なしの部分）をゼロに置き換えるとともに，tidy data 形式になるように行と列を入れ替える必要があります。これらが次にすべきことです。

まず NA をゼロに置き換えるには is.na() 関数という，データの中身が NA かどうかだけを判定する関数を使います。次のように一見シンプルですがなかなか思い付かないコマンドを使い，NA のところだけ，つまり is.na(merged_data) が TRUE になるところだけ，値を NA から

---

[7] こういう細かいことも気にすることがプログラミングにおいてはとても重要です。

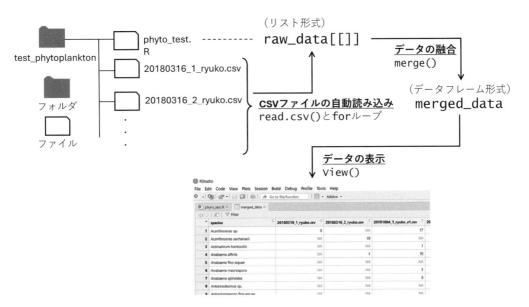

図 5.3 `read.csv()` と `merge()` を使ったデータの読み込みの流れ

ゼロに置き換えるという処理をします．`merged_data` はデータフレームなので，普通はデータフレーム内の特定要素にアクセスするには行と列を `merged_data[3,2]` のように指定する必要があるのですが，今回のようなデータの一斉置換のときには行と列を指定する必要がなくなるのです．

phyto_test.R

```
43    merged_data[is.na(merged_data)] <- 0
```

この次の処理について，コードを一気に書きます．

phyto_test.R

```
45    species_ryuko_data <- merged_data
46    #copy species name to row names
47    rownames(species_ryuko_data) <- species_ryuko_data$species
48    #remove the redundant info
49    species_ryuko_data <- species_ryuko_data[,-1]
50
51    #transpose
52    species_ryuko_data <- as.data.frame(t(species_ryuko_data))
53
54    View(species_ryuko_data)
55    #check class
56    class(species_ryuko_data[,2])
```

まず，45 行目では，この先の処理をするうえでこれ以上データフレーム `merged_data` をい

じらないで済むように，species_ryuko_data というデータフレームに同じ内容をコピーします．こうすることで，仮にこの先の処理に失敗してデータがぐちゃぐちゃになってしまってもこの 45 行目に戻ればやり直せる，という仕組みにしておくのです．

次に 47 行目のコードでは，いまのところ第 1 列目（列名：species）に格納されている種名のリストを行名にコピーします．rownames() 関数はデータフレームの行名にアクセスするための仕組みです．このサンプルではこれで問題なく進むでしょう．しかし，仮に species_ryuko_data$species の中に同一の種名（一般に同一の文字列）が入ってしまうようなミスがあった場合は，行名は重複を許さないため，以下のようなエラーが出ることにも気を留めておきましょう．このエラーが出てしまったら重複しているデータを除去する以外に有効な解決方法はありません．

```
> rownames(species_ryuko_data) <- species_ryuko_data$species
Error in `.rowNamesDF<-`(x, value = value) :
  重複した 'row.names' は許されません
In addition: Warning message:
non-unique value when setting 'row.names': ‘重複している列名がここに列挙される’
```

この行名へのコピーがうまくいった後は，データフレーム species_ryuko_data において行名と 1 列目の内容が全く同じになります．これでもう，1 列目は保持しておく必要がないので，49 行目のコードでは 1 列目を取り除いたものを species_ryuko_data に上書きしています．その後，行と列を入れ替えるために，つまり表の縦と横を入れ替えるために，表を**転置**（transpose）させるための関数 t() を使い，転置します．かつ転置した後もちゃんとデータフレームになるように，as.data.frame() 関数を転置後に使い，同じデータフレームに上書きしているのが 52 行目です．

最後に 54 行目では View() 関数を使ってデータフレームの中身をタブ表示（図 5.4）し，55

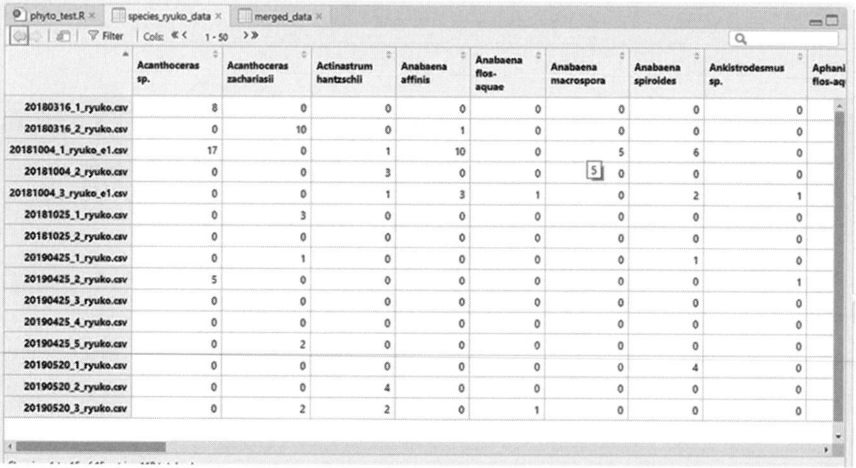

	Acanthoceras sp.	Acanthoceras zachariasii	Actinastrum hantzschii	Anabaena affinis	Anabaena flos-aquae	Anabaena macrospora	Anabaena spiroides	Ankistrodesmus sp.	Aphani flos-aq
20180316_1_ryuko.csv	8	0	0	0	0	0	0	0	
20180316_2_ryuko.csv	0	10	0	1	0	0	0	0	
20181004_1_ryuko_e1.csv	17	0	1	10	0	5	6	0	
20181004_2_ryuko.csv	0	0	3	0	0	0	0	0	
20181004_3_ryuko_e1.csv	0	0	1	3	1	0	2	1	
20181025_1_ryuko.csv	0	3	0	0	0	0	0	0	
20181025_2_ryuko.csv	0	0	0	0	0	0	0	0	
20190425_1_ryuko.csv	0	1	0	0	0	0	1	0	
20190425_2_ryuko.csv	5	0	0	0	0	0	0	1	
20190425_3_ryuko.csv	0	0	0	0	0	0	0	0	
20190425_4_ryuko.csv	0	0	0	0	0	0	0	0	
20190425_5_ryuko.csv	0	2	0	0	0	0	0	0	
20190520_1_ryuko.csv	0	0	0	0	0	0	4	0	
20190520_2_ryuko.csv	0	0	4	0	0	0	0	0	
20190520_3_ryuko.csv	0	2	2	0	1	0	0	0	

図 5.4　species_ryuko_data の完成形

行目ではこのデータフレームの2列目のデータがちゃんと数値（numeric）扱いになっている
かをclass()関数によって確かめています．このような確認が必要なのは，マージをしたり転
置をしたりしている間に意図せぬデータクラスの変換が起きてしまうことがあるからです．

5.2.2　エコプレートデータを整頓する

　ここでは4.3.2節で使った ecoplate_test.R の続き（46行目以降）で data_ecoplate に統
計分析に必要な前処理を加えて整頓していきます．エコプレートは数あるマイクロプレートの
うちの1種類にすぎません．しかし，これから進めるようなデータの前処理は他のデータで
あってもよく出会うものなので，自分で使うであろうデータを想像しながら読んでみるとよい
でしょう．

プレート内のデータの配置デザイン：エコプレートは横8行（A〜H）・縦12列（1〜12）にウェ
ル（培養液をいれる小さな穴）が行列状に並んだ実験キットです．マイクロプレートリーダと
いう計測機器を使って計測し，数値化されるデータも8行×12列のデータフレーム状の並び方
をしています．これら $8 \times 12 = 96$ 個のデータはすべて独立なものなのではなく，図5.5にあ
るように規則的な配置をしています．具体的には4列ずつ（すなわち $8 \times 4 = 32$ ウェル）が1
セットになっていて，各セットの一番左上のウェルは対照区（コントロール）となっています．
1セット内の対象区以外の31ウェルには各ウェルに異なる有機炭素基質が1つずつ，合計31
種類添加されており，微生物が反応すると紫色に発色します．1枚のプレートの中に32ウェル
を1セットとして3セットあり，セット間で31種類の有機炭素基質の並び順は全く同じです．

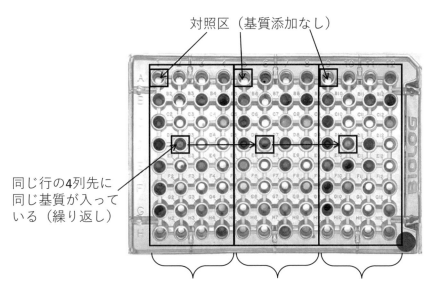

図 5.5　エコプレートの配列デザイン

3 繰り返しの平均値を計算する：上で説明したように 4 列先が繰り返しになっているため，3 繰り返しについて基質ごとの平均をとりたい場合は，たとえば列 1 の値と列 5 の値と列 9 の値を足して 3 で割ればよいわけです．そのような平均値をとるには，対照区もあわせて 32 種類分の処理を for ループで繰り返す必要があると思うかもしれません．しかし実際には，ベクトルどうしの足し算の仕組みを使ってループ無しに多数の計算が可能です．たとえば，1 つ目の観測 data_ecoplate[[1]] に対して，1 列目・5 列目・9 列目に添加されている基質に対する反応の平均を求めたければ，次のようにすればよいのです．実際に，コンソールに書き込んで実行結果を確かめてみましょう．

```
> (data_ecoplate[[1]]$X1 + data_ecoplate[[1]]$X5 + data_ecoplate[[1]]$X9) / 3
 [1] 0.1413333 1.4510000 2.5583333 2.6163333 1.6183333 1.2356667 2.2463333 1.6516667
```

この計算を土台とした演算をまとめた関数は次のようになります．

ecoplate_test.R

```
47    ####Function to calculate the averages and standardization by control values
48    ave_ecoplate <- function(data_f) {
49      data_ave1 <- (data_f$X1 + data_f$X5 + data_f$X9) / 3.0 #take average
50      data_ave2 <- (data_f$X2 + data_f$X6 + data_f$X10) / 3.0
51      data_ave3 <- (data_f$X3 + data_f$X7 + data_f$X11) / 3.0
52      data_ave4 <- (data_f$X4 + data_f$X8 + data_f$X12) / 3.0
53      data_sum <- append(append(append(data_ave1, data_ave2), data_ave3), data_ave4)
54      data_sum_nor <- data_sum - data_sum[1] #normalizing by water well
55      return(data_sum_nor) #output
56    }
```

48 行目で ave_ecoplate と関数の名前を決め，パラメータはデータフレーム data_f 1 つです．49〜53 行目は 3 繰り返しからの平均を求めるコードになっています．各行ごとに 8 種類の基質に対する反応の平均が計 4 つのベクトル（data_ave1, data_ave2, data_ave3, data_ave4）として求まる形になっています．

結果を 1 つのベクトルにまとめる：上で求めた平均値を 53 行目では append() 関数を何度も使うことによって[8]，4 つのベクトル（data_ave1, data_ave2, data_ave3, data_ave4）を 1 列に並べて新たなベクトル data_sum に代入しています．これによって data_sum は 32 個の要素をもつ数値ベクトルとなりました．これは，各観測を 1 行のベクトルとし，複数の観測を並べたデータフレームとしてすべての観測を整頓する準備になっています．

対象区の値を引いて標準化する：次に 54 行目では，対照区 3 つの平均値である data_sum[1]

---

[8] append() 関数は 2 つのベクトルを結合できます．ここでは一番内側の () 内の 2 つのベクトルをまず結合し，その次に data_ave3 と結合する，というように逐次的に結合しています．

を 32 個の値を並べたベクトルから引いて標準化します．ここはベクトル（多次元）からスカラー（単一数値）を引くという，数学的にはおかしな計算方法ですがBOX2 で説明したとおり，R ではベクトル data_sum からスカラー data_sum[1] を引く演算では，data_sum のすべての要素から data_sum[1] を引くことになります．data_sum[1] は対照区における微生物の反応量です（＝図 5.5 の 3 つの対象区の平均値）．これはエコプレート上で有機炭素基質を添加していない対象区のウェルにおいて，微生物と一緒に入れる環境水中に最初から含まれるバックグラウンドの有機炭素基質に微生物が反応した量を意味しています．これをエコプレートに添加されている有機炭素基質への反応量から差し引くことで，エコプレートに添加されている基質のみへの正味の反応量を計算できるのです．このようなプロセスを標準化といいます．最後に 55 行目で，この標準化した 32 要素のベクトルを戻り値として返します．

観測ごとのベクトルをすべてまとめて 1 つのデータフレームにする：最後にすべての観測からのベクトルを 1 つにまとめたデータフレームを作成し，列名や行名を整理してデータの整頓を完遂します．そのための関数は以下のように作るとよいでしょう．

ecoplate_test.R

```
58    stat_summary_ecoplate <- function(data_f, sample_name, variable_name)
59    {
60      data_summary <- ave_ecoplate(data_f[[1]])
61      for(i in 2:length(data_f)) {
62        if(is.null(data_f[[i]])) next #error management, skipping the non-measured
      dates
63        data_summary <- rbind.data.frame(data_summary, ave_ecoplate(data_f[[i]]))
64      }#end of for i
65      data_summary <- data_summary[,-1]
66      data_summary[data_summary < 0] <- 0
67      colnames(data_summary) <- variable_name
68      rownames(data_summary) <- sample_name
69      return(data_summary)
70    }
```

58 行目で指定するこの関数のパラメータは，まとめたいデータがすべて格納されたリスト（data_f）と，できあがったデータフレームの行名に使うサンプル名ベクトル（sample_name）と，列名に使う変数名ベクトル（variable_name）です．60 行目ではまずリストの 1 つ目の要素について，上で作った平均値ベクトルを生成する関数を呼び出して平均値を計算し，data_summary という新しいデータフレームに代入します．その後 61 行目から始まる for ループにて，データの数（length(data_f)）だけ平均値ベクトルを計算し，data_summary に追加していく繰り返し演算を行います．ただし，61 行目の if ブロックでは，仮にデータが欠損している場合（is.null(data_f[[i]]) が TRUE の場合）は，63 行目の計算を飛ばして次の繰り返しに進むようなエラー処理をしています．

65 行目では，1 列目のデータを削除して上書きしています．1 列目のデータというのは対照

区の値となっていて，平均値を計算する関数 ave-ecoplate() 内の 54 行目において，対照区の値からはすでに自らの値を引いているので必ずゼロとなっています．したがってこのデータを保持する意味がないので削除しているわけです．67 行目・68 行目ではそれぞれ列名・行名を付けています．最後に 69 行目で作成したデータフレームを戻り値として返しています．

対象区の値を引いた結果ゼロ未満になる数値を，ゼロに変換する：先の説明で 66 行目の分だけ飛ばしていました．このコードではデータフレームの要素のうち 0 未満のもの（data_summary < 0）を全部ゼロに置き換える処理をしています．　データフレーム名 [値の条件式] <- 置き換える値　というコードの書き方は値を一度に換えるのにとても便利なので覚えておくとよいでしょう．

　最後に次のコードで，変数名に指定するための基質名（substrate_name）を指定するとともに，いま作った関数を呼び出してデータの整頓を行います．基質名は実際にエコプレートに使われている化合物名の一覧を指定してもよいのですが，それは教科書の説明としては具体的すぎるので s** の形式で番号だけを指定しました．

```
substrate_name <- c("s01",
"s02","s03","s04","s05","s06","s07","s08","s09","s10","s11",
"s12","s13","s14","s15","s16","s17","s18","s19","s20","s21",
"s22","s23","s24","s25","s26","s27","s28","s29","s30", "S31")
summary_ecoplate <- stat_summary_ecoplate(data_f = data_ecoplate,
sample_name = metadata_ecoplate$sample, variable_name = substrate_name)
```

　さあ，これでグラフを作ったり仮説検定をしたりする準備が整いました．第 6 章以降では，本章で整理・整頓し，データフレームにまとめた 2 つのデータセットを使います．

- 植物プランクトンの群集データ：species_ryuko_data
- エコプレートデータ（細菌群集の炭素代謝データ）：summary_ecoplate

𝓡 第 5 章の到達度チェック

- ☐ Excel に CSV 形式のような保存形式が 2 つあるとき，そのどちらを使うべきかわかった ⇒5.1.1 節
- ☐ 各要素がデータフレームとなっているリストオブジェクトにおいて，特定の要素のデータフレームの特定の行にアクセスするためのコードが書けるようになった ⇒5.1.2 節
- ☐ データフレームから特定の行や列を削除して上書きするコードが書けるようになった ⇒5.1.2 節
- ☐ merge() 関数の使い方がわかった ⇒5.2.1 節
- ☐ データフレームの列名・行名を変更するコードが書けるようになった ⇒5.2.1 節
- ☐ ベクトルの各要素を使った四則演算ができるようになった ⇒5.2.2 節

□ データフレーム内の特定の数値が入った要素を別の値で置き換えるためのコードが書けるようになった ⇒5.2.2 節

第 **3** 部

データ分析の基盤（単変量解析）

　第 3 部では，データ分析の基盤を**単変量解析**を通じて学んでいきます．実際に第 2 部の最後で完成した整理整頓済みのデータを使って，グラフを作成したり，統計的仮説検定をしたりしていきます．まず第 6 章ではデータの**可視化**から始めます．第 6 章をマスターすると図 1.3 にあるようなグラフが描けるようになります．続いてその可視化を基に，2 グループの比較および 3 グループ以上の比較のための統計的仮説検定方法（*t* **検定と分散分析**）を学びます（図 1.3 の A・B のようなグラフで表すことができるようなデータに対する分析手法です）．そして，図 1.3C のようなグラフで表すことができるデータに対する分析方法として**相関分析**および**線形回帰分析**を学びます．次に第 7 章では，第 6 章で学んだ単変量解析の基盤の上にその実践的手法を学びます．図 1.3D のように，ターゲットとする変数について複数の要因で説明可能な**重回帰分析**から始めて，最終的に *t* 検定・分散分析・線形回帰分析などをすべて内包する上位概念である**一般線形モデル**の基盤を学んでいきます．第 3 部に至るまでの準備の道のりはとても長かったと思います．これでようやくデータ分析らしい内容を学ぶことができますので，ぜひ楽しみながら読んでください．

第6章 単変量解析の基盤

本章で学ぶ内容を，図6.1にまとめました．第5章の最後までの内容を理解して，すべての
サンプルコードを実行している場合には，「サンプルデータ1」と「サンプルデータ2」にある4
つのデータフレームができあがっているはずです．第6章ではこれらを使います．詳しいこと
は6.1節の「データの準備」を読んでください．一度勉強した後に，自分でとったデータを使っ
て同じようなことをしたくなった場合は，図6.1の「自分で用意する場合の最小限のデータ」に
ある形式のデータを準備しましょう．つまり，N個の観測について注目する変数1つ（＝単変
量）の値をまとめたベクトルまたはデータフレームが必要になります．さらに，この変数のパ
ターンを説明するためにカテゴリー変数もしくは連続量をとる変数をまとめたデータも，ベク
トルまたはデータフレームとして用意してください．

本章で使う関数はすべて標準パッケージ（base, stats）の中に含まれているものですので，
特別なパッケージを読み込む必要はありません.

これまでの流れ

第1章
第2章
RStudioが使える状態に
なった

↓

第3章
マウスを使わずRに
データを読み込めた

↓

第4章
10個以上のファイルから
自動でデータを読み込む
ことができた

↓

第5章
統計分析に進める形に
データを加工した

↓

今ここ！

第6章
単変量解析の基盤を学ぶ

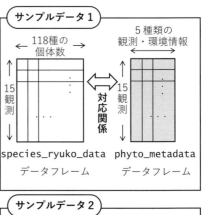

サンプルデータ1

118種の
個体数

5種類の
観測・環境情報

15
観測

対応
関係

15
観測

species_ryuko_data
データフレーム

phyto_metadata
データフレーム

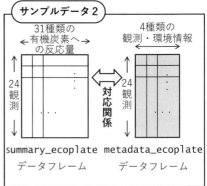

サンプルデータ2

31種類の
有機炭素へ
の反応量

4種類の
観測・環境情報

24
観測

対応
関係

24
観測

summary_ecoplate
データフレーム

metadata_ecoplate
データフレーム

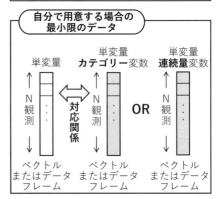

自分で用意する場合の
最小限のデータ

単変量

単変量
カテゴリー変数

単変量
連続量変数

N
観測

対応
関係

N
観測

OR

N
観測

ベクトル
またはデータ
フレーム

ベクトル
またはデータ
フレーム

ベクトル
またはデータ
フレーム

図 6.1　第6章のフローチャート

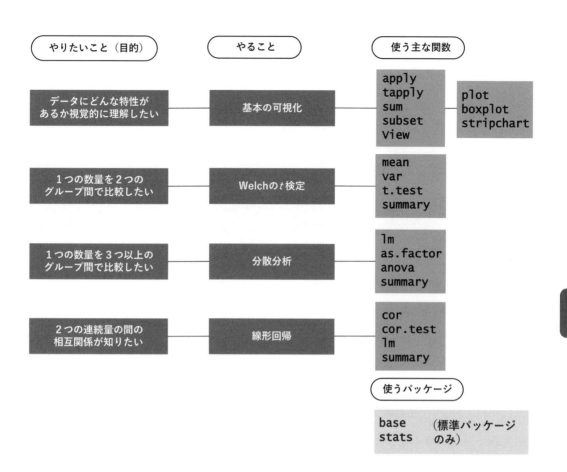

本章以降も第 5 章で苦労して整理整頓したデータを使っていきます．しかし，第 5 章までに自分でコーディングを修正した結果，意図していない変更が加わっているかもしれません．第 5 章からの履歴をそのまま引き継ぐ必要はありません．そこでここでは，以下のコードを実行し，メタデータと前処理済みのデータを読み込んでおいてください（ basic_graphics.R の冒頭部分です）．

basic_graphics.R

```
2    phyto_metadata <- readRDS("phyto_metadata.obj")
3    species_ryuko_data <- readRDS("phyto_ryuko_data.obj")
4    metadata_ecoplate <- readRDS("metadata_ecopl.obj")
5    summary_ecoplate <- readRDS("summary_ecopl.obj")
```

また 6.2 節以降，必要であれば R にあらかじめ用意されているデータセットも使っていくことにします[1]．

6.1 データの準備

6.1.1 単変量とは何か

ここで扱う**単変量**とは，1 次元のデータをいいます．水温，溶存酸素，生物の種数，ある特定の生物種の個体数など，1 つの変数だと思えばよいです（図 6.2A）．対して，第 2 部で前処理をした植物プランクトンの種組成データ（species_ryuko_data）と細菌群集の炭素代謝データ（summary_ecoplate）は 1 つの**観測**が複数の変数から構成される**多変量**です．しかし，たとえ元のデータが多変量であっても，その中から 1 つの変数だけを抜き出せば単変量となります（図 6.2B）．さらに，多変量データから 1 変数で表される指標を作った場合も，単変量解析が適用できます．たとえば，植物プランクトンの種組成データから**種数**という 1 変数の指標を作ることができます（図 6.2C）．このように単変量と多変量は，元のデータに固有の特性というよりも分析のターゲットに応じて変わるものと考えたほうがよいでしょう．

6.1.2 複数の変数から単変量を作る

植物プランクトンの種組成データを使って，6.2 節では散布図を描きます．ここではまず，種組成の生データ（＝たくさんの種それぞれの個体数という複数の変数のデータ）からイメージしやすい種数という新しい単変量を作ります．RStudio の右上のパネル（図 2.10 の [4] 環境パネル）の [Environment タブ] には現在実行している R プログラムのオブジェクト一覧が出ていますね（図 6.3）．

species_ryukoku_data に関しては，15obs.of 118 variables と表示されているはずです．ここで 15 観測（15 obs.[2]）というのは，観測データが計 15 個あるという意味です．118 変数（118 variables）というのは出現した植物プランクトンの種数が合計 118 種であること

---

[1] R で用意されているデータセットは多種多様であり，data() というコマンドでその一覧を確認することができます．

[2] observation の略です．

（A）

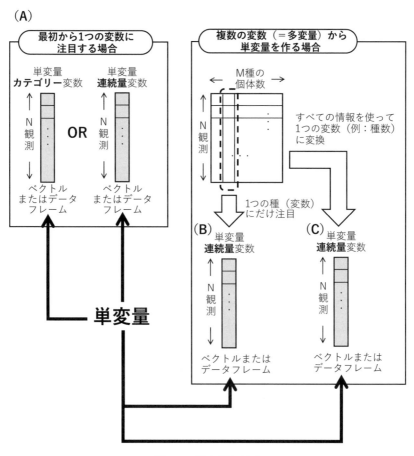

図 **6.2** 単変量とは？

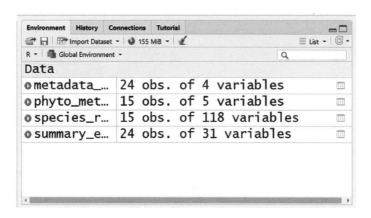

図 **6.3** Environment タブ

を意味しています．しかし，各観測で118種類がすべて出現しているわけではありません．

それでは全部で15回ある観測それぞれで出現した種数を計算してみましょう．次のような for ループで計算できます．

```
basic_graphics.R
7   species_richness <- c()
8   for(j in 1: length(species_ryuko_data[,1])) {
9     species_richness[j] <- sum(species_ryuko_data[j,] > 0)
10  }
```

7行目で species_richness という名前の空のベクトルを作成しています．8行目の for ループは1から始まって，行の数（length(species_ryuko_data[,1])），すなわち観測数15まで繰り返す設定となっています．もっと詳しく説明すると，species_ryuko_data[,1] はデータフレーム species_ryuko_data の1「列」目をベクトルとして抜き出すコードです．このベクトルの長さ（＝含まれる数値の個数）は，データフレーム species_ryuko_data の行数と一致します．

9行目では，各 j（＝ 1,2, … , 15）で sum(species_ryuko_data[j,] > 0) というコマンドで種数を計算しています．どうしてこれで種数が計算できるのでしょうか？ これは2つの演算の組合せとなっています．まず，species_ryuko_data[j,] > 0 は j 行目（すなわち j 個目の観測データ）の118個の値がそれぞれゼロより大きいかどうか，つまり118種の植物プランクトンがそれぞれ出現したか（ゼロより大きい）か，出現してしていないか（ゼロ）を判定する条件式となっています．条件式は真（TRUE）か偽（FALSE）を返すのですが，実は TRUE は1，FALSE は0という数値とみなされます．したがって，species_ryuko_data[j,] > 0 は0か

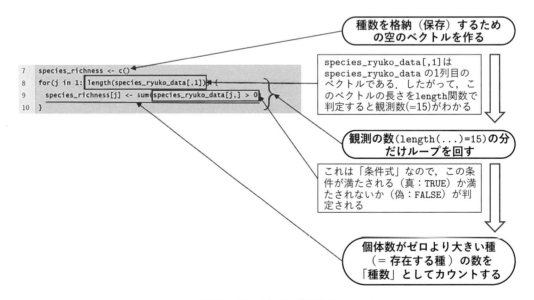

図 6.4 コーディングの流れ

1 の数値が 118 個並んだベクトルとなります．次にこのベクトルを，合計を計算する sum 関数の入力（引数）とすると 118 個の要素のうち 1 という値をもつ要素数が計算されます（0 はいくつ足しても 0 であることに注意してください）．つまり，`species_ryuko_data[j,]` における出現種数と同じ値となるわけです．すこし一般化すると， sum（**あるデータに関する条件式**）というコマンドは条件式を満たすデータの数になるということです．少し技巧的ですが便利な考え方なので覚えておくとよいでしょう．いまのコードを書く流れ（＝**コーディングの流れ**）は図 6.4 にまとめてあります．

BOX 8　　apply() 関数を用いた高速繰り返し計算

ここでは for ループの代わりによく使う関数 apply() を紹介します（図 6.1）．apply() 関数は，引数に指定したデータフレームに対して，各行もしくは各列に同一の演算（関数）を適用し，繰り返して計算するときに使います．しかも for ループが繰り返しを 1 つずつ順にこなしていくのに対して，apply() 関数は計算機に搭載された CPU の性能に従って複数の計算を並列に同時にこなします．そのため，for ループよりも高速に同じ計算ができます．前のサンプルコードでは繰り返し数がたった 15 であるために for ループとの性能の差を感じることはできませんが，これが 100 も 1000 も繰り返すようなデータの場合には，計算時間に大きな差が出てきます．上のコードと同じ結果を出すには，apply（**データフレーム，各行 (1) または各列 (2) に適用，関数名**）の形式で書きます．今回の例ではデータフレームに元々のデータフレーム `species_ryuko_data` を使うのではなく，`species_ryuko_data > 0` として，TRUE(1) または FALSE(0) の 2 値のどちらかをもつデータフレームを使います．ここも技巧的ですが先ほどの for ループで使ったものと同じ考え方です．実際のコードは次のたった 1 行で済みます．

```
basic_graphics.R
12    species_richness <- apply(species_ryuko_data > 0, 1, sum)
```

6.2　基本の可視化：散布図と箱ひげ図

やりたいこと
データにどんな特性があるか視覚的に理解したい

データ分析において，グラフを作る，つまりデータを可視化することは非常に重要です．なぜなら可視化は，数値の集まりにすぎないデータのかたまりから，そのデータがもつ特徴を視覚的に理解できるようにする方法だからです．

しかも，加工していない生のデータ（＝未加工データ）を可視化することは，加工済みのデータの可視化や統計量（平均値や標準偏差，信頼区間，相関係数など）の計算，仮説の検定など

よりも先にすべき作業であることを強調します．未加工データをそのまま可視化する方法として**散布図**を，少しだけ加工して可視化する方法として**箱ひげ図**を学んでいきます．なぜ可視化を最初にすべきかについては，6.5.5 節で説明しますので，まず本節では基本的な可視化のためのコーディングについて学んでいきましょう．

6.2.1　種数についての未加工データの可視化

さあ，それでは種数データ species_richness について，未加工のままでの可視化を進めていきましょう．このデータに関するメタデータ phyto_metadata のうち，年（year）を保存した列の中身を見てみると，以下のように 2018（年）と 2019（年）の 2 つの値があることがわかります．

```
> phyto_metadata$year
 [1] 2018 2018 2018 2018 2018 2018 2018 2019 2019 2019 2019 2019 2019 2019 2019
```

では，2018 年と 2019 年の間で観測種数がどのように分布しているか，年ごとの種数（＝種数に関する生データ）を散布図として可視化してみましょう．もっとも単純なコードは次の plot() 関数を使ったものです．

```
14    plot(species_richness ~ as.numeric(phyto_metadata$year),
15        type = "p",
16        cex = 3
17        )
```

plot() 関数はいくつかの引数を入力として受け入れます．もっとも大事なのは 14 行目にあるように，Y~X の形で縦軸（Y）と横軸（X）に使うデータを指定することです．Y~X の形は可視化だけではなく仮説検定の場面でも使う形で**公式**（formula）と呼ばれています．

15 行目の type は plot のタイプを指定する引数です．p は散布図用の点のプロット，l は折れ線プロットなど，いろいろな選択肢があります．他のタイプのグラフを指定することも可能です．他のタイプのグラフ指定方法をインターネット上で探す方法については第 11 章を読んでください．

16 行目の cex はグラフ中の点などのサイズを調整する引数です．数字が大きいほど点が大きくなります．どのような値がよいかは，実際にグラフを描写してから数値を変えて自分が気に入るサイズを選ぶとよいでしょう[3]．このコードの実行結果は図 6.5 のようになります．

注意 1：14〜17 行目のコードは，plot() 関数で使用可能なパラメータ・引数について 1 つずつ改行して書くスタイルですが，次のように 1 行で書いてももちろん構いません．

---

[3]　実際に，R のバージョンが少し違うだけでグラフの外見は変わってきます．

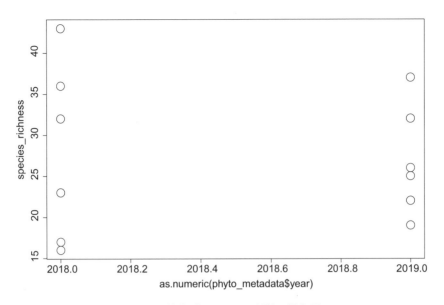

図 6.5　植物プランクトン種数の散布図

basic_graphics.R

```
19    plot(species_richness ~ as.numeric(phyto_metadata$year), type = "p", cex = 3)
```

注意 2：plot() 関数は R の標準パッケージ（base）に入っているものです．これは，R の
バージョンアップとともに微妙に挙動が変わってきました．皆さんが本書を手に取るときには，
上述のような挙動をしなかったり，引数が変わっていたり，できあがるグラフのタイプが変わっ
ていたりするかもしれません．しかし慌てないでください．本書の第 11 章を読めば，そんなと
きにどうやって解決方法を独力で見つければよいかがわかります．

注意 3：グラフを作成するには，横軸と縦軸にどんな数量・グループをもってくるかを自分で
考える必要があります．第 1 章の図 1.1 でも簡単に触れましたが，データ分析はデータをとる
前から始まっています．自分自身でデータをとる際には，何を知りたいのかその目的をはっき
りさせ，その目的に合ったデータのとり方をする必要があります．何を知りたいかがわかって
いるというのは，どんなグラフを作るか[4]，すなわち横軸・縦軸を何にするかということをデー
タ取得前にある程度イメージしておくことがとても必要です．

6.2.2　グラフの保存

皆さんが前のコードを実行すると RStudio の右下のパネル（図 2.10 の [5]）にグラフが表示
されるはずです（図 6.6A）．この [Plots] タブの [Export] をマウスでクリックすると，[画像で保
存（Save as Image...）]・[PDF で保存（Save as PDF...）]・[クリップボードにコピー（Copy

---

[4]　箱ひげ図にするか棒グラフにするかというような細かいデザイン上のことではありません．

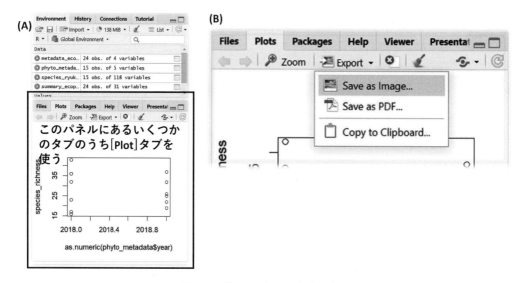

図 6.6　グラフの加工・保存の仕方

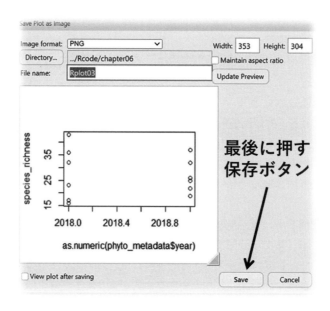

図 6.7　画像ファイルとしてグラフを保存

to Clipboard…]] の選択肢が出てきます（図 6.6B）.

　このうち [Save as Image…] を選んだ場合の解説から始めます．[Save as Image…] を選ぶ
と別のウィンドウが現れます（図 6.7）.このウィンドウ内の上部ではいろいろな設定が可能と
なっていて，それらの設定が終わったら，最終的には [Save] ボタンを押して画像を独立した
ファイルとして PC 内に保存します.

　次にこのウィンドウの上部を詳しく見ていきましょう（図 6.8）. 一番上の [Image format] は

図 6.8 グラフの画像形式設定

画像の形式です．画質のよさを気にするなら PNG か TIFF 形式を選びましょう．[Directory] ボタンを押せば，保存フォルダを指定するための別のウィンドウが現れます．何も設定しない場合は，R スクリプトが保存されているところと同じフォルダに保存されます．[Width] と [Height] の高さを変えれば，画像の縦横比（アスペクト比，aspect ratio）を自分好みに変更できます．ここの数字を変えてもそれだけではプレビューが更新されないので，[Update Preview] ボタンを押して新しい図を確認しましょう．それらの設定が意図したように完了したら，[Save] ボタンを押して画像を保存しましょう．

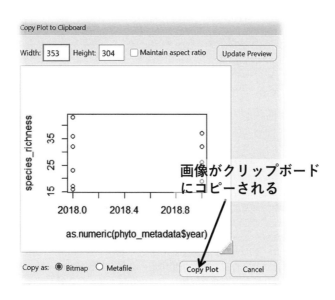

図 6.9 クリップボードへの画像コピー

次は [Copy to Clipboard...] のところを見ていきましょう（図 6.9）．図の縦横のサイズを変えたりプレビューを更新したりするところは前の説明と同じです．最後に [Copy Plot] ボタンを押せば，PC 上の情報一時保存場所である**クリップボード**に画像がコピーされます．このコピーした画像は別のアプリに貼り付けることができます．MS Word や MS PowerPoint のファイルを開き，画像を貼り付けたいところにカーソルを合わせて右クリックすれば，[貼り付け] を含む選択肢が出てくるので，それを選んで貼り付けましょう[5]．

　大学院生が修士論文や博士論文，あるいは雑誌投稿用の論文に画像を使う場合は，もう 1 つの選択肢，[Save as PDF...] を選択するのがよいでしょう．なぜなら PDF であれば，ベクトルデータという形式として保存されるので，他の画像編集アプリ（Adobe Illustrator や GIMP）で図の拡大・縮小をしても質の劣化が起こらない形式だからです．または，[Save as Image...] を選択し，保存形式を .eps にすれば同じくベクトルデータで保存可能です[6]．

6.2.3 箱ひげ図を用いた可視化

　散布図に比べると未加工データの情報が一部失われますが，データのバラつきという重要な情報をある程度保ったままで可視化する方法もあります．それが，中央値，25〜75%の範囲などの統計量を可視化できる**箱ひげ図**（box plot）です．そのコードは次のようになります．

```
basic_graphics.R
21   boxplot(
22     species_richness ~ phyto_metadata$year,
23     outline = TRUE,
24     col = "white"
25     xlab = "year 2018 vs 2019",
26     ylab = "phytoplankton richness"
27   )
```

　このコードも 1 行にすべての情報を書くことができますが，ここでは説明しやすいように 5 行に分けたコードとなってます．箱ひげ図については boxplot() 関数というものを使います．22 行目では基本の plot() 関数と同様に Y〜X という公式スタイルで可視化する横軸と縦軸のデータを指定します．23 行目の outline というパラメータに対しては，外れ値を表示する場合は TRUE という引数を，外れ値を表示しない場合には FALSE を指定します．ただし今回のデータセットでは外れ値がないのでこの引数を変えてもグラフの外見には影響はありません[7]．24

---

[5] MS Office のバージョンやアプリによっては直接貼り付けがうまくいかないこともあります．その場合，Windows OS なら，基本アプリの 1 つであるペイントを立ち上げてペイントにいったん張り付け，ペイントから改めてコピー＆ペーストで，目的のファイル上に貼り付けるとよいでしょう．学部生の実験レポートのような課題では，この方法が活躍するでしょう．

[6] R で作った画像を，別のアプリで再度開いて加工するのをよしとしない場合は，R のスクリプト上でいろいろオプションを付けたり便利な関数を駆使したりすれば，論文に掲載しても問題ないようなハイクオリティの画像を作ることも十分にできます．

[7] 外れ値の表示の設定の有無によって，図 6.10 における最小値・最大値の意味が変わります．詳しくは「外れ値 四分位範囲」で Google 検索しましょう．

行目はグラフの色指定です.

　また，TRUE の代わりに T を，FALSE の代わりに F をというように，省略した形で引数を指定することもできます.しかし，1 文字で指定することはタイプミスをしたときにミスに気づきにくくなります.たとえば，T のつもりで F をタイプしてしまったら意図しない形でコードが実行されてしまいますが，TRUE のつもりで FRUE とタイプミスした場合には，R にはちゃんとエラーとして認識してもらえます.このように意図しない失敗を防ぐことができるので，面倒でも TRUE，FALSE と省略せずに書くことをお勧めします.

　箱ひげの箱にあたる部分について，ここでは白色（white）を指定しています.さらに 25・26 行目ではそれぞれ，X 軸・Y 軸の軸名を指定しています[8].この関数を実行すると，以下のように箱ひげ図が描けるでしょう（図 6.10）.

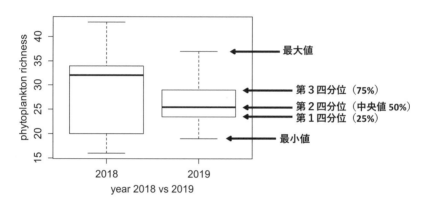

図 6.10　植物プランクトン種数の箱ひげ図

6.2.4　箱ひげ図と散布図を重ね合わせた可視化

　6.2.3 節で扱った箱ひげ図は，高校でも習うぐらいですからメジャーな可視化方法ではありますが，未加工データの情報が失われてしまいます.そこで以下のように箱ひげ図と散布図を重ねて描写するというスタイルの可視化もお勧めです.

```
basic_graphics.R
29   boxplot(
30     species_richness ~ phyto_metadata$year,
31     outline = TRUE,
32     col = "white"
33   )
34   stripchart(
35     species_richness ~ phyto_metadata$year,
36     method = "jitter",
```

---

[8]　筆者は，R のスクリプトで多くのオプションを指定してグラフを作り込むことが好きではありませんので，25・26 行目はなくてもよいと思います.

```
37        pch = c(1,2),
38        cex = 3,
39        vertical = TRUE,
40        add = TRUE
41    )
```

このコードのうち，boxplot() 関数の部分は前に説明したとおりです（軸名を指定するコードは省略しています）．stripchart() 関数は単変量（1 次元）のデータの散布図を描くためのもので，plot() 関数よりも細かくデザインを指定できます．35 行目で公式を指定するところは同じです．36 行目では，全く同じ数値をもつ点をどのように並べるかを指定することができます．これには 3 つの選択肢（オプション）があります．しかし，すべて重ねる overplot というオプションはお勧めしません．同じ数値のデータがどれくらいの個数あるのかが，これではわからなくなってしまうからです．このサンプルコードでは，jitter というオプションを指定していて，点を表示する水平位置をランダムにずらす処理をしてくれるので点が重なりにくくなります．これを実行すると図 6.11A のようになります．ここで選択肢を stack に変えると表示位置を規則的にずらしていくので，実質的にヒストグラムのようなイメージになります（図 6.11B）．

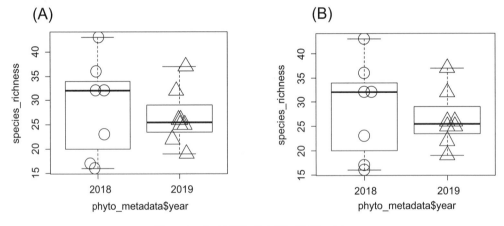

図 6.11 箱ひげ図+散布図（生データ）

37 行目の pch というパラメータは，散布図の各点のマーク（模様）を指定するものです．引数には各水準（ここでは 2018 年と 2019 年という 2 つの水準があります）の数だけ数値ベクトルとして指定する必要があります．どの数字が○・△・■などのどのマークになるかはいろいろ試してみるとよいでしょう[9]．39 行目は点の表示を垂直方向に延ばしていくか（つまり数値軸に縦軸を使うか），水平方向に延ばしていくか（つまり数値軸に横軸を使うか）を指定するパラメータです．ここでは縦方向に伸びる箱ひげ図と組み合わせるデザインですので，縦方向に延ばすために TRUE を引数としています．最後の add というパラメータは，この散布図を単独

---

[9]　「pch R 一覧」で Google 検索すれば対応表がすぐ見つかります．

で使う場合（FALSE）と他のグラフと重ね合わせて使う場合（TRUE）の場合分けです．もしも単独で散布図だけを使う場合は，6.1.1 節で説明した plot() 関数の代わりに，このパラメータの引数を FALSE とすれば，箱ひげ図とは無関係に散布図を描くことができます．横向きの散布図なども試してみるとよいでしょう（vertical の引数を FALSE に変える必要があります）．

6.2.5　2 次元散布図による可視化

それでは，植物プランクトンの種組成データについて，Y 軸（応答変数）は種数そのままに，X 軸（説明変数）についてはそのメタデータのうち水温 phyto_metadata$temp を使うことにしましょう．水温は離散的な要因データではなく，連続的な数値データです．したがって，図 6.10・図 6.11 のように横軸が離散的なグループ（水準）になるのではなく，連続な値となるような可視化が適切です．この場合にまず試すべきは，2 次元散布図です．これは，単純な plot() 関数でコーディングすることができます．

```
plot(
 species_richness ~ phyto_metadata$temp,
 type= "p",
 cex = 3,
 xlab = "temperature",
 ylab = "species richness"
)
```

結果は図 6.12 のようになります．

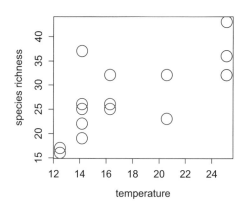

図 **6.12**　2 次元散布図

次に，細菌群集の炭素代謝データも 2 次元散布図によって可視化してみましょう．くり返しになりますが，「まずは可視化」というのは，自分が研究開始時に立てた仮説・分析方法の定義（＝統計分析のデザイン）に直接関係するものも関係しないものも含めて，まずは網羅的に見ることを目的としています．この網羅的に見るという方法には，31 種類の有機炭素基質への反応を定量化した細菌群集の炭素代謝データが良い例です．31 種類それぞれへの反応間にど

のような関係があるか，いままで使っていた plot 関数にとりあえず 1〜5 列目までのデータ（summary_ecoplate[,1:5]）を指定して入力してみましょう．

```
51    plot(summary_ecoplate[,1:5], cex = 2)
```

このように 3 列以上ある表データを引数とすると，plot() 関数は総当たりの 2 次元散布図を描画します（図 6.13）．

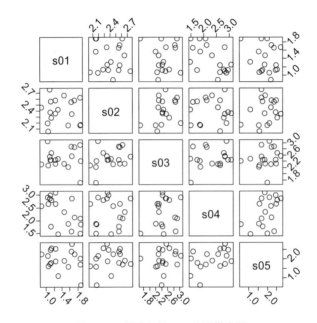

図 6.13 総当たりの 2 次元散布図

やみくもに総当たり散布図を描いて，そこから意味のありそうな（相関のありそうな）変数を抜き出して後出しで仮説を作る，ということは避けなければなりません（BOX9 参照）．しかし，まずはデータを可視化するということも，異常なデータの分布を発見したりするために非常に重要です．

6.3　基本の検定 1：t 検定

> **やりたいこと**
> 1 つの数量を 2 つのグループ間で比較したい

ここでは，2 つのグループ間で 1 つの数量の大小を比較する方法として t 検定を学んでいきます．サンプルスクリプトとして basic_test.R を使います．次に進む前に basic_test.R の 1〜7 行目までを実行しておきましょう．

6.3.1 subset() 関数

まず t 検定で比較する必要がある部分のデータを抜き出す方法を学びましょう．subset() 関数は，ベクトルやデータフレームから特定の条件の部分を抜き出すことが次のようにできます．

```
basic_test.R
 9    subset(species_richness, phyto_metadata$year == "2018")
10    subset(species_ryuko_data, phyto_metadata$year == "2018")
```

1つ目は，ターゲットとなるデータがベクトルの場合（9行目），2つ目はデータフレームの場合（10行目）です．subset() 関数の引数は1つ目がターゲットとなるデータのオブジェクト名，2つ目が条件式です．どちらの場合も，phyto_metadata$year の値が2018と一致するものを抜き出す意図のコードです．

基本的には，ターゲットとなるデータの行数と，条件を判定するデータの行数が一致していないとエラーが出てしまいます．通常 subset() 関数には，subset(データフレーム名1, データフレーム名1$列名1に関する条件式) の形で使うので，必然的に行数が一致します．上の例においては，1つ目のデータフレーム（またはベクトル）と2つ目のデータフレームが同じものではありません．しかし phyto_metadata は植物プランクトンの種組成データに対応したメタデータを保存しているデータフレームですから当然行数（＝観測数）は一致するようになっています．条件式を書くときは，関係演算子の等号（==）の意味のつもりで，代入演算子の等号（=）を使ってしまうミスがよく起きますので，十分注意することが肝心です [10]．

subset() 関数の戻り値（出力）を別の計算に使い続けるには，いつもどおり別のオブジェクトに保存します．2018年の種数と2019年の種数の比較を行うためには，以下のようにデータを整理します．

```
species_richness2018 <- subset(species_richness, phyto_metadata$year == "2018")
species_richness2019 <- subset(species_richness, phyto_metadata$year == "2019")
```

6.3.2 基本統計量と tapply() 関数

あるデータに対して平均値や中央値などの基本統計量を計算する方法はとても簡単で，summary() 関数を使えば次のような出力が得られます．

```
> summary(species_richness2018)
   Min. 1st Qu. Median   Mean 3rd Qu.  Max.
  16.00  20.00  32.00  28.43  34.00  43.00
> summary(species_richness2019)
   Min. 1st Qu. Median   Mean 3rd Qu.  Max.
  19.00  24.25  25.50  26.50  27.50  37.00
```

---

[10] 演算子が何かを忘れていたら，3.1.1 節を復習してください．

summary() 関数では最小値（Min.）・第 1 四分位（下から 25% の値 1st Qu.）・中央値（Median）・平均値（Mean）・第 3 四分位（下から 75% 3rd Qu.）・最大値（Max.）が計算されます．

このやりかたは，基本としてはよいのですが若干回り道です．ここで tapply() 関数を使うと subset() 関数でデータを分離しなくても，同じ結果が一発で得られます．

basic_test.R

```
18    tapply(species_richness, phyto_metadata$year, summary)
```

この関数では，最初の引数に処理対象のデータ，次の引数に分類の区分を指定する情報，最後に処理に使う関数名を指定します．

平均値と分散が知りたい場合はそれぞれ以下のようにすればよいです．

basic_test.R

```
19    tapply(species_richness, phyto_metadata$year, mean)
20    tapply(species_richness, phyto_metadata$year, var)
```

6.3.3 Welch の 2 標本 t 検定

正規分布[11]する確率変数の平均値に関して行う統計的仮説検定を t 検定といいます[12]．ここでは特に 2 群（グループ）間で母集団の平均値に差があるかを知りたいときのコマンドを解説します[13]．

種数の比較：この t 検定について，図 6.11 で可視化した植物プランクトンの種数のデータに適用しましょう．2 群間の比較において t 検定で計算される P 値は，「2018 年と 2019 年の種数について母集団での平均値（＝母平均）に差がないにもかかわらず，実際観測された平均値（＝標本平均）の差やそれ以上の大きな差が生じる確率」です．この t 検定をするには，以下のようなコマンドを 1 行書きましょう．

```
22    t.test(species_richness ~ phyto_metadata$year, var.equal = F)
```

t.test() 関数の最初の引数は，可視化のための関数の引数と同じように**公式**です．統計検定の場合は一般に **応答変数〜説明変数** の形を指定する必要があります．t 検定の場合は特に，説明変数とは各観測値の出どころの群（グループ）を保存しているオブジェクトを指定するこ

---

[11]　たとえば，平均 50 の範囲で，標準偏差 10 の正規分布のグラフを横軸 0〜100 の範囲で描くには，コンソールに次のコマンドを書けば十分です．curve(dnorm(x,50x,10),0,100)

[12]　正規分布から外れるデータについての検定方法は付録 B を参照してください．

[13]　本書では t 検定について詳しくは扱いませんが本気で使うときには，「正規分布」，「正規性の検定」，「対応の有無」というキーワードで Google 検索，もしくは統計学の教科書をあたってください．

とになります．今回は，種数についての各数値が 2018 年由来のものか 2019 年由来のものかを区別するための情報が，`phyto_metadata$year` というベクトルに保存されています．2 個目の `var.equal` というパラメータは 2 つの群の間で分散が等しいかを指定するオプションですが，2024 年現在，これについては t.test() 関数のデフォルト設定の通り，分散が等しくないという引数（F, FALSE の略語）を使うことが多いです．

そして実行結果はコンソールで次のように出力されるはずです．

```
> t.test(species_richness ~ phyto_metadata$year, var.equal = F)

        Welch Two Sample t-test

data: species_richness by phyto_metadata$year
t = 0.44861, df = 9.1401, p-value = 0.6642
alternative hypothesis: true difference in means between group 2018 and group 2019 is
    not equal to 0
95 percent confidence interval:
 -7.77373 11.63087
sample estimates:
mean in group 2018 mean in group 2019
         28.42857           26.50000
```

`Welch Two Sample t-test` とは Welch の 2 標本 *t* 検定というこの検定の正式名称です．それ以降の行に書いてあることは，検定結果の説明です．その中でも特に p-value は「2018 年と 2019 年の種数について母集団での平均値（＝母平均）に差がないにもかかわらず，観測された平均値（＝標本平均）の差やそれ以上の大きな差が（標本に）生じる確率」であり，それが 66.42％であったことがわかります．この場合，有意水準を 5％とか 1％とした場合，「2018 年と 2019 年の種数について母集団での平均値（＝母平均）に差がないにもかかわらず，実際観測された平均値（＝標本平均）の差やそれ以上の大きな差が生じる」ことは十分あり得ると解釈できます．したがって，「2018 年と 2019 年の種数について母集団での平均値（＝母平均）に差がない」という仮説を否定することはできません．このようなとき，専門用語では，「2018 年と 2019 年の種数について母集団での平均値（＝母平均）に差がないという**帰無仮説は棄却**できない」という表現をします．

次に，alternative hypothesis は帰無仮説に相対する仮説であり，**対立仮説**と呼ばれます．この場合は「2018（年）と 2019（年）のグループ間で，平均値の真の差（つまり母平均の差）はゼロに等しくない」ということになります．今回の結果では，帰無仮説を棄却できないので，この対立仮説を信じることはしません（＝採用しない，といいます）．

`95 percent confidence interval` はこの 2 グループ間の母平均の差の 95％信頼区間という**区間推定**値です．この値の範囲（−7.77373 から 11.63087 まで）にゼロが含まれているため，「差がゼロより大きい（＝ 2018 のほうが，平均値が大きい）とも小さい（＝ 2018 のほうが，平均値が小さい）ともいえない」と結論づけることができます．最後の sample estimates は

直訳すると標本推定ですが，2群の平均値の**点推定**値のことです．2018年，2019年それぞれ 28.42857, 26.5 と表示されています．

全個体数の比較：さて上の例では種数に関しては2018年と2019年で差がないようでした．今度は種数の代わりに，出現した植物プランクトンの全個体数（＝顕微鏡でカウントした全細胞数）を比較してみましょう．まずは，apply()関数[14]を使って各観測における全出現種の個体数の総和（sum）を計算し，新しいオブジェクトに代入します．

```
total_abundance <- apply(species_ryuko_data, 1, sum)
```

これについて，以下のようにboxplot関数とstripchart関数を組み合わせてデータを可視化してみます（図6.14）．

basic_test.R

```
25  boxplot(
26    total_abundance ~ phyto_metadata$year,
27    outline = TRUE,
28    col = "white"
29  )
30  stripchart(
31    total_abundance ~ phyto_metadata$year,
32    method = "stack",
33    pch = c(1,2),
34    cex = 3,
35    vertical = TRUE,
36    add = TRUE
37  )
```

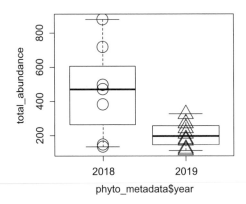

図 **6.14** 総個体数の2群比較

---

[14] apply()関数の詳しい使い方はBOX8を読みましょう．

なんとなく，種数の場合に比べて，2018・2019 年間の違いは大きそうです．実際に t 検定を実行してみると，P 値が 0.04933 となり，有意水準を 5% とすると，「統計的に有意な」差があるといえそうです [15]．

```
> t.test(total_abundance ~ phyto_metadata$year, var.equal = F)


        Welch Two Sample t-test


data: total_abundance by phyto_metadata$year
t = 2.392, df = 6.7469, p-value = 0.04933
alternative hypothesis: true difference in means between group 2018 and group 2019 is
    not equal to 0
95 percent confidence interval:
   0.9986613 512.2870530
sample estimates:
mean in group 2018 mean in group 2019
         462.1429           205.5000
```

6.4 基本の検定 2：分散分析

> **やりたいこと**
> 1 つの数量を 3 つ以上のグループ間で比較をしたい

6.4.1 分散分析の原理・アイデア

6.3 節では，2 群間の平均値の差の統計的仮説検定を解説しました．ここでは 3 群以上の平均の差の仮説検定について解説します．まずは検定のアイデアについて模式図を使って説明します（図 6.15・図 6.16）．

3 群以上の平均の差の仮説検定とは，「すべての群の母平均は等しい」という帰無仮説の下で，後述する F 値という統計量（指標）の値が実現値（観測データから計算される F 値の数値）以上になる確率を計算するものであり，分散分析といいます．これから説明する発想は，多変量を扱う第 9 章でも再利用するアイデアなので，すこし詳しく見ていきます．

図 6.15（A）は，ある農作物に発生した害虫数を農薬の種類という**因子**（factor）で 3 群に分けたものだと思ってください．この因子（または**要因**といってもよいでしょう）には 3 タイプあり（3 **水準**あると表現します），それは無農薬（水準 A）・化学農薬（水準 B）・生物農薬（水準 C）であるとしましょう．また各水準における水平方向の横線は標本平均だと思ってください．まず，図 6.15（A）のようにデータが分布していたら，水準間で害虫発生数の平均値に差

---

[15] 有意差のありなしに一喜一憂してはいけません．もしも皆さんがこの本を取るのが 2025 年くらいだった場合，有意差検定は絶滅しているかもしれません…．最近はいくつかの学会から批判されているからです．

6.4 基本の検定 2：分散分析　　123

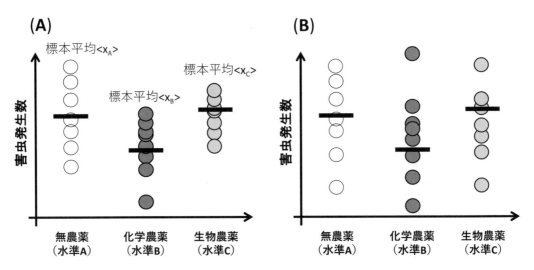

図 **6.15**　3 群間で平均値に差があるとはどういうイメージか?

があるように感じませんか? しかし,標本平均が同じであっても,データのバラつきが図 6.15
(B) のようになっていたら,平均値に差があるかどうかが怪しくなってくるのではないでしょ
うか?

　このような直感を発展させ厳密な数学に落とし込んだ計算を,分散分析では行います. 図 6.16
を見てください.

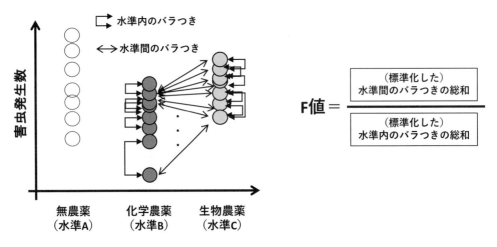

図 **6.16**　3 群間で差があるかどうかはバラつき(分散)に注目する

　図 6.16 の左側のグラフは,水準 B と C の害虫発生数に注目して,すべてのデータ間で値の
バラつき程度を評価しようとしている模式図です. 水準間で平均値の差が大きければ大きいほ
ど,水準 B 由来のデータと水準 C 由来のデータの値の差(=水準間のバラつき)は,同じ水準
内のデータ間での値の差(=水準内のバラつき)よりも大きくなる傾向があるはずです. この
ような計算をすべての水準間で行ってその合計値(総和)を求めます. さらに,水準内の繰り

返し数（＝水準内の観測数）などで標準化し，図の右にあるように分母に「水準内のバラつきの総和」を，分子に「水準間のバラつきの総和」を当てはめてその比を F 値として計算します．この F 値は，水準間での平均の差が大きいほど値が大きくなることが予想できるでしょう．逆に平均の差が小さいほど F 値は 1 に近い値になることも想像してみてください．なぜなら，水準間・水準内という区分に実質的に差はないのでバラつき具合も同程度になるからです．

　ここでさらに一歩議論を精緻化します．「観測データのバラつきが正規分布に従い，かつ母平均に差がない母集団から抽出されたものである場合」に，F 値がどのような確率分布をするかが数学者によってすでに解明されており，これを **F 分布** といいます．したがって，「すべての群に関して母平均に差がない」という帰無仮説の下で，観測データにおいて実現した F 値またはそれよりも極端な値（つまり，より大きな F 値）が生じる確率を **P 値** として計算することができるのです．この P 値が十分小さければ，この帰無仮説を棄却し，「どれかの群に関して母平均に差がある」という対立仮説を採用します．ややこしいですが，まずは実際のデータを使って分散分析をしてみましょう．

6.4.2　植物プランクトン種数の月間比較

　手持ちのサンプルデータで 3 群（3 水準）以上のまとめ方をするために，種数の月間比較をしてみましょう．まずは月間の違いを可視化してみましょう．

```
basic_test.R
42    boxplot(species_richness ~ as.factor(phyto_metadata$month),
43        outline = FALSE,
44        col = "white",
45        xlab = "month",
46        ylab = "species richness",
47        ylim = c(0,40)
48    )
49    stripchart(
50      species_richness ~ as.factor(phyto_metadata$month),
51      method = "stack",
52      cex = 2,
53      vertical = TRUE,
54      add = TRUE
55    )
```

　これまで出てきていないパラメータ ylim が boxplot() 関数で使われています（47 行目）．これは y 軸の表示範囲を指定するパラメータです．ここでは数値ベクトルとして最小値 0 と最大値 40 を引数として使っています（図 6.17）．

　なんとなく差がありそうですね．では早速，分散分析をしてみましょう．分散分析は英語で analysis of variance といい，そのアルファベットの一部をとって ANOVA と表記します．ANOVA ができる関数は R ではいくつかのパッケージで用意されています．ここでは標準パッ

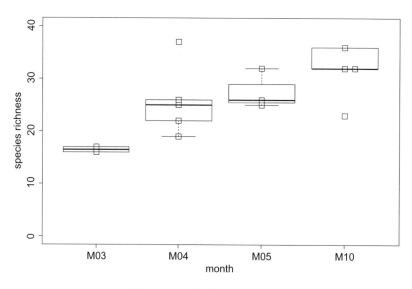

図 6.17　分散分析用の可視化

ケージ（base）に入っている関数を使います．そのためのコードは次のようなものです．

```
basic_test.R
57    anova(lm(species_richness ~ as.factor(phyto_metadata$month)))
```

ちょっとややこしいですね [16]．このコードでは実は 2 つの関数を組み合わせています．まずは lm() 関数（l は数字の 1 ではなくアルファベットの L の小文字です）を使い，その引数は **応答変数　〜　説明変数（説明因子）** とします．その lm() 関数の出力をそのまま anova() 関数の入力とするのです [17]．このコードを実行すると，**分散分析表**（Analysis of Variance Table）という分散分析の結果として標準的な情報がコンソールに出力されます．

```
> anova(lm(species_richness ~ as.factor(phyto_metadata$month)))
Analysis of Variance Table


Response: species_richness

                                Df  Sum Sq  Mean Sq  F value  Pr(> F)
as.factor(phyto_metadata$month)  3  418.83  139.611   3.5985  0.04961 *
Residuals                       11  426.77   38.797
---
Signif. codes: 0 '***' 0.001 '**' 0.01 '*' 0.05 '.' 0.1 ' ' 1
```

---

[16]　なぜこんなややこしいことになるかは第 7 章で明らかにする予定ですのでしばらく我慢してください．

[17]　とりあえずはこういう形式でコードを書くということで納得してください．

Df は自由度（Degree of Freedom）です．水準数 -1 で計算するので，注目している因子 phyto_metadata$month に関しては，今回は月数が4つあるため，$4-1=3$ となります．Sum Sq は注目している因子については「水準内バラつきの総和（＝水準内平方和）」であり，残差（Residuals）については**水準間平方和**です．Mean Sq はデータあたりのバラつきの大きさを表し平方和を自由度で割ったもの，すなわち **(不偏) 分散**です．F value は上で述べた F 値そのものであり，水準内分散 ÷ 水準間分散で計算されたものです．Pr(>F) の 0.04961 は「すべての群に関して母平均に差がない」という帰無仮説の下で，今計算した実際の F 値またはそれ以上に大きな値が得られる確率（P 値）です [18]．

6.4.3 害虫数の殺虫剤間比較

R にデフォルトで付いてくるデータもせっかくなので使ってみましょう．ここでは InsectSprays という害虫数を殺虫剤タイプ間で比較したデータを使います．R に組み込まれているデータを使うには，次のサンプルコードの冒頭にあるように，data(**データ名**) というコードを使います．この実行により，現在使っている R 環境でこのデータにアクセス可能になります．実際に View() 関数を使って中身を確認してみれば，これは1列目には count という名前で害虫数が記録され，2列目には spray という名前で殺虫剤タイプが記録されているデータフレームであることがわかるでしょう．

basic_test.R

```
59    data("InsectSprays")
60    View(InsectSprays)
```

さあ，まずは可視化です（図 6.18）．

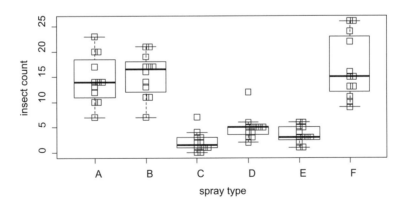

図 6.18　害虫数の殺虫剤間比較図

---

[18]　P 値の横の星マーク（<ruby>＊<rt>アスタリスク</rt></ruby>）は，Signif.codes に書かれた有意水準です．

```
61  boxplot(count ~ spray, data = InsectSprays,
62          outline = FALSE,
63          col = "white",
64          xlab = "spray type",
65          ylab = "insect count"
66  )
67  stripchart(
68      count ~ as.factor(spray), data = InsectSprays,
69      method = "stack",
70      cex = 2,
71      vertical = TRUE,
72      add = TRUE
73  )
```

これまでと書き方が違うところがあります．それは，boxplot() 関数と stripchart() 関数それぞれの 1 行目で指定すべき公式の書き方です．いままでと同じ書き方であれば，以下のように書くはずですね．

```
InsectSprays$count ~ InsectSprays$spray
```

もちろんこれでも構いません．ただし，公式内で使う要素がすべて共通したデータフレーム由来なのであれば，**列名 1 ～ 列名 2，data = データフレーム名** の形式で，公式と使うデータを別々の引数としてこれらの関数に渡すことができます．さらにこの形式は，可視化用に限ったものではなく統計各種の関数（t.test() や lm() など）でも共通のフォーマットなので覚えておくとよいでしょう．

では分散分析をしてみましょう．コンソールへの出力は次のようになるはずです．

```
> anova(lm(count ~ spray, data = InsectSprays))
Analysis of Variance Table

Response: count
          Df  Sum Sq  Mean Sq  F value   Pr(> F)
spray      5  2668.8   533.77   34.702   < 2.2e-16 ***
Residuals 66  1015.2    15.38
---
Signif. codes: 0 '***' 0.001 '**' 0.01 '*' 0.05 '.' 0.1 ' ' 1
```

今回は分散の比（F 値）がとんでもなく大きい（= 34.702）ので，帰無仮説の下でこのようなデータが生まれる確率は 2.2×10^{-16} 未満（< 2.2e-16）と非常に低いものになっています．したがって帰無仮説は棄却されることになります．

6.4.4 分散分析はいつ使うのか

ここで,「3 群以上の平均値を比較したかったら必ず分散分析」と思い込んではいけません.データ分析の目的に応じて特定の 2 群間の差にしか興味がない場合には,分散分析を経ることなく,目的の 2 群間比較を直接行いましょう.たとえば,図 6.15 の仮想例でいえば,農薬を使わないことによって害虫がどれくらい増えてしまうのかを知りたい場合は,化学農薬と無農薬の 2 群比較を t 検定で行うだけで十分なはずです.あるいは,生物農薬の効果が化学農薬の効果に匹敵するかどうかを知りたかったら,化学農薬と生物農薬の場合だけを比較すればよいでしょう[19].

6.5 相関と回帰

> **やりたいこと**
> 2 つの連続量の間の相互関係が知りたい

本節では,連続量に関する 2 次元散布図(図 6.12)で可視化されるデータに対する統計手法,すなわち単変量 vs 単変量の関係の理解のしかた,について解説していきます.

6.5.1 相関係数

相関係数は 2 つの単変量間に単調増加あるいは単調減少の傾向があるかどうかを,-1(完全に負に相関)から,0(完全に無相関),1(完全に正に相関)までの数値に標準化した指数です.ピアソン(Pearson)の積率相関係数やスペルマン(Spearman)の順位相関係数などがありますが,何も頭に付けない相関係数はピアソンの積率相関係数のことで,2 つの単変量間の直線的な関係を前提とした計算方法となっています.図 6.12, 6.13 で可視化したデータについては,以下のように cor() 関数を使って相関係数を計算できます.cor() 関数の引数で method を指定しない場合はピアソンの積率相関係数が計算されます.

basic_test.R

```
85    cor(species_richness, phyto_metadata$temp)
86    cor(summary_ecoplate[,1:5])
```

特に summary_ecoplate[,1:5] のように 3 列以上あるデータを引数にした場合,以下のように総当たりで相関が計算されます.

```
> cor(summary_ecoplate[,1:5])
            s01          s02        s03          s04         s05
s01   1.0000000 -0.04709880  0.1032132  -0.48970438  -0.2143492
```

---

[19] 筆者が統計学を学び始めた 20 世紀の終わりごろは,「多群比較ではまず分散分析をし,その後に多重比較で 2 群比較を行う」というマニュアルが横行していましたが,実はそんなマニュアルに従う必要はありません.

```
s02  -0.0470988   1.00000000  0.3721024  -0.05531352   0.3005611
s03   0.1032132   0.37210238  1.0000000   0.14759165   0.2211696
s04  -0.4897044  -0.05531352  0.1475916   1.00000000   0.4894126
s05  -0.2143492   0.30056114  0.2211696   0.48941263   1.0000000
```

直線的な関係を前提としない相関係数は以下のように method を指定して実行します.

```
cor(species_richness, phyto_metadata$temp, method = "spearman")
```

次に相関係数は cor.test() 関数を使えば「相関係数はゼロと差がない」という帰無仮説に対する P 値と相関係数の信頼区間（95 percent confidence interval）を計算できます.

```
> cor.test(species_richness, phyto_metadata$temp)

        Pearson's product-moment correlation

data: species_richness and phyto_metadata$temp
t = 3.5474, df = 13, p-value = 0.003574
alternative hypothesis: true correlation is not equal to 0
95 percent confidence interval:
 0.2950930 0.8928332
sample estimates:
     cor
0.701338
```

相関係数の基本は以上です.

6.5.2 回帰分析（線形回帰）

回帰分析の基本である線形回帰とは, **応答変数（Y）= 切片（a）+ 傾き（b）・説明変数（X）** の形で散布図データを説明する手法です（$Y = a + bX$）. この手法を, 厳密な数学的導出なしで簡単に解説します.

図 6.19 は, 温度と生物多様性のデータを可視化したものだと思ってください. 直線状にデータがぴったり並んでいる, ということはないのですが, 右上がりの傾向が見てとれます. これを直線で説明しようというとき, どんな傾きの直線を当てはめればよいでしょうか？ もう少し専門的な語句を使えば, どのような直線を**予測関数**とすれば, 温度（X）から生物多様性（Y）をより良く予測できるでしょうか？ 図 6.19（A）と（B）ではそれぞれの予測関数 1($Y = a + bX$) と予測関数 2($Y = a' + b'X$) という直線を描いています. 線形回帰には「より良く予測できる」の判定基準として, 各データから予測関数に垂直な線を下ろし, データの Y の値と予測関数との距離, すなわち「データと予測値のずれ」, の二乗をすべてのデータについて計算し, それらの総和を最小化する切片と傾きを決めます（最小二乗法）. この図の例で見ると, 一見して予測関数 1（図 6.19A）のほうがデータとのずれが予測関数 2（図 6.19B）よりずれが小さく見えま

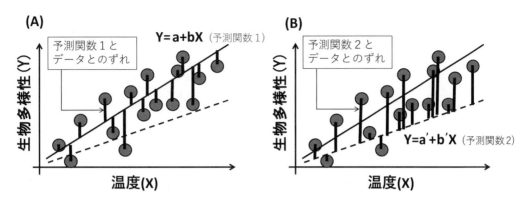

図 6.19 線形回帰のアイデア

す．異なる切片と傾きを選んで最もずれが小さくなるものを選んだものが，（最小二乗法に基づく）**線形回帰直線**であり，その傾きが**回帰係数**です．ここでは，**説明**と**予測**という2つの言葉を区別せずに使っていますが，統計学的には意味が違いますのでしっかり勉強することをお勧めします．

実際の線形回帰の方法は簡単で，次のように2つのコマンドを組み合わせれば簡単にできます．

basic_test.R

```
91   model01 <- lm(species_richness ~ phyto_metadata$temp)
92   summary(model01)
```

まず，lm() 関数を呼び出して，その引数として 応答変数 〜 説明変数 の形で公式を明記します．数学的には $Y = a + bX$ という形で書く予測関数について，切片 a と傾き b についてはわざわざ明記せずに Y 〜 X の形で書くことに慣れましょう．lm() は分散分析のときにも使いました[20]．この関数の出力を好きな名前を付けた新しいオブジェクト（model01）に代入しておきます[21]．次に，この lm() 関数の出力（model01）を summary() 関数の入力とすると，次のように線形回帰の結果がコンソールに表示されます．

```
> summary(model01)

Call:
lm(formula = species_richness ~ phyto_metadata$temp)

Residuals:
    Min      1Q  Median      3Q     Max
```

---

[20]　なぜ，分散分析と線形回帰で同じ関数を使うかについては第7章を乞うご期待．

[21]　ここでは model01 という名前にしました．なぜ「モデル」という単語を使うかについては第7章を乞うご期待．

```
-8.1291 -4.5127 -0.4173 1.8918 13.3918

Coefficients:
                     Estimate  Std. Error  t value  Pr(> |t|)
(Intercept)            6.9212      5.9606    1.161    0.26646
phyto_metadata$temp    1.1751      0.3313    3.547    0.00357 **
---
Signif. codes: 0 '***' 0.001 '**' 0.01 '*' 0.05 '.' 0.1 ' ' 1

Residual standard error: 5.749 on 13 degrees of freedom
Multiple R-squared: 0.4919, Adjusted R-squared: 0.4528
F-statistic: 12.58 on 1 and 13 DF, p-value: 0.003574
```

この出力で最低限注目すべきは，説明変数（phyto_metadata$temp）の回帰係数の点推定値である Estimate と，「母集団において回帰係数の値がゼロである」という帰無仮説の下でこの推定値（とそれより極端な値）が生じる確率である P 値（Pr(>|t|)）です．この確率の横には有意水準（Signif.）によって有意水準以下のときには，**のように有意である（＝帰無仮説が棄却される）ことを示す印が付いています．「切片がゼロかどうか」は研究の問いになることはあまりないので，通常，切片の推定値と P 値には注目しません．

最後に，この回帰直線のデータへの当てはまりの良さが，**決定係数 R^2**（Multiple R-squared）という指標として表示されています．この例ではこの値は 0.4919 となっています．これは，「観測データの全バラつきのうち，回帰直線上のバラつきで説明できる割合が 49.19%である」という意味です．ただし，この値は，データ数（＝サンプルサイズ）が小さいとそれだけで大きな値をとる傾向があります．極端な場合として，データが 2 点しかない状況を想像してみましょう．このとき，必ず 2 点の上をぴったり通る（回帰）直線が引けるので決定係数は 1.0 になってしまいます．したがって，実際に回帰直線の当てはまりの良さを評価するときには，データ数の多寡で補正した**調整済み決定係数 adjusted R^2**（Adjusted R-squared）を使うようにしましょう．この補正値は時としてマイナスの値を表示しますが，そのときには「adjusted R^2 (negative)」という風に報告するのがよいでしょう．

6.5.3 回帰直線の可視化
線形回帰分析で求めた回帰直線を生データの散布図に重ね合わせて描いてみましょう（図6.20）．ここでも lm() 関数の出力を保存したオブジェクト model01 が活躍します．

basic_test.R
```
94    plot(
95      species_richness ~ phyto_metadata$temp,
96      type = "p",
97      cex = 3,
98      xlab = "temperature",
```

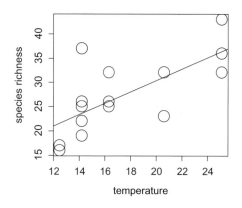

図 6.20　回帰直線を散布図に重ね合わせる

```
 99      ylab = "species richness"
100    )
101    abline(model01,col = 4)
```

　plot() 関数自体は生データの散布図を作るためのコードの使いまわしです．それに直線（あるいは曲線）を重ねて描くには abline() 関数というものを使って，引数に直線の情報を指定すれば十分です．もちろん col というパラメータで直線の色を指定することも可能です．

6.5.4　相関と回帰の違い

　ここでは簡単に相関係数と回帰係数の違いを説明します．特にピアソンの積率相関係数と線形回帰係数はどちらもデータの直線的関係を前提としているために，混同しがちです．ここでは間違えやすいポイントを 2 つだけ解説します．

スケール依存性：相関係数は -1 から $+1$ の間にすでに標準化された指標のため，次のように入力するデータのスケール（2 倍にする，10 倍にするなど）に依存しない結果が出ます．たとえば，以下の 3 行のコードはすべて同じ相関係数を出力するはずです．

basic_test.R
```
104    cor(phyto_metadata$temp, species_richness)
105    cor(phyto_metadata$temp*2, species_richness)
106    cor(phyto_metadata$temp, species_richness*10)
```

　一方，回帰係数はスケールに依存します．次の例ではスケールを変えたベクトルを用意して 3 つの場合で lm() 関数を使っていますが，すべて回帰係数の値が異なることがわかるでしょう．

```
 basic_test.R
108    temp2 <- 2*phyto_metadata$temp        温度を 2 倍の値にする
109    species_richness10 <- 10*species_richness    多様性を 10 倍の値にする
110    lm(species_richness ~ phyto_metadata$temp)
111    lm(species_richness ~ temp2)
112    lm(species_richness10 ~ phyto_metadata$temp)
```

誤差の考え方の違い：グラフに可視化するときには 2 つの単変量のうちどちらを横軸にするかで当然グラフの見た目は変わりますね．しかし相関係数はその軸の選択とは関係ありません．なぜなら，相関係数は，X 軸側にも Y 軸側にも誤差があるのを前提で計算している指標だからです．実際，cor() 関数の引数の順序を変えても結果は変わりません．

```
> cor(phyto_metadata$temp, species_richness)
[1] 0.701338
> cor(species_richness, phyto_metadata$temp)
[1] 0.701338
```

　一方，線形回帰は，説明変数 X で応答変数 Y を予測する（＝「X で Y を回帰する」と表現します）ための分析であり，Y には誤差（測定誤差や過程誤差_{プロセスエラー}）が含まれているのを前提にしているのに対し X の誤差は考慮に入れていません．図 6.19 で予測誤差を計算する際に垂直に線を下ろしているのもその理由です．実際に Y で X を回帰した場合の回帰直線（点線）と図 6.20 の回帰直線（実線）を重ね合わせたものは以下のようになります（図 6.21）．

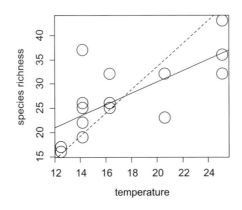

図 6.21 X による Y の回帰（実線）と Y による X の回帰（点線）

　技巧的なのでこのグラフを作るコードはここには掲載しませんが，basic_test.R の 117 行目から 129 行目までにコーディングされていますので興味がある人は見てみてください．

```
117    model02 <- lm(phyto_metadata$temp ~ species_richness)
       ・・・
```

6.5.5 なぜ可視化を統計分析よりも先にするべきなのか？

　統計の初心者であれば，まずはグラフを作る，つまり，まずデータを可視化することからデータ分析を始めることに抵抗がないことでしょう．しかし，いったんデータ分析・統計についての学習が進んで慣れてくると，統計量や統計的仮説検定における有意差ばかりが気になって，可視化を飛ばしてすぐに統計量の計算や検定に進みたくなる気持ちが出てきます．ここでは可視化をないがしろにするとどのような問題が生じるか，直感的にわかる例をお見せします（図6.22）．

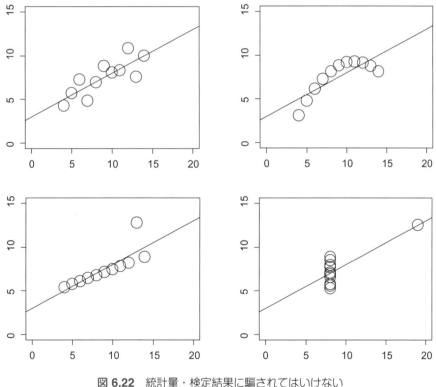

図 6.22 統計量・検定結果に騙されてはいけない

　この4つのデータの分布は，相関も線形回帰も説明率もすべて同じ値になる例です．これらのグラフや統計量を確認したい場合は，basic_ test.R 131 行目以降（`data(anscombe)` 以降）のコードを実行しましょう．

　最後にダメ押しです．ジャーナリストでデザイナーの Alberto Cairo 氏のウェブログから，データザウルス（別名 Anscombosaurus）のデータを紹介します．次のコードを実行して2つのデータ（`data_s01`, `data_s02`）それぞれの相関係数を確認してみてください．どちらも x

と y の相関係数はおよそ −0.068 であるはずです.

```
basic_test.R
181   data_s <- read.csv("DatasaurusDozen.csv", header=T)
182   data_s01 <- subset(data_s, dataset == "circle")[2:3]
183   data_s02 <- subset(data_s, dataset == "dino")[2:3]
184   cor(data_s01)
185   cor(data_s02)
```

最後に自分でコードを書いて,それぞれの散布図を描いてみましょう.何が見えますか?

さらに学ぶには

さらに統計的仮説検定について学ぶには,次のキーワードに関する解説を読むとよいでしょう.

・帰無仮説・対立仮説
・点推定
・区間推定
・頻度主義信頼区間とベイズ信頼区間
・有意差の無意味さ・効果量

さらに分散分析に付随する事柄について学ぶには,次のキーワードに関する解説を読むとよいでしょう.

・多重比較(分散分析とはほぼ独立の話題です)
・2元配置分散分析
・交互作用(第7章でも基盤を学びます)

BOX 9　総当たり散布図の危険性

　総当たり散布図の危険性は,本書のターゲットとしている初学者の方には発展的な内容となりますが,卒業論文に取り組むくらいのステージに到達したら,十分注意する必要があるトピックです.意味のありそうなパターンを事前の仮説なしに発見するために統計分析を使うプロセスは,**仮説探索**といい,事前に用意した仮説の真偽を判定する**仮説検定**プロセスと明確に分ける必要があります.さらに後出しで作った仮説をあたかも事前に用意した仮説であるかのように記述して仮説検定を行い研究のあらすじを組み立てることは HARKing (Hypothesizing After the Results are Known =結果が判明した後に仮説を作る)と呼ばれ,データ分析の確からしさを損なってしまう研究手法ですので絶対に避ける必要があります.

ℛ 第6章の到達度チェック

☐ RStudio 上のパネルに表示されたグラフを画像ファイルとして PC に保存できるようになった ⇒6.2.2 節

☐ RStudio 上のパネルに表示されたグラフを Word の文書や PowerPoint のスライドにコピー&ペーストできるようになった ⇒6.2.2 節

☐ 箱ひげ図と散布図を重ね合わせて可視化できた ⇒6.2.4 節

☐ 可視化の目的がわかった ⇒6.2.5 節

☐ データフレームから特定の条件を満たす部分だけを抜き出すコマンドが書けるようになった ⇒6.3.1 節

☐ 分散分析における F 値が大きいほど帰無仮説の下での実現確率（P 値）が小さくなる理由がわかった ⇒6.4.1 節

☐ t 検定と分散分析の目的の違いがわかった ⇒6.4.4 節

☐ 相関係数と回帰係数の違いがわかった ⇒6.5.4 節

☐ 統計量の計算や仮説検定の前に可視化しないとどんな問題が生じるか，具体例を 2 つ挙げられる ⇒6.5.5 節

☐ 相関係数と回帰係数を求める目的がわかった ⇒6.5 節

第7章　単変量解析の次の一歩

　第 6 章では単変量解析の基盤として,「基本の可視化」の重要性, 2 群間の比較（*t* 検定）, 3 群間の比較（分散分析）, 2 連続量の関係（相関・線形回帰）を学びました. これらは基盤中の基盤のため, データの量, データの分布のタイプ, 研究の目的によってはそのまま使えないことも多いです. したがって, すでに確立している統計手法の中から実践的方法を選んで学ぶことも, 現在進行形の最新の手法を学ぶことも重要です. それらすべてを 1 冊の書籍で学ぶことはできませんが, 第 7 章では次の一歩を踏み出しましょう.

　この章で学ぶ内容を, 図 7.1 にまとめました. 第 7 章でも第 6 章と同様,「サンプルデータ 1」と「サンプルデータ 2」にある 4 つのデータフレームを使います. 一度勉強した後に, 自分でとったデータを使って同じようなことをする場合, 図 7.1 の「自分で用意する場合の最小限のデータ」にある形式のデータを準備しましょう. つまり, N 個の観測について注目する変数 1 つ（＝単変量）の値をまとめたベクトル, またはデータフレームが必要になります. さらにこの変数のパターンを説明するために, カテゴリー変数もしくは連続量をとる変数を複数種類まとめたデータを, データフレームとして用意してください.

　本章では標準パッケージ（base, stats）に加えて, scatterplot3d と rgl というパッケージをインストールして読み込む必要があります.

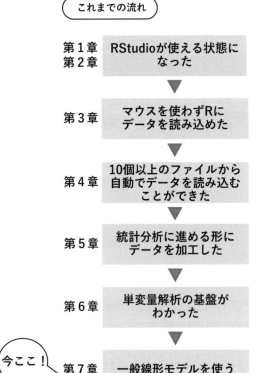

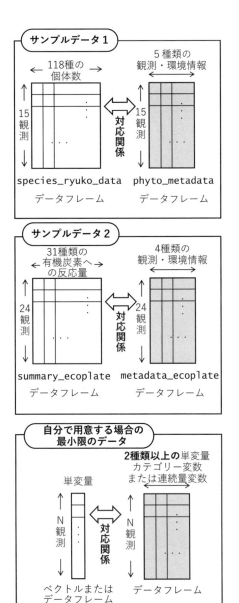

図 **7.1** 第 7 章のフローチャート

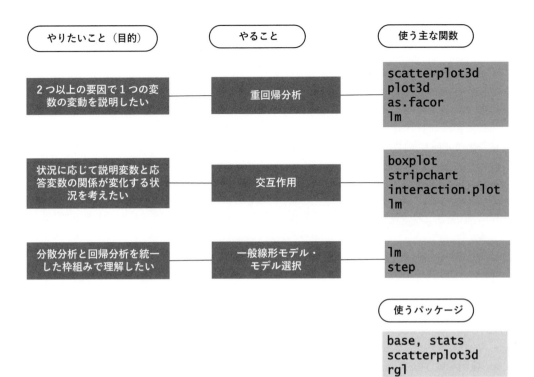

やりたいこと（目的）	やること	使う主な関数
2つ以上の要因で1つの変数の変動を説明したい	重回帰分析	scatterplot3d plot3d as.facor lm
状況に応じて説明変数と応答変数の関係が変化する状況を考えたい	交互作用	boxplot stripchart interaction.plot lm
分散分析と回帰分析を統一した枠組みで理解したい	一般線形モデル・モデル選択	lm step

使うパッケージ

base, stats
scatterplot3d
rgl

7.1 重回帰分析

> **やりたいこと**
> 2つ以上の要因で1つの変数の変動を説明したい

　第6章までと同じデータを使っていきますので，改めてサポートサイト第7章の以下のコードを実行してください．

advanced_univariate.R

```
1   ###For chapter 07
2   phyto_metadata <- readRDS("phyto_metadata.obj")
3   species_ryuko_data <- readRDS("phyto_ryuko_data.obj")
4   metadata_ecoplate <- readRDS("metadata_ecopl.obj")
5   summary_ecoplate <- readRDS("summary_ecopl.obj")
6   species_richness <- apply(species_ryuko_data > 0, 1, sum)
7   total_abundance <- apply(species_ryuko_data, 1, sum)
```

7.1.1 説明変数が2つ以上ある場合の可視化方法

　生態学・陸水学・海洋学・環境微生物学でよく知られていることとして，生物多様性（biodiversity）の指標の1つである種数（＝種の数：species richness[1]）は，水温や窒素やリンなどの栄養塩量などの物理化学要因だけではなく，一次生産量・クロロフィルa量・全微生物量などの生物要因によっても影響を受けます．このような既知のパターンに倣って，6.2.5節で扱った龍湖のデータについて，図6.12と同じく横軸を物理化学要因である水温としたものと，横軸を生物要因であるプランクトン総個体数としたものを描いてみましょう（図7.2A, B）．

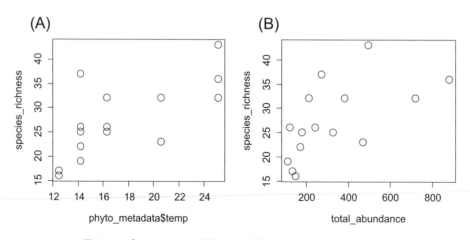

図 7.2　プランクトンの種数は，複数の要因と関係がありそう

---

[1]　「種の豊富さ」と訳すことが多いですが，シンプルに種数を意味します．

```
10    plot(species_richness ~ phyto_metadata$temp, cex = 2)
11    plot(species_richness ~ total_abundance, cex = 2)
```

この2つのグラフを見ると，水温もプランクトン総個体数も種数と関係があるようです．このようなときには，応答変数である種数を説明する要因として，水温とプランクトン総個体数2つの説明変数を使った分析が有効であり，これが**重回帰分析**（multiple regression）と呼ばれるものです．

このまま重回帰分析の方法に移ってもよいのですが，さらに新しい可視化として，2つのタイプの3次元散布図を描いてみましょう．1つ目はscatterplot3dという名前のパッケージを使う方法です．

```
13    library(scatterplot3d)
14    scatterplot3d(
15     x = phyto_metadata$temp, y = total_abundance, z = species_richness,
16     xlab = "temperature", ylab = "abundance", zlab = "richness",
17     angle = 30
18     )
```

13行目は，パッケージを読み込むコマンドです．このscatterplot3dパッケージを初めて使うのであれば，2.4.4節の方法で，まずはインストールしてから13行目を実行する必要があります．14行目からは，3次元の散布図を描くためのscatterplot3d()関数を呼び出しています．15行目はプロットする値を指定している部分であり，plot()関数などとは少し指定の方法が違います．x, y, zを，それぞれに対応するベクトルを引数として指定する必要があります．16行目では軸の名前を決めます．最後の17行目は，3次元グラフの表示の角度の指定です．実際のデータの分布によって，データを見やすい角度は異なるので，この角度の数値については試行錯誤する必要があります．14〜18行目の実行結果は，図7.3（A）のようになります．

2つ目の可視化は，rglというパッケージを使う方法です．図7.3（B）は，最終的にRStudioとは別のウィンドウが表示され，かつマウスで自由に方向を変えることができるものです．ただし，RおよびRStudioとは無関係に，PCの設定状況によってはこのパッケージのインストールや実行がうまくいかない場合があります．そのときには，次の部分のコードの実行はスキップし，結果のグラフ（図7.3B）だけを見てもらえばよいです．コードは以下のように書くことができます．

```
20    library(rgl)
21    plot3d(
22     x = phyto_metadata$temp, y = total_abundance, z = species_richness,
23     xlab = "temperature", ylab = "abundance", zlab = "richness",
```

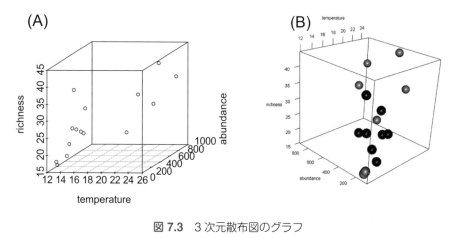

図 7.3 3 次元散布図のグラフ

```
24        type = "s",
25        size = 3,
26        col = c(2, 9)[as.factor(phyto_metadata$year)]
27      )
```

20 行目はパッケージの読み込みで，21 行目から plot3d() 関数を呼び出します．22 行目は x, y, z それぞれにどのベクトルを割り振るかの引数です．このスタイルは scatterplot3d() と同じです．23 行目では各軸のラベル名を指定しています．24 行目は各点の描写スタイルです．この s というスタイルでは図 7.3（B）のように，影の付いた立体的な球で表されます．26 行目は色の指定です．今回はデータの由来年（2018 年か 2019 年）で 2 種類の色を区別したいので色の種類をベクトル c(2,9) で指定しています．これはベクトルと同じ振る舞いをするので，as.factor(phyto_metadata$year) とすると，year の値が 2018 のときは 1 つ目の要素を，2019 のときは 2 つ目の要素を使ってくれます．小技ではありますが，データの可視化の際にメタデータや要素の種類を使って色を指定したいときには，as.factor() 関数でベクトルの要素を指定すると，実質的に，as.numeric(as.factor(ベクトル)) と同じように数値として認識されるのでとても便利です．実際にここでどのように色指定が行われているか確認したい場合は，コンソールに以下のように打ち込んで実行結果を見てみるとよいでしょう．

```
> as.factor(phyto_metadata$year)
 [1] 2018 2018 2018 2018 2018 2018 2018 2019 2019 2019 2019 2019 2019 2019 2019
Levels: 2018 2019
> as.numeric(as.factor(phyto_metadata$year))
 [1] 1 1 1 1 1 1 1 2 2 2 2 2 2 2 2
> c(2, 9)[as.factor(phyto_metadata$year)]
 [1] 2 2 2 2 2 2 2 9 9 9 9 9 9 9 9
```

ここで色を 2 と 9 に指定しているのは，モノクロ画像でも明度の違いをはっきりさせるためです．しかし，カラー画像のままで使う場合は他の数字を指定したり，あるいは rainbow() と

いう関数を使ってよりビビッドな色使いをしたりすることも可能ですので，いろいろ試してみるとよいでしょう．

```
> rainbow(5)
[1] "#FF0000" "#CCFF00" "#00FF66" "#0066FF" "#CC00FF"
```

7.1.2 重回帰分析のイメージ

重回帰分析のイメージをもってもらうために，まずは図 7.2 について回帰直線を重ね合わせてみましょう（図 7.4）．この単純な回帰は，重回帰分析と区別するために，単回帰分析と呼ぶことにします．

advanced_univariate.R
```
29    model_temp <- lm(species_richness ~ phyto_metadata$temp)
30    model_abundance <- lm(species_richness ~ total_abundance)
31    plot(species_richness ~ phyto_metadata$temp, cex = 2)
32    abline(model_temp)
33    plot(species_richness ~ total_abundance, cex = 2)
34    abline(model_abundance)
```

2 次元散布図において**回帰直線**が描けるように，3 次元散布図においては**回帰平面**が描けます．回帰平面を描くにはまずは重回帰分析をしないといけないので，次のコードには重回帰分析自体のコードも含まれますが，その解説は次節でするのでここでは簡単に扱います．

advanced_univariate.R
```
36    plot3d(
37      x = phyto_metadata$temp, y = total_abundance, z = species_richness,
38      xlab = "temperature", ylab = "abundance", zlab = "richness",
39      type = "s",
40      size = 3,
```

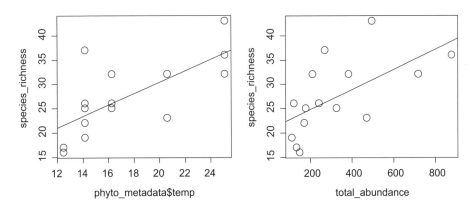

図 7.4 プランクトンの種数に関する単回帰分析

```
41      col = c(2,9)[as.factor(phyto_metadata$year)]
42    )
43    fit_model <- lm(species_richness ~ phyto_metadata$temp + total_abundance)
44    plane_coeff <- coef(fit_model)
45    planes3d(plane_coeff[2], plane_coeff[3], -1, plane_coeff[1], col = "blue", alpha =
      0.5)
```

36～42行目までのコードは，図7.3（B）を作成したものと全く同じです．7.1.3節で詳しく扱いますが43行目が重回帰分析のコードです．43行目では，重回帰分析の結果を`fit_model`というオブジェクトに代入しています．次に，44行目では分析の結果から係数だけを抜き出す関数`coef()`を用いて係数を抽出して`plane_coeff`というオブジェクトに代入しています．45行目では3次元平面を描く`planes3d()`関数を使っています[2]．最初の4つの引数が不可解ですね．重回帰分析の結果は，次のような回帰式を通常使います．

$$\text{species\_richness (Z)} = \text{plane\_coeff[1] (切片)} + \text{plane\_coeff[2]*phyto\_metadata\$temp (X)}$$
$$+ \text{plane\_coeff[3]*total\_abundance (Y)}$$

これを，平面の式として数学で通常使うタイプの数式（ax + by + cz + d = 0）に書き直すと，次のようになります．

$$\text{plane\_coeff[2]*X} + \text{plane\_coeff[3]*Y} - Z + \text{plane\_coeff[1]} = 0$$

この数式から，X, Y, Zの係数と切片を抜き出した（`plane_coeff[2]`, `plane_coeff[3]`, `-1`, `plane_coeff[1]`）が`planes3d`の最初の4つの引数の意味です．残りの2つについては，`col`は平面の色を決めるパラメータ，`alpha`は平面の不透明度を表すパラメータです．0が完全に透明で，1が完全に不透明に対応します．0.5くらいの値がちょうどいいぐらいの不透明度になるのでお勧めです．

これで，3次元散布図において回帰を行うことのイメージをつかんでいただけたでしょうか？図7.4に目を戻してもらえば，種数は温度および総個体数とともに増加しているのが回帰直線の傾きからわかります．この状況は，図7.5において回帰平面が温度（temperature）方向にも総個体数（abundance）方向にも上り坂になっていることに反映されています．

単回帰分析のときには，2次元散布図に回帰直線を加えたグラフを研究発表のスライドや論文で使うことが習慣となっています．一方，ここで紹介した3次元回帰平面はあくまで重回帰分析のイメージを理解するためのものであり，論文などで使うこともそれほど頻繁ではありません．さらに重回帰分析の要因数が3以上になったら，散布図も回帰（超）平面を我々が住む3次元空間内で可視化することはできませんので，「何が何でも回帰分析の結果を可視化すべし」というわけではないことにも注意しましょう．なお，この低次元空間に住む我々にとって，よ

---

[2] コードが複雑になってきました．多くのコマンドを組み合わせる必要があります．混乱した場合は，コードの基本構造を3.1.5節に戻って確認しましょう．

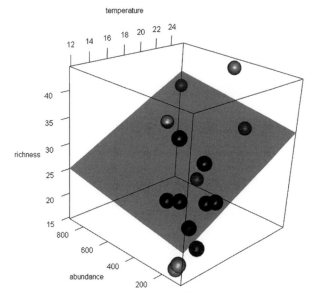

図 7.5　3 次元散布図と回帰平面 → 口絵 5

り高次元のデータを扱う際の可視化については，第 8 章で習う**次元削減**という手法が使えます．

7.1.3　重回帰分析のコーディング

さあ，いよいよ重回帰分析のコーディングです．単回帰分析でも使った lm() 関数の引数について，n 個の説明変数（$X_1, X_2, ..., X_n$）で 1 つの応答変数（Y）を予測する形で書きます[3]．

$$Y \sim X_1 + X_2 + \cdots + X_n$$

ここで，「…」の部分は文字どおり「…」と書くのではなくて，必要な説明変数分だけ足し算（+）の形で公式を書くという意味です．たとえば，X_1 と X_2 の 2 つだけ要因があるのであれば，以下のように書きます．

$$Y \sim X_1 + X_2$$

このように引数を指定したら，以下のような 2 行のコードで重回帰分析の実行とその結果の表示が可能になります．

---

3)　前節では 3 次元に話を限っていたので，X・Y・Z という記号を使っていましたが，ここではより一般的な文字の使い方に変わっているので混乱しないでください．

```
47    multi_model <- lm(species_richness ~ phyto_metadata$temp + total_abundance)
48    summary(multi_model)
```

特に summary() 関数の出力は以下のようになるはずです.

```
> summary(multi_model)
Call:
lm(formula = species_richness ~ phyto_metadata$temp + total_abundance)

Residuals:
    Min     1Q  Median     3Q     Max
-8.2519 -3.6671 -0.5555 1.4574 13.0203

Coefficients:

                     Estimate  Std. Error  t value  Pr(>|t|)
(Intercept)          8.733183  7.271159    1.201    0.253
phyto_metadata$temp  0.974593  0.548926    1.775    0.101
total_abundance      0.005174  0.011083    0.467    0.649

Residual standard error: 5.93 on 12 degrees of freedom
Multiple R-squared:  0.5009,  Adjusted R-squared:  0.4178
F-statistic: 6.023 on 2 and 12 DF, p-value: 0.0154
```

単回帰のときと同じように Estimate は切片および(偏)回帰係数の点推定値であり, Pr(>|t|) はそれぞれの母集団での値がゼロという帰無仮説の下での発生確率です. これが十分小さければ, それぞれの推定値は有意にゼロではないといえます. 最後の行の F-statistic (F 値) と p-value は「すべての偏回帰係数がゼロである」という帰無仮説に対する P 値ですので, この P 値が十分小さければこの帰無仮説は棄却できます. つまり Y と $X_1, X_2, \cdots X_n$ の間に何らかの回帰関係があると解釈してよいでしょう.

勘違いする人がいるかもしれませんが, 上の結果は, 複数ある要因を公式内で表示する順序を変えても全く変わらないです. 試しに species_richness ~ total_abundance + phyto_metadata$temp と書き直してみて結果を比較するとよいでしょう.

7.2 交互作用

やりたいこと
状況に応じて説明変数と応答変数の関係が変化する状況を考えたい

交互作用というのは, 2 つ以上の説明変数を用いた統計分析で発生する厄介な現象です. 英

語では interaction といいます[4].

この交互作用についてイメージしやすいのは，説明変数が離散的な値をもつ場合，つまり分散分析における因子のように離散的な水準をもつ場合，です．そこで，本書では分散分析における交互作用を紹介します．重回帰分析における交互作用については，より発展的な書籍や解説ウェブサイトで自分で学習するとよいでしょう．

7.2.1 交互作用ありの分散分析

ここでは応答変数が，「1つ目の因子の水準が A のときには，2つ目の因子に対して弱い応答を示す．一方，1つ目の因子の水準が B のときには，2つ目の因子に対して強い応答を示す」という状況を考えます．

具体的には R に標準で付属している data("ToothGrowth") を使います．このデータセットは，モルモットを使った動物実験において，ビタミン C を摂取させたときの歯の成長量を象牙芽細胞（odontoblasts）の長さを指標に評価したものです．歯の成長量（len）が応答変数であり，説明変数はビタミン C の摂取タイプという因子（supp: オレンジジュース（OJ）を飲ませることによる間接的な接種と，アスコルビン酸（VC）の錠剤による直接摂取の2水準）と摂取量（dose）という因子です．摂取量は，データの一部だけ使って 1.0 mg/d（水準 A）と 2.0 mg/d（水準 B）の2水準のみであるとします．

まずは可視化：「1つ目の因子の水準が A のときには，2つ目の因子に対して弱い応答を示す．一方，1つ目の因子の水準が B のときには，2つ目の因子に対し強い応答を示す」とは，どういう状況か簡単には想像できないと思います．そこで，まずはこの歯の成長データを可視化してみましょう．いままでと同じように boxplot() 関数と stripchart() 関数を組み合わせます．次のコードのように，公式に2つの説明変数を入れるのがポイントです．重回帰分析のときと同じ書き方をするということです．

advanced_univariate.R

```
53    data("ToothGrowth")
54    sub_TG <- subset(ToothGrowth, dose > 0.5)
55    boxplot(
56      len ~ dose + supp, data = sub_TG,
57      outline = F,
58      col = c("white", "white", "gray", "gray")
59    )
60    stripchart(
61      len ~ dose + supp, data = sub_TG,
62      method = "stack",
```

---

[4]　これを「相互作用」と訳さなかった先人は天才だと思います．相互作用という言葉は環境科学や生態学ではもっと力学的な相互関係に対して使いますので，日本語では統計に関する「交互作用」と分けて表記します．

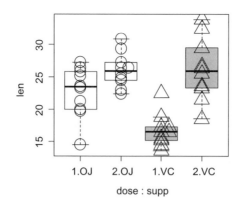

図 7.6 交互作用を示唆する結果

```
63      pch = c(1, 1, 2, 2),
64      cex = 3,
65      vertical = TRUE,
66      add = TRUE
67    )
```

　図 7.6 の横軸は左から，オレンジジュース（OJ）を $1.0\,\mathrm{mg/d}$, オレンジジュースを $2.0\,\mathrm{mg/d}$, 錠剤（VC）を $1.0\,\mathrm{mg/d}$, 錠剤を $2.0\,\mathrm{mg/d}$ 摂取させた場合に対応しています（図 7.6）．したがって，このグラフから読み取れるパターンは，「オレンジジュースとしてビタミン C を摂取したとき（＝ 1 つ目の因子の水準が A のとき）には摂取量を 2 倍にしても歯の成長はあまり変わらない（＝ 2 つ目の因子に対して弱い応答を示す）のに対して，アスコルビン酸の錠剤として直接ビタミン C を摂取したとき（＝ 1 つ目の因子の水準が B のとき）には摂取量を増やすと歯の成長がだいぶ良くなる（＝ 2 つ目の因子に対して強い応答を示す）」です．つまり，摂取タイプと摂取量が個別に（独立に）歯の成長量を説明できるというよりも，これら 2 つの因子の組合せによって説明が可能になるということです．まさにこれは，2 つの因子が交互作用を示している良い例です．

　この交互作用をもっと直接的に可視化する方法もあります．

advanced_univariate.R

```
68    interaction.plot(
69      x.factor = sub_TG$dose,
70      response = sub_TG$len,
71      trace.factor = sub_TG$supp,
72      xlab = "dose level", ylab = "growth"
73    )
```

　interaction.plot() 関数では，x 軸に使う主因子を x.factor で指定，y 軸に使う応答変数を response で指定，主因子と応答変数の関係を区別するための副因子を trace.factor で指定します．このように指定することで，応答変数に関して，主因子および副因子の水準ごと

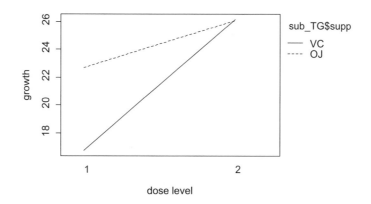

図 7.7　分散分析における交互作用プロット

に平均値が計算され，それらの平均値のみを使った次のような折れ線グラフができあがります（図 7.7）．ここでは，主因子を摂取量（sub_TG$dose），副因子を摂取タイプ（sub_TG$supp）にしています．

2 要因の分散分析と交互作用：可視化によって，交互作用がありそうなことがわかりましたので，分散分析をやってみましょう．まずは交互作用なしで，2 要因（2 因子）を入れた分散分析（= **2 元配置分散分析**という名前もあります）をしてみます．

advanced_univariate.R

```
75    model_tooth01 <- lm(len ~ dose + supp, data = sub_TG)
76    anova(model_tooth01)
```

6.4 節とほぼ同じコードですが，今回は lm() 関数の適用と anova() 関数の適用を 2 行に分けました．lm() 関数の引数としては sub_TG$len ~ sub_TG$dose + sub_TG$supp のようにしてもよいです．いずれにせよ，**応答変数 ~ 説明変数 1 + 説明変数 2** の形の書き方は，重回帰分析や可視化のところですでに使っているものです．分散分析でも同じように書きます．anova() 関数の出力（76 行目の実行結果）は以下のようになるはずです．

```
> anova(model_tooth01)
Analysis of Variance Table

Response: len
          Df  Sum Sq  Mean Sq  F value  Pr(> F)
dose       1  405.13   405.13  26.9841  7.72e-06 ***
supp       1   85.56    85.56   5.6985  0.0222 *
Residuals 37  555.51    15.01
---
Signif. codes: 0 '***' 0.001 '**' 0.01 '*' 0.05 '.' 0.1 ' ' 1
```

摂取量因子（dose）・摂取タイプ因子（supp）ともに「水準間で母平均に差がない」という帰無仮説の下での確率（Pr(>F)）が小さいことから，帰無仮説は棄却されることがわかります．

　ここでのポイントは，公式の部分に応答変数と説明変数の関係に交互作用を入れない場合には，交互作用の有無は判定できないという点です．当然といえば当然ですが，自分の設定どおりの結果しか返してくれないということは心に留めておく必要があります．そして，「まずは可視化」によって交互作用の有無の当たりを付けておくこと（図7.6）がとても大事だということに改めて気づいてほしいです．

　交互作用を入れるときの引数の書き方は 応答変数 〜 説明変数 1 ＋ 説明変数 2 ＋ 説明変数 1:説明変数 2 です．応答変数 〜 説明変数 1 ＊ 説明変数 2 という書き方もできますが，読み手（＝人間）にとって可読性が低いのでお勧めしません．

---

advanced_univariate.R

```
78   model_tooth02 <- lm(len ~ dose + supp + dose:supp, data = sub_TG)
79   anova(model_tooth02)
```

lm() 関数の出力に対して anova() 関数を適用した結果（79 行目の実行結果）は以下のようになります．

```
> anova(model_tooth02)
Analysis of Variance Table

Response: len
            Df  Sum Sq  Mean Sq  F value  Pr(>F)
dose         1  405.13   405.13  31.3510  2.387e-06 ***
supp         1   85.56    85.56   6.6207  0.01435 *
dose:supp    1   90.30    90.30   6.9878  0.01208 *
Residuals   36  465.21    12.92
```

　この結果で注目するべきことは以下の2つです．この2つのポイントを押さえたら交互作用の理解は十分でしょう．

(1) 交互作用の結果については，「dose:supp」の形式で表示されています．

(2) 摂取量・摂取タイプそれぞれに関する帰無仮説のP値が交互作用なしのときと変わっています．なぜなら，F値が変わっているからです．さらになぜF値が変わっているかというと，交互作用項が加わったことで，各因子および因子間交互作用と関連しない残差（Residuals）の分散（Sum Sq）が小さくなったことが原因です．

7.3 一般線形モデルとモデル選択

> **やりたいこと**
> 分散分析と回帰分析を統一した枠組みで理解したい

7.3.1 説明変数のタイプ

　第6章では分散分析と回帰分析を別々に学びました．しかしここで思い出してほしいことは，どちらも lm() 関数を使い，その引数として 応答変数〜説明変数 の形で公式を書いていた点です．では分散分析と回帰分析で何が違うかというと，説明変数のタイプが異なるのです．分散分析で扱える説明変数は離散値をとり，**カテゴリー変数**と呼ばれ，R 上では**因子**（factor）というクラスのオブジェクトとして用意しなくてはなりません．一方，回帰分析で扱える説明変数は連続値をとる**量的変数**と呼ばれ，R 上では**数値**（numeric）というクラスのオブジェクトとして用意する必要があります．以上が分散分析と回帰分析の復習です．これをふまえて次に進みましょう．

7.3.2 一般線形モデルとは

　実は，分散分析と回帰分析は**一般線形モデル**（general linear model）という枠組みに統一されているのです．同じ枠組みだからこそ，R のプログラミング上で同じ関数 lm() を使うわけです．ここではもう少し深堀りすることによって現代的な統計分析の枠組みの基盤アイデアを理解してもらいます．具体的には，一般線形モデルという用語を**一般・線形・モデル**という 3 つの単語に分解し，モデル，線形，一般，の順に説明していくことにします．

モデルとは：モデルとは，データが生成される 機構 ・過程 に関する前提・仮定を数式で明示した一種の宣言です．データが生成される確率に関する仮定に重点を置いたモデルを特に**統計モデル**といいます[5]．

　これまで，可視化のための関数や統計的仮説検定のための関数のパラメータである formula を**公式**と訳してきましたが，今後は formula が統計モデルであることを意識して**モデル式**と呼ぶことにします．実際に多くの書籍や解説サイトでは一般にモデル式と呼ばれています．これまでの部分では，モデルという考え方を導入していなかったので，あえて公式と呼んでいましたが，ここからはモデル式という名前に慣れてください．

線形とは：線形（linear）とは素朴には「直線的」という意味です．重回帰分析のモデル式や 2 要因の分散分析のように，複数の説明変数がある場合にそれらが足し算で応答変数に影響することを線形と呼ぶ主張がありますが，これはおそらく誤解です．足し算で影響することは，専門用語では**加法的**（additive）または**相加的**といい，線形とは区別されています．というのも，

---

[5]　機械学習の文脈では**機械学習モデル**と呼ばれることが多いですが，正直なところ，筆者は統計モデルと機械学習モデルの違いがちゃんと理解できていません．

本書では扱わない発展的な内容としては，一般線形モデルは，一般化線形モデル（generalized linear model）へと進化し，さらに一般化線形モデルは一般化加法モデル（generalized additive model）へと進化します．したがって線形（linear）と加法的（additive）を同一視するのは無理があります．一般線形モデルおよび一般化線形モデルに共通する特徴として，係数 × 説明変数をすべての説明変数に関して足し合わせた量（説明変数の<u>線形和</u>と呼ばれます）である <mark>係数 1 × 説明変数 1 + 係数 2 × 説明変数 2…</mark> で応答変数を説明しようとしている点が線形の意味するところといえるでしょう．つまり，説明変数の**線形予測子**（＝線形和）で応答変数を説明しようとしている統計モデルを「線形」モデルと呼ぶと考えるとよいでしょう．

一般とは：lm() 関数において，分散分析も回帰分析も <mark>応答変数〜説明変数</mark> のスタイルを用いた「共通したモデル式で表すことができる一般性がある」という意味で「一般」が使われていると考えるとよいでしょう．これについては数学的な裏付けがあります．ここではそのイメージだけをつかんでもらうための最小限の数式のみを紹介します[6]．

　まず，回帰分析に対応したデータとして，説明変数が X_1, X_2 の 2 つであり応答変数が Y であるような観測データを考えます．もっと具体的には，3 つの変数 (X_1, X_2, Y) を組み合わせた数値データが n 組あるような状況を考えます．それらの n 組を (x_{11}, x_{21}, y_1), (x_{12}, x_{22}, y_2), $\cdots$, (x_{1n}, x_{2n}, y_n) と表しましょう．$Y = a + b_1 X_1 + b_2 X_2$ という線形回帰ができる状況というのは，次のようなモデルを想定していることになります（図 7.8）．

$$
\textbf{(A)} \quad
\underbrace{\begin{bmatrix} y_1 \\ y_2 \\ \vdots \\ y_n \end{bmatrix}}_{\text{Yの観測値}}
=
\underbrace{\underbrace{\begin{bmatrix} 1 & x_{11} & x_{21} \\ 1 & x_{12} & x_{22} \\ \vdots & \vdots & \vdots \\ 1 & x_{1n} & x_{2n} \end{bmatrix}}_{\text{Xの観測値}} \cdot \begin{bmatrix} a \\ b_1 \\ b_2 \end{bmatrix}}_{\text{Yの予測値}}
+
\underbrace{\begin{bmatrix} e_1 \\ e_2 \\ \vdots \\ e_n \end{bmatrix}}_{\text{誤差}}
$$

（ベクトルと行列を使った表現）

$$
\textbf{(B)} \quad y_i = a + b_1 x_{1i} + b_2 x_{2i} + e_i \quad i = 1, 2, \cdots n
$$

（各要素ごとに書き下した表現）

$$
\textbf{(C)} \quad \boxed{Y \sim X_1 + X_2}
$$

（Rのコードにおけるモデル式）

図 **7.8**　一般線形モデル：回帰分析型

　本書では**誤差**の部分の詳細[7]については触れませんが，e_i は平均ゼロの確率変数です．この線形モデルでは，応答変数の観測値（Y の観測値）と Y の予測値のずれ（＝残差）をできるだけ小さくするように係数 (a, b_1, b_2) を決めることになります．

---

[6]　行列とベクトルの掛け算のルールは，第 3 章 BOX2 の 2）一次変換に従います．

[7]　どのような確率分布を示すのかなどの情報．

さあ，説明変数が分散分析タイプのカテゴリー変数である場合を見てみましょう．ここでは図 6.15 の 3 農法（無農薬・化学農薬・生物農薬）の仮想例で考えてみます．データ数を n 個とする一般的な表記ではわかりにくいので，$n = 6$ の場合で説明します．y_1, y_2 が無農薬処理からの結果，y_3, y_4 が化学農薬処理からの結果，y_5, y_6 が生物農薬処理からの結果とします．このとき，図 7.8（A）の中の数式と同じ形式で表現するために，3 つの係数を用意します．無農薬処理の結果を基準点として，その期待値を μ（回帰分析における切片に対応します），化学農薬処理および生物農薬処理の効果をそれぞれ T_2, T_3 とします．ここで T の添え字が 2 と 3 である理由は，2 番目の処理，3 番目の処理を指すようにしたいからです．無農薬処理の効果も文字通りにすれば，1 番目の処理なので T_1 となりますが，カテゴリー変数の効果を表現するためにはどこかに基準を置く必要があり，ここでは無農薬処理を基準とするので $T_1 = 0$ とするため実質的に数式には現れてきません [8]．

次に説明変数については，2 変数を含めている重回帰分析のスタイル（図 7.8C）とは異なり，ここでの分散分析では，農薬処理タイプという 1 変数 X のみです（図 7.9C）．しかし，うまいこと回帰分析と同じ数式の枠組みにするために，(X_1, X_2) という 2 つの変数の組合せに変換して考えます．ここが回帰分析と分散分析を統一的に扱う際のカギといえます．どういうことかというと，カテゴリー変数 X に（無農薬処理，化学農薬処理，生物農薬処理）という 3 つの水準があるとするのではなく，(X_1, X_2) という 2 つの変数を使い，無農薬処理については $(0, 0)$，化学農薬処理については $(1, 0)$，生物農薬処理については $(0, 1)$ という数値を当てはめるのです（図 7.9A）．図 7.8（A）では説明変数の具体的な値 (x_{1i}, x_{2i}) を X の**観測値**と表現し

$$
(A) \quad
\begin{bmatrix} y_1 \\ y_2 \\ y_3 \\ y_4 \\ y_5 \\ y_6 \end{bmatrix}
=
\begin{bmatrix} 1 & 0 & 0 \\ 1 & 0 & 0 \\ 1 & 1 & 0 \\ 1 & 1 & 0 \\ 1 & 0 & 1 \\ 1 & 0 & 1 \end{bmatrix}
\cdot
\begin{bmatrix} \mu \\ T_2 \\ T_3 \end{bmatrix}
+
\begin{bmatrix} e_1 \\ e_2 \\ e_3 \\ e_4 \\ e_5 \\ e_6 \end{bmatrix}
\qquad \text{（ベクトルと行列を使った表現）}
$$

Yの観測値　　Xのデザイン　　誤差

Yの予測値

$$
(B) \quad y_i = \mu + T_2 x_{1i} + T_3 x_{2i} + e_i \quad i = 1, 2, \cdots n \qquad \text{（各要素ごとに書き下した表現）}
$$

(C) $\quad$ Y ～ X $\qquad$（Rのコードにおけるモデル式）

図 7.9 一般線形モデル：分散分析型

---

[8] 細かいことですが，どのように基準を定めるかは統計分析に使えるいくつかのコンピュータ言語で異なるので，ここの説明は R 言語に限定した話であると思ってください．

7.3　一般線形モデルとモデル選択　155

ています．しかし，分散分析の枠組みとしては，自然の中で値が勝手に決まっている変数を観測者が「観測」したというよりも，観測者が用意した実験の**設定・デザイン**であると考えたほうがデータの生成過程をより適切に表現できます．そこで，図 7.9（A）では「X のデザイン」という表現を使いました．

図 7.9（A）・（B）は分散分析の回帰分析スタイルの表記だと思ってください．いいかえると，分散分析の**一般線形モデル**スタイルの表記であると思えばよいのです．

7.3.3　一般線形モデルとしての **R** の **lm()** 関数の使い方

概念的でややこしい話題はこれくらいにして，lm() 関数の使い方を一般線形モデルという観点からもう一度学んでいきましょう．ほぼ復習ですので，きっと簡単にできるはずです．

分散分析タイプのデータを一般線形モデルで扱う：ここでは第 6 章で扱った龍湖における植物プランクトンの種多様性（＝種数）に関する月間（3・4・5・10 月）の比較（図 6.17）を再び行います．以下のコードで分散分析を実行すると，分散分析の様式で結果が出力されました．

```
anova(lm(species_richness ~ as.factor(phyto_metadata$month)))
```

しかし，advanced_univariate.R 82 行目のコードを使うと，その結果を回帰分析的な出力とすることができます．すなわち，一般線形モデルを実行する lm() 関数の出力を anova() 関数の入力とするのではなく，単にその要約を出力してくれる summary() 関数の入力とするのです．そうすれば，コンソールに以下のように結果が回帰分析的にまとめられて表示されるはずです．括弧書きの日本語は筆者による補足説明です．

```
> summary(lm(species_richness ~ phyto_metadata$month))

Call:  （モデル式の提示）
lm(formula = species_richness ~ phyto_metadata$month)

Residuals:  （残差の基本統計量）
    Min      1Q  Median      3Q     Max
-10.200  -2.167  -0.800   1.650  11.200


Coefficients:  （係数の推定情報）
                        Estimate  Std. Error  t value  Pr(>|t|)
(Intercept)               16.500       4.404    3.746   0.00323 **
phyto_metadata$monthM04    9.300       5.211    1.785   0.10190
phyto_metadata$monthM05   11.167       5.686    1.964   0.07531 .
phyto_metadata$monthM10   16.700       5.211    3.205   0.00839 **
---
（設定する有意水準ごとの有意判定記号の提示）
Signif. codes: 0 '***' 0.001 '**' 0.01 '*' 0.05 '.' 0.1 ' ' 1
```

　まずコーディングについての補足をします．説明変数（phyto_metadata$month）のクラスを調べると文字列（character）であることがわかりますので，本来なら，因子へと変換（as.factor(phyto_metadata$month)）してから lm() 関数のモデル式に使うべきです．しかし，どうやら lm() 関数では文字列のベクトルは因子に自動変換してくれるようです．

　次に Coefficents（係数の推定情報）の表の見方にも注意が必要です．この説明変数には M03, M04, M05, M10 の 4 つの水準があります．R の一般線形モデルでは，図 7.9（A）の枠組みになるようにそのどれか 1 つの水準を基準にし，それ以外の水準に対して係数を決めていきます．このとき，どの水準を基準点（端点ともいいます）にするかについては，水準名をアルファベット順・数字順で昇順（A→Z，0→9 の方向）に並べ替えたとき，最初にくる水準を基準点（つまり第一水準）に選ぶ設定となっています．今回の M03, M04, M05, M10 については，文字列の左端から 2 つ目は 0 か 1 です．したがって，0 の水準 3 つ（M03, M04, M05）が最初にきます．その 3 つのなかでは最後の桁（3, 4, 5）で昇順が決まるので，第一水準は M03 です．このルールを意識して水準のネーミングを決めるとよいでしょう．

　1 つ勘違いしやすい点があります．仮に数字で 3 と 10 があった場合，日常の感覚では 3 が先にくると思うかもしれませんが，文字列としてみると 10 が先です．なぜなら文字列の左端から昇順を判定するからです．3 と 1 では 1 が先です．このように直観に反した並べ替えを防ぐため，数字を使った文字列を R で使うときには数字の部分の桁数を統一して使うようにしましょう（たとえば，2 桁なら 03 と 10，3 桁なら 030 と 010 のようにします）．

　話を係数の推定情報の表に戻すと，第一水準以外の係数が決定されて表にまとめられています．図 7.9（A）との対応関係としては，(Intercept) が μ に，M04, M05, M10 がそれぞれ T_2, T_3, T_4 にあたります（図 7.9 の例では水準は 3 個しかないので T_3 までですが，ここの例では T_4 まであることにも注意してください）[9]．（係数の推定情報）の部分の表の見方の詳細は回帰分析のときに説明してあるので，ここでは繰り返しません．

カテゴリー変数と量的変数が混じったデータを一般線形モデルで扱う：回帰分析と分散分析を統合した枠組みが一般線形モデルであることをさらに実感してもらうために，交互作用の説明のとき（7.2.1 節）に使った data("ToothGrowth") を再び使ってみます．交互作用を説明したときには，この ToothGrowth データの一部を無視して，ビタミン C の摂取量（dose）も摂取タイプ（supp）をそれぞれ 2 水準あるカテゴリー変数として分散分析を進めました．しかし実

---

[9]　M03（T_1）が消えた理由は図 7.9 の説明を復習しましょう．

際には摂取量については連続値をとる量的変数だったのです．そこで，ここでは ToothGrowth
データを全部使って，回帰分析に使う量的変数と分散分析に使うカテゴリー変数が混ざった状
態の一般線形モデルを作ってみましょう．まずは，ToothGrowth の 2 つの説明要因のクラスを
確認してみましょう．

advanced_univariate.R

```
84   ####General Linear Model02####
85   data("ToothGrowth")
86   class(ToothGrowth$supp)
87   class(ToothGrowth$dose)
```

supp は因子（factor），つまり離散的なカテゴリー変数として扱えるオブジェクト，dose は数
値（numeric），つまり連続的な量的変数として扱えるオブジェクトであることがわかるでしょ
う．次に interaction.plot() 関数を使って交互作用の有無のイメージを可視化してみると，
次のようになります（図 7.10，advanced_univariate.R の 89〜94 行目）．

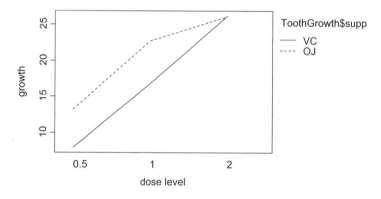

図 7.10 カテゴリー変数と量的変数の混じったデータ

それではいよいよ一般線形モデルを使って歯の成長と 2 つの説明変数の関係を推定してみま
しょう．ここでは交互作用もモデルに入れます．

```
96   model_tooth03 <- lm(len ~ dose + supp + dose:supp, data = ToothGrowth)
97   summary(model_tooth03)
```

96 行目を実行すると一般線形モデルの結果が model_tooth03 に代入されます．そしてその
結果を 97 行目にあるように summary() 関数の入力（引数）とすれば，結果がコンソールに出
力されます．その出力のうち係数の推定値の情報部分は以下のようになっているはずです．

```
Coefficients:
            Estimate  Std. Error  t value  Pr(>|t|)
(Intercept)  11.550     1.581       7.304   1.09e-09 ***
```

```
dose          7.811    1.195      6.534    2.03e-08 ***
suppVC       -8.255    2.236     -3.691    0.000507 ***
dose:suppVC   3.904    1.691      2.309    0.024631 *
---
Signif. codes: 0 '***' 0.001 '**' 0.01 '*' 0.05 '.' 0.1 ' ' 1
```

　摂取量（dose）の係数の推定値（Estimate）が正の値であることから摂取量が増えると成長が大きくなることを意味しています．また，摂取タイプについてはビタミン C の錠剤を摂取した場合（VC）がオレンジジュース（OJ）を基準にしたときに比べて負の推定値をもつので，オレンジジュースよりも歯の成長への影響が小さいことがわかります．錠剤（VC）ではなくオレンジジュース（OJ）が基準になっているのは，R の自動的な設定のため，単にアルファベット順で選ばれているからです．交互作用の部分の推定値の正・負の意味は説明がややこしいので省略しますが，Pr(>|t|) の値が小さいことから有意な影響があることがわかります．

二群比較用のデータを一般線形モデルで扱う：第 6 章では 2 群比較として，以下の t 検定のコードを解説しました．

basic_test.R
```
40    t.test(species_richness ~ phyto_metadata$year, var.equal = F)
```

　実はこれも一般線形モデルとして扱うことが可能です．以下のようなコードで実行可能です（出力については省略します）．

advanced_univariate.R
```
99    ####General Linear Model03####
100   summary(lm(species_richness ~ as.factor(phyto_metadata$year)))
```

　回帰分析と分散分析を包括した一般線形モデルについてはこれで一通りの説明を終わりにします．

7.3.4　モデル選択

　7.3.3 節では，一般線形モデルの解説を通じ，「統計分析とは，モデルを決めて観測値へと当てはめることと，モデルを特徴づける係数を推定することである」という視点が導入されました．すると複数のモデルの性能を比較し，より良いモデルを選ぼうというアイデアが次にやってきます．これを**モデル選択**といいます．本来とても発展的で奥の深い内容なのですが，初学者であっても使わなければならない場面が多いため，ここではそのさわりだけを紹介します．

　モデル選択をするには，モデルの良し悪しを決めるルールが必要です．そのルールには大きく分けて以下の 2 つがあります．

- ルール 1：モデルとデータのずれは小さいほうがよい
- ルール 2：モデルは単純なほうがよい

ルール 1：モデルからの予測値と観測値との差が小さいほうがよいという意味です．第 6 章の線形回帰のアイデア（図 6.19）をもう一度確認してみてください．モデル（図 6.19 では**予測関数**と呼んでいました）とデータのずれ（残差）は小さいほうがよいというこのルールを適用すれば，図 6.19（B）の予測関数よりも図 6.19（A）の予測関数を選ぶことになります．モデルというのは何かを説明したり予測したりするために作るものですから，このルールを基にモデルを選ぶというのは理にかなっているといえるでしょう．

ルール 2：こちらは，皆さんが納得できるルールかどうかわかりません．「現実世界は複雑なのだからモデルも現実に近づけて複雑なほうがよい」と思うかもしれません．その一方で，自然科学全般においては「同程度の説明力がある場合，前提・仮定の単純な説明がよい」という哲学もあります．ルール 2 はこの哲学に沿った原則だと思えばよいでしょう．

ルール 1 に基づくモデル選択とは：ルール 1 によるモデル選択には 2 つのステップがあります．1 つ目のステップでは，図 6.19（A）と（B）の比較のように特定のモデル 生物多様性（Y）～ 温度（X）においてモデルの係数を推定するために適用します．2 つ目のステップは，2 つ以上のモデルの比較です．たとえば，生物多様性を説明できる要因として，温度の他にも降水量があるとすると，次のようにモデルを複数考えることができます．

モデル A：　生物多様性 ～ 温度 ＋ 降水量 ＋ 温度 ： 降水量
モデル B：　生物多様性 ～ 温度 ＋ 降水量
モデル C：　生物多様性 ～ 温度
モデル D：　生物多様性 ～ 降水量

　モデル A・B・C・D のどれが一番モデルとデータのずれが小さいか？ という視点でモデルを比較するのがルール 1 に基づくモデル選択です．

ルール 2 のご利益：このルール 2 にはデータ分析上の現実的なメリットもあります．もしも，ルール 1 のみでモデルを作ると，より複雑なモデル，つまり説明変数が多いモデル，説明変数が同じでもモデルの右辺が長いもの（たとえば，交互作用項が入っているもの）が選択される傾向が強くなります．上の例ではモデル A や B が選ばれることになります．しかし，このように複雑なモデルを選ぶことによりずれを小さくしていくことには，手持ちの観測データのみでたまたま実現したランダムな要素・成分（つまりノイズ）を意味のある情報（つまりシグナル）として拾ってしまうというデメリットがあります．たまたま実現したものまで拾ってしまうと，すでに与えられた観測データをより良く説明できる反面，新たに同じタイプのデータが加えられたときには，そのデータのノイズ部分は異なる挙動を示すので，逆に説明がしにくくなってしまいます．この現象を 過 適 合（または過剰適合）といいます[10]．したがって，

---

[10]　機械学習では過学習ともいいます．

ルール1とともにルール2を適用すると，この過適合を抑えることができるというご利益があるのです．

赤池情報量規準： これら2つのルールをバランス良く適用し，より良いモデルを選ぶ指標を作ったのが，赤池弘次という統計学者です．この指標は，1973年発表の論文で提示されて以来世界標準の方法となり，彼の名前をとって**赤池情報量規準**（Akaike's information criterion）と呼ばれるようになりました．英語名のイニシャルをとって**AIC**と呼ぶことも多いです[11]．AICは，データとモデルの残差（ずれ）が小さいほど（正確には**尤度**（ゆうど）が大きいほど）小さくなり，モデルが複雑なほど（推定すべき係数の数が多いほど）大きくなる指数です．したがってモデルごとにAICを計算し，最もAICの小さいモデルを採用するという使い方をすれば，残差の小ささとモデルの複雑性でうまくバランスがとれたモデルを選択することができます[12]．

植物プランクトンの多様性データに適用してみよう： AICを用いたモデル選択を，これまでずっと使ってきた植物プランクトンのデータにあてはめてみましょう．図7.4，7.5では水温とプランクトン総個体数を説明要因としていました．ここではさらに，観測年の違いにも注目してみます（図7.11）．

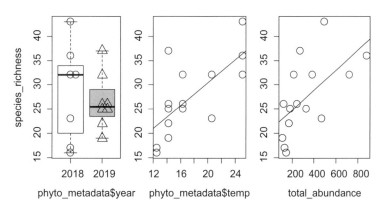

図7.11 3つの説明変数をどのように組み合わせるのが良い？

この3つの説明変数（観測年，温度，プランクトン総個体数）を含めた以下のモデルを想定し，その中からAICが最小になるモデルを選択してみます．

- 種数 ～ 年 ＋ 温度 ＋ 総個体数
- 種数 ～ 年 ＋ 温度
- 種数 ～ 年 ＋ 総個体数

---

[11]　余談ですが，英語を日常的に使う人たちは，「アカイケ」ではなく「アカイキ」と発音しがちですので，彼ら・彼女らとの会話では混乱しないように気をつけましょう．

[12]　本書では細かいところまで解説できませんが，発展的なキーワードとしては，「尤度」「モデル平均」がありますのでGoogle検索してみてください．

- 種数 〜 温度 + 総個体数
- 種数 〜 年
- 種数 〜 温度
- 種数 〜 総個体数
- 種数 〜 1 （切片のみ）

R にはモデル選択をするための関数がいくつかのパッケージで用意されています．ここでは最もシンプルな，step() 関数を使うことにします．この関数の最もシンプルな使い方では，引数に一番複雑なモデルを入れるだけでいいです．そうすると，もっとも複雑なモデルから評価を始めて，一つひとつモデルの右辺の項を減らしていき，AIC が最小のところで止まって，その AIC 最小のモデルを出力します．また，デフォルトの設定 （trace = 1）では，その途中経過がコンソールに表示されます．具体的には以下のようにコードを書きます．

advanced_univariate.R

```
125    selected_model <- step(lm(species_richness ~ phyto_metadata$temp + total_abundance
              + phyto_metadata$year))
```

step() 関数の出力を selected_model に代入している理由は，選択されたモデルの情報を後で調べたいからです．step() 関数実行時のコンソールへの出力結果は以下のようなものです．

```
Start: AIC=52.99
species_richness ~ phyto_metadata$temp + total_abundance + phyto_metadata$year

                        Df   Sum of Sq   RSS      AIC
- total_abundance       1    28.372      329.45   52.340
<none>                                   301.08   52.990
- phyto_metadata$year   1    20.932      422.01   56.055
- phyto_metadata$temp   1    68.925      470.00   57.670
```

Start: AIC=52.99 の部分はその直後に書いてあるモデルの AIC の値です．モデル選択のスタート時点なので，想定している範囲においてもっとも複雑なモデル 種数 〜 温度 + 総個体数 + 年 が対象となっています．その下の表では，このモデル（<none>と表示された行）を基準として，このモデルから 1 つだけ項（説明要因）を抜いたモデルとの比較結果が，AIC の値の小さい順にまとめられています．- total_abundance は総個体数を抜いたモデルという意味です．すなわち，種数 〜 温度 + 年 です．同様に年（year）と温度（temp）を引いたモデルの AIC が計算されており，総個体数を抜いたときに AIC が一番低くなることがわかります．一般にモデルは複雑なほうが観測値とのずれは小さくなります（RSS の列の値です: Residual Sum of Square, 残差平方和）．したがって，種数 〜 温度 + 総個体数 + 年 の AIC が 種数 〜 温度 + 年 の AIC よりも高いということは，総個体数という要因を加えても単純さが犠牲になった割にずれ（RSS）の解消にはそれほど貢献していないということを意味しています．

ここで終わりではありません．次のステップではこの 種数 〜 温度 + 年 というモデルを基準にさらにそれよりも単純なモデルと AIC を比較します．その結果は以下のようにコンソールに出力されているはずです．

```
Step: AIC=52.34
species_richness ~ phyto_metadata$temp + phyto_metadata$year

                        Df  Sum of Sq  RSS     AIC
<none>                              329.45  52.340
- phyto_metadata$year   1   100.22     429.67  54.325
- phyto_metadata$temp   1   502.27     831.71  64.232
```

今度は基準点（<none> つまり 種数 〜 温度 + 年 モデル）から，year または temp を抜くと，AIC の値が大きくなっているのがわかります．つまり，種数 〜 温度 + 年 から要因を抜いてモデルを単純化した場合，単純化のメリットを上回って，モデルと観測値のずれが大きくなるということを意味しています．今回の基準点（種数 〜 温度 + 年 モデル）とそこから1 要因分単純化されたすべてのモデルが比較され，基準点のモデルの AIC が最も低いことがわかったため，これがモデル選択のゴールです．

以上が段階的なモデル選択の段取りです．これは総当たりでモデル比較をしているわけではないことに注意しましょう．上で最初に挙げたモデルでいえば，種数 〜 年，種数 〜 総個体数 と 種数 〜1 の AIC は計算していないことに注目しましょう [13]．比較するモデルの数が総当たりに比べてだいぶ減るので，ステップワイズなモデル選択の利点は計算量が少なくてよいことといえるでしょう．

最後に選ばれたモデル情報は summary() 関数を使えば確認できます（出力については省略します）．

```
summary(selected_model)
```

1 つ誤解を避けるべきことがあります．モデル選択は**変数選択**と呼ばれることも多いですが，AIC によるモデル選択は，推定された係数が有意な説明変数を P 値に基づいて選んでいるわけではないことに注意しましょう．上の例でも有意水準を 0.05 とすれば year は有意な説明変数だとはいえません．

さらに学ぶには

7.3.2 節で取り上げたモデル・線形・一般の解説は，初学者が，一般線形モデルをある程度正しくかつ直感的に理解するための説明です．もっと正確に学びたい場合は，以下の 2 つの論文・

---

[13] どんなに複雑なモデルを用意しても総当たりではなく，ステップワイズなモデル選択で AIC 最小のモデルにたどり着けるのかどうかは，筆者自身の不勉強のためわかりません．しかしここでは，それでうまくいくということにしておきましょう．

書籍をお勧めします.

・山村光司 「一般化線型モデルとモデル選択 —統計解析の新しい流れ—」, 植物防疫 63（5）: 324–329（2009）
・Alan Grafen・Rosie Hails 著, 野間口 謙太郎・野間口 眞太郎 訳「一般線形モデルによる生物科学のための現代統計学 —あなたの実験をどのように解析するか—」, 共立出版（2007）

7.3.4 節で登場した AIC の数学的導出方法を本格的に学びたい人, 現実とモデル関係の深淵が知りたい人向けには, 以下の書籍をお勧めします.

・赤池弘次・甘利 俊一・北川 源四郎 他, 「赤池情報量規準 AIC —モデリング・予測・知識発見—」, 共立出版（2007）

BOX 10　モデルもいろいろ

　データが生成される確率に関する仮定に重点を置いたモデルを**統計モデル**と呼ぶ一方で. データが生成される決定論的因果関係・仕組みに関する前提・仮定に重点を置き, 時間発展型の方程式（差分方程式や微分方程式）あるいは時間発展の素過程を連鎖させたリスト（＝コンピュータプログラム）で表されるモデルは**力学モデル**と呼びます. 力学モデルにも確率過程を含めたものがある一方, 統計モデルにも因果関係や時間発展に重点を置いたものもあり, 両者を厳密に分けることにはあまり意味はありません. さらにややこしいことに, これら 2 つ（統計モデルと力学モデル）をあわせて**数理モデル**と呼ぶ人がいる一方, 力学モデルのみを指す言葉として数理モデルという単語を使う人もいます. ややこしいですね. ちなみにモデルを作ったりモデルを使って解析したりする過程のことを, ing を付けて**モデリング**といいます.

$\mathcal{R}$ 第 7 章の到達度チェック

- ☐ 説明変数が 2 つ以上あるときの 1m() 関数でのモデル式の書き方がわかった ⇒7.1.3 節
- ☐ 交互作用を推測できる形でのデータの可視化ができた ⇒7.2.1 節
- ☐ カテゴリー変数と量的変数の違いがわかった ⇒7.3.1 節
- ☐ 一般線形モデルと回帰分析・分散分析の関係が説明できるようになった ⇒7.3.2 節
- ☐ モデル選択の背後にある 2 つのルールと 2 つのルールを同時適用すると, どういうモデルが選ばれることになるのかを説明できるようになった ⇒7.3.4 節
- ☐ 一般線形モデルに対するモデル選択のコードが書けるようになった ⇒7.3.4 節

第7章

第 **4** 部
生態学のためのデータ分析（多変量解析）

　第4部では，多角的な見方を必須とする生態学・環境科学によく見られる高次元データ，すなわち多変量データを分析する方法である，**多変量解析**を学んでいきます[1]．

　第3部に引き続き，第2部の最後で完成した，整理整頓済みのデータを使います．まず第8章では，人間の脳の限られた空間把握能力で高次元データを理解するための手法である**次元削減**の基盤を，最も古典的な手法である**主成分分析**を通じて学びます．この分野は日進月歩で新たな手法が開発されていますが，やはり古典から理解することがとても大事です．そして，データ間の類似度を適切に評価するための多様な**距離**（distance）**指標＝非類似度**（dissimilarity）**指標**を紹介します．

　一方で，次元削減はヒトの理解を助ける強力な手法ではありますが，あくまで可視化の手法にすぎません．そこで第9章では，第3部で学んだような，分散分析および回帰分析を含む線形モデルの多次元版を学んでいきます．コード自体は簡単なため，訳もわからずそれなりの結果を出すことも可能です．しかし，しっかり原理を学んでいくことが，後で新たな手法を独学するときの基礎体力となるでしょう．

---

[1]　「多変量は生態学らしいデータです」と2000年前後であれば堂々といえたのですが，その後オミクスデータなどの高次元データの取得が生物学・生命科学・環境化学などで急速に進んだため，2020年代は，もはやどんな分野も「多変量を扱わずにはデータ分析ができない」ともいえるでしょう．

第8章　多変量解析の基盤

　本章で学ぶ内容を，図8.1にまとめました．第8章でも第7章と同様，「サンプルデータ1」と「サンプルデータ2」にある4つのデータフレームを使います．一度勉強した後に自分でとったデータを使って同じようなことをする場合，図8.1の「自分で用意する場合の最小限のデータ」にある形式のデータを準備しましょう．つまり，N個の観測について注目する連続量変数を2つ以上まとめたデータフレームと，その連続変数を説明するためのカテゴリー変数をまとめたベクトル，またはデータフレームが必要になります．

　第8章で使う関数は標準パッケージ（base, stats）に加えて，scatterplot3d と rgl を可視化のために，vegan を多変量解析のために読み込む必要があります．

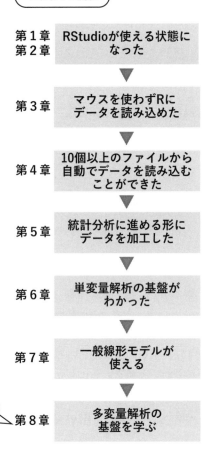

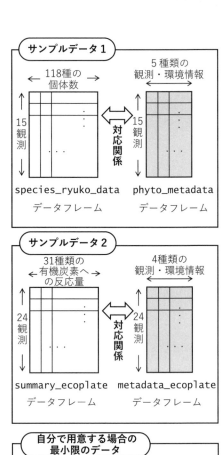

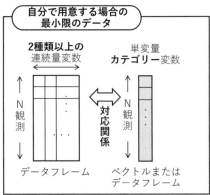

図 8.1 　第 8 章のフローチャート

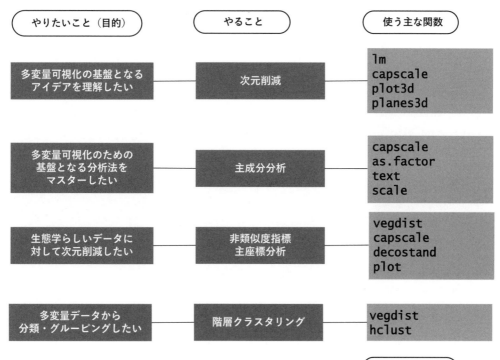

やりたいこと（目的）	やること	使う主な関数
多変量可視化の基盤となる アイデアを理解したい	次元削減	lm capscale plot3d planes3d
多変量可視化のための 基盤となる分析法を マスターしたい	主成分分析	capscale as.factor text scale
生態学らしいデータに 対して次元削減したい	非類似度指標 主座標分析	vegdist capscale decostand plot
多変量データから 分類・グルーピングしたい	階層クラスタリング	vegdist hclust

使うパッケージ

```
base, stats
scatterplot3d
rgl, vegan
```

第8章

多次元のデータ，すなわち多変量，がやっかいであることには，重回帰分析で回帰平面を描いたときに気づいたと思います．3次元空間に住む我々人類は，何らかの次元削減を経てはじめて，高次元データの可視化とそれを通じたパターンの把握が可能となります．本章で扱う内容はあくまで次元削減とそれを通じた可視化方法であって，統計的仮説検定ではないことに注意してください．

　ここでは，生態学における多変量解析用の便利な関数が数多く揃えられてるパッケージ vegan を2行目で読み込む[2]とともに，第3部以降で使っているデータも再び読み込んでください．

multivariate_plot.R

```
1  ###For chapter 08
2  library(vegan)
3  phyto_metadata <- readRDS("phyto_metadata.obj")
4  species_ryuko_data <- readRDS("phyto_ryuko_data.obj")
5  metadata_ecoplate <- readRDS("metadata_ecopl.obj")
6  summary_ecoplate <- readRDS("summary_ecopl.obj")
7  species_richness <- apply(species_ryuko_data > 0, 1, sum)
8  total_abundance <- apply(species_ryuko_data, 1, sum)
```

　さらにサポートサイト第8章 multivariate_plot.R の10行目・12行目は，substrate_name，substrate_name_jpn というベクトルにエコプレートの31種類の有機炭素基質名を割り当てるコードなので実行しておきましょう[3]．

8.1　多変量と次元削減

> **やりたいこと**
> 多変量可視化の基盤となるアイデアを理解したい

　まず，多次元データの可視化において次元削減が必要であることを，直感的に理解してもらう必要があります．そこで，31種類の有機炭素基質のうち最初の10種類に対する微生物の応答量を素朴にExcelで棒グラフにした場合の様子を見てみましょう（図8.2）．

　当然ながら，ぐちゃぐちゃしています．ちなみに横軸にサンプル名が書いてあり，サンプル名にNが入っているものとTが入っているもので処理が異なります．NとTの間で有機炭素基質への応答に違いがあるでしょうか？　この問いに答える方法を学ぶのが第4部の目標です．

　具体的には，1）その違いを一瞬で直感的に理解できるように可視化する方法を第8章で学び，2）その違いがランダムな過程から生まれた偶然かどうかを検定する方法（＝帰無仮説の下

---

[2]　インストールが済んでおらず，かつ，そのやりかたがわからない人は，2.4.4節に戻って復習してください．

[3]　エコプレートの基質名にベクトルを2つ用意しているのは，日本版（***_jpn）のエコプレートと世界版では1種類だけ物質が異なるためです（gamma-Aminobutyric-acid（γ-アミノ酪酸）と gamma-Hydroxybutyric-Acid（γ-ヒドロキシ酪酸））．今後，他の国でも組成が変わる可能性がありますので，留学先などで実験に使用する場合は基質の組成をしっかり確認しましょう．

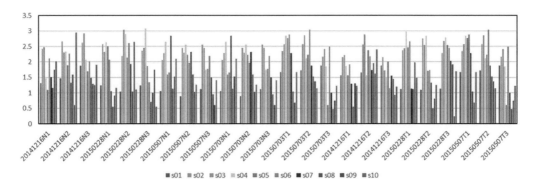

■s01 ■s02 ■s03 ■s04 ■s05 ■s06 ■s07 ■s08 ■s09 ■s10

図 8.2 多変量を素朴に棒グラフにするとややこしい

での実現確率を計算する方法）を第 9 章で学びます.

　それでは，次元削減のアイデアを学んでいきます．いきなり 31 次元からの次元削減の話をするのは直感的イメージをつかみにくいと思いますので，まずは 2 次元散布図・3 次元散布図から始めます．次元削減のアイデアは，単回帰分析・重回帰分析のアイデアと類似していますが違います．だからこそ混乱しやすいのでじっくり考えてみてください．

8.1.1　線形回帰の可視化

　まず，線形回帰分析の復習をします．エコプレートの 4 番目の基質 s04（alpha-Cyclodextrin：α-シクロデキストリンという環状オリゴ糖）と 5 番目の基質 s05（Glycogen：グリコーゲンという多糖類）の 2 種類に注目し，2 次元散布図と線形回帰直線を重ね合わせたグラフを作ってみます．次のコードの 14〜26 行目までを実行すると図 8.3（A）が描けます．

multivariate_plot.R

```
14   plot(
15     s05 ~ s04, data = summary_ecoplate,
16     type = "p",
17     cex = 3,
18     pch = c(1,5)[as.factor(metadata_ecoplate$treatment)],
19     xlab = substrate_name[4],
20     ylab = substrate_name[5],
21     xlim = c(0, 4),
22     ylim = c(0, 4),
23     asp = 1.0
24   )
25   model01 <- lm(s05 ~ s04, data = summary_ecoplate)
26   abline(model01, lty = 5)
27   model02 <- summary(capscale(summary_ecoplate[,4:5] ~ 1, distance="euclidean"))
28   slope_PC1 <- model02$species[2,1]/model02$species[1,1]
29   intercept_PC1 <- mean(summary_ecoplate$s05) - slope*mean(summary_ecoplate$s04)
30   abline(intercept_PC1, slope_PC1)
```

```
31    par(new = T)
32    plot(
33      mean(summary_ecoplate$s04), mean(summary_ecoplate$s05),
34      cex = 3,
35      pch = 3,
36      xlim = c(0, 4),
37      ylim = c(0, 4),
38      xlab = "", ylab = "",
39      asp = 1.0
40    )
```

　これまでも使ったやりかたですが，もう一度説明します．14〜24行目までは plot() 関数で
散布図を作成するコードです．25行目で lm() 関数によって線形モデル（線形回帰直線）を作
成し，26行目でその直線を散布図に重ねて描いています．

　図8.3（A）にある X 軸に垂直な方向の太く短い線分は，R で作った図に筆者が後から追加した
ものです．第6章の図6.19で説明したように，Y（縦軸）の X（横軸）による線形回帰とは，各デー
タの Y の値と回帰直線上の Y の値とのずれ（＝残差）の合計を最小にする直線を求めるもので
す．したがって，図8.3（A）では，太く短い線分の長さの（二乗の）合計が最小となっている
はずです．

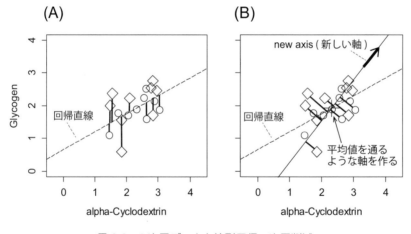

図 8.3　2 次元データと線形回帰・次元削減

8.1.2　次元削減の可視化と線形回帰との違い

　一方，次元削減については，上のコードを14〜40行目まで実行しましょう．図8.3（A）に
新たに実線の長い直線と中央付近に十字マークの点（＋）が加わった図8.3（B）が描けます．
十字マークの点は，この2次元散布図に使われているすべてのデータの平均値の位置，すなわ

ち X 軸の値の平均値と Y 軸の値の平均値を表しています[4].

図 8.3（A）の線形回帰は，X の値を使って Y の値を予測しようとしていることを思い出してください．言い換えると，(X,Y) という 2 次元のデータを，X という 1 次元のデータだけで代替しようとしていることになります．したがって，これも一種の次元削減ではあるのですが，真の次元削減のアイデアとは異なります．

2 次元空間から 1 次元空間への真の次元削減のアイデアでは，新しい（座標）軸を 1 つだけ作ります．これが，図 8.3（B）の実直線です．この新しい軸に対して，各データから垂直に線を延ばし（＝垂線を下ろし）て軸との交点を求めると，新しい軸上での座標値が決まります（図 8.4）．各データは平均値よりも大きいところにも小さいところにも分布していますので，新しい軸上での座標値はマイナスのものからプラスのものまで出てきます（図 8.4B）．このように，2 次元から 1 次元への次元削減は，(X,Y) という 2 次元データを新しい軸上の 1 次元データで代替することで実現します．

図 8.4（B）は multivariate_plot.R の 42 行目（y_dummy <- ...）の部分から，58 行目までのコードを実行すれば描くことができますがコードの説明は省略します．

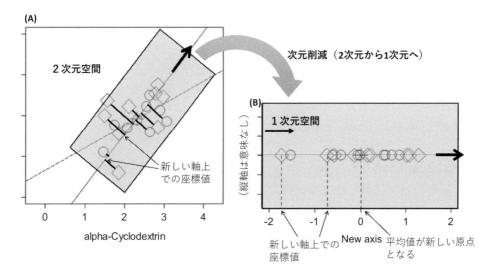

図 8.4 次元削減による 2 次元データの 1 次元データへの変換

8.1.3 次元削減の軸の決め方

では，この新しい軸はどのように決めるのでしょうか？ 新しい軸は平均値を通るように作ることが前提なので，決めるべきことはこの平均を通る直線の方向（傾き）ということになります．ここで，前のページの下線の説明を振り返ってください．線形回帰では，図 6.19 や図 8.3（A）にあるように X 軸に垂直な方向で回帰直線上の値と元の Y 軸方向の観測値の残差を最小化するように直線を決めます．これと同じアイデアを次元削減においても使います．新しい座

---

[4] ここではまず，次元削減のアイデアを，この図により説明することに主眼を置きます．したがって，次の 8.2 節で学ぶ主成分分析コードの説明については飛ばしますのでご注意ください．

標軸に対し元のデータから垂直に下ろした線（図 8.3B）の長さをデータとのずれと捉え，この
ずれをすべてのデータについて求めその合計を最小化するように決めるのです．

8.1.4　情報損失量最小化

　ここでもう一歩理解を深めるために，残差を最小化というアイデア[5]）を新しい視点から説明
します．これは，線形回帰にも次元削減にも共通の視点です．元のデータ（すなわち観測値）
と，線形回帰や次元削減を行う主成分分析などのモデルとのずれ（＝残差）とは，データから
モデルへの変換によって失われる情報である，と考えるのがこの視点です．したがって，残差
を最小化とは，失われる情報量の最小化，すなわち情報損失量の最小化と考えるとよいでしょ
う．さらに視点を逆転させれば，モデルで保持できる情報量を最大化することであるともいえ
るでしょう．

8.1.5　概念の理解が最も大事

　ここまでの概念的な説明をしっかり理解することが重要です．なぜならこの概念がデータ分
析・統計分析・データのモデル化における原理・ルールの 1 つを表しているからです（別のルー
ルもあります．たとえば「モデルはできるだけ単純化する」というルール 2 もその 1 つです）．
統計モデルや機械学習は新しい手法が日々発表されています．新しい手法の数学的な背景やプ
ログラミングの方法を学んでいくことも大事ですが，その背後に共通するルールを把握してお
くことはもっと大事だと筆者は考えます．さらにいえば，ここで説明した原理・ルールとは根
本的に異なる手法がこの瞬間にも発表されるかもしれません．そんな画期的な手法に出会った
とき，まずはその新しい原理・ルールを理解することがとても大切です．

8.1.6　次元削減例をもう 1 つ

　さらにもう 1 つの例を使って，次元削減のアイデアを実感してもらいます．図 8.4 の例は元の
データがそもそも 2 次元であるため，わざわざ次元削減をしなくても直感的に理解できてしま
うものでした．そこでもう 1 つの例としては 1 つだけ次元を上げ，3 次元のデータを 2 次元，1
次元へと次元削減する作業を体感してもらいます．ここでも作図のためのコードの説明は省き
ます．####Plot 3D data####のブロック（multivariate_plot.R の 60〜88 行目）を実行す
れば，3 種類の基質（alpha-Cyclodextrin, Glycogen, D-Cellobiose）への反応量データの 3 次
元プロットと，それを 2 次元平面上に次元削減したときの平面[6]）・新しい軸の方向を示すベクト
ルを可視化できます（図 8.5（A））．図 8.5（A）の中ではこの平面は傾いていますが，この平面
上に各データから垂線を下ろし，新たに作った 2 次元座標系は####Reduction to 2D####の
ブロック（90〜98 行目）を実行すれば図 8.5（B）のように描けます．これが，3 次元空間上の
データを 2 次元空間に次元削減した結果です．さらに新しい軸 1（new axis 1）だけの値を取り
出して 1 次元までに次元削減したい場合は，####Reduction to 1D####のブロック（100〜

---

[5]　7.3.4 節の「モデル選択」で取り上げたルール 1 のことです．
[6]　回帰平面（図 7.4）とは異なることに注意してください．

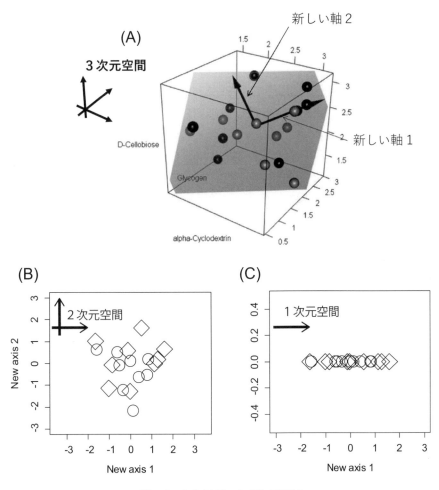

(A)

3次元空間

新しい軸2

新しい軸1

D-Cellobiose

Glycogen

alpha-Cyclodextrin

(B)

2次元空間

New axis 2

New axis 1

(C)

1次元空間

New axis 1

図 8.5 3次元データの次元削減

108 行目）を実行すれば，図 8.5（C）のようにグラフが作れます[7]．

8.2　多変量データの可視化 1：主成分分析

> **やりたいこと**
> 多変量可視化のための基盤となる分析法をマスターしたい

8.2.1　主成分分析は座標軸の回転を意味する

多変量データの可視化で，最も古典的かつ基盤的なものが**主成分分析**です．英語では principal component analysis といい，アルファベットの頭文字をとって PCA とも表記します[8]．8.1 節

---

[7]　ここまでくどい説明をしたのですから，次元削減のアイデアは，もう皆さんの記憶に刻まれたのではないでしょうか？

[8]　principal によく似た単語で principle（原理）があるので間違えないに注意しましょう．

で次元削減というアイデアを説明するためにすでに PCA を使いました．しかし，実は PCA を次元削減の文脈で理解するのは 20 世紀の終わり以降に主流となった，比較的新しい考え方であり，データ・サイエンスという流行り言葉が生まれる前は，（制約なし）**座標づけ**（(unconstrained) ordination）のための手法という位置づけでした．ここではこの座標づけの考え方を説明するとともに，どうしてそれが現代的な次元削減につながるかを説明します．

　主成分分析は，新たな座標系を作り，その新たな座標系にデータ（点）を写す操作です．つまり座標づけという作業です．元の多変量データが 4 次元以上になると直接データを可視化するのが難しいため，何か特別な操作をしていると想像するかもしれません．しかし，そんなことはありません．我々が住む 3 次元世界は，X・Y・Z の座標軸が直交する（＝直角に交わる）ユークリッド空間（Euclidean space）と分類される空間です．対象とする多変量データが 4 次元以上になっても，原理的には対応する 4 次元以上のユークリッド空間上に散布図としてデータを配置することができます．

　データが N 次元のとき，主成分分析では，新たな N 個の座標軸を設定します．この新たな座標系もそれぞれの軸が直交する N 次元ユークリッド空間座標系であり，基本的には元の座標系を素直に回転させるだけの座標変換です．ただし，最初の 1 軸を元々のデータのもつ情報を最大限維持する方向（すなわち情報の損失を最小化させる方向）に選ぶ必要があります．それに続いて，以降の軸の決定もすでに設定した軸で維持できない情報を確保し，その確保できる情報量が多い順で軸の方向を選ぶという作業になっています．選ぶ順に従ってそれらの軸は，第 1 主成分軸，第 2 主成分軸…というように呼ばれます．

　N 次元のデータからは，主成分軸を N 個作れば，情報のロスなくすべての情報を確保できます．図 8.5 の例で扱った 3 次元のデータでも，図 8.5（B）・図 8.5（C）のようにそれぞれ主成

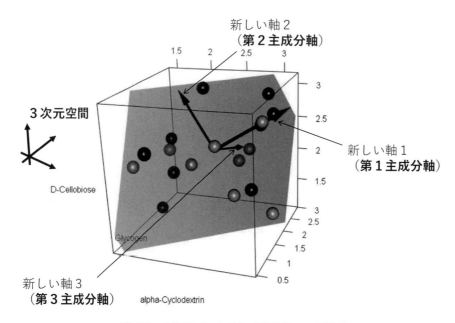

図 8.6 3 次元データの主成分分析 　→口絵 6

分軸を2つ・1つだけ使うと情報の一部が失われてしまいますが，図8.6のように第3主成分軸までを含めれば情報は全く失われません．

このような新しい座標づけを，次元削減としても理解できるのは，可視化においてすべての主成分軸を使うことはなく，第1主成分軸・第2主成分軸しか使わないことが多いからです．主成分軸の一部しか使わないため，当然情報の一部が失われてしまいます．しかし，その代わりに我々が直感的に理解しやすい低次元空間での可視化ができるようになるのです．つまり，N次元のデータを主成分軸の作る1〜3次元程度の空間で可視化する，という現実的な主成分分析の使い方が，結果として次元削減をしていることになるわけです．これが座標づけという考え方と次元削減という考え方の接点になっています．

図8.6は####PCA for 3D data with 3 PC axes####の部分（ multivariate.R の110〜142行目）を実行すると描けますので試してみてください．

8.2.2 主成分分析のコーディングと結果の見方

それでは実際に主成分分析に基づく可視化を，まずは31種類の有機炭素基質への反応データ（= 31次元データ）すべてを使ってやってみましょう．実行するためのコードは次のとおりです．

```
multivariate.R

144    ####PCA for ecoplate#####
145    PCA_model01 <- summary(capscale(summary_ecoplate ~ 1, distance = "euclidean"))
146    PCA_model01
147    PCA_model01$sites
148
149    PC1_01 <- PCA_model01$sites[, 1]
150    PC2_01 <- PCA_model01$sites[, 2]
151    plot(
152      PC2_01 ~ PC1_01,
153      cex = 3, pch = c(1, 5)[as.factor(metadata_ecoplate$treatment)],
154      xlab = "PC1 (21.1 %)", ylab = "PC2 (13.8 %)"
155    )
```

PCA自体の実行方法：veganパッケージ内に入っているcapscale()関数を使うことをお勧めします[9]．もしも145行目を実行して，「こんな関数はない」のようなエラーが出た場合は，本章の最初に実行すべき2行目のコードlibrary(vegan)が実行されていない可能性が高いです．2行目の実行をやり直しましょう[10]．このcapscale()関数はPCA以外にも使う汎用性の高い関数のため，適切な引数を用いないと意図せず他の手法を使うことになってしまうので注意が必要です．

---

9) 他の方法はBOX11を参照．
10) それでもエラーが出る場合は，veganパッケージがインストールされていない可能性が高いです．2.4.4節に戻って適切な作業をしてください．

最初の引数は，他の可視化・仮説検定用の関数と同じようにモデル式です．PCA では，（PCA に使いたいデータが保存された）データフレーム ～ 1 というスタイルでモデル式を指定する必要があります．このスタイルは一般に 応答変数～説明変数 ですが，説明変数の部分を 1 にするということが，何も説明変数を指定しない制約なし（unconstrained）座標づけであることを意味します．ちなみに説明変数を指定する制約付き（constrained）座標づけは第 9 章で学びます．（PCA に使いたいデータが保存された）データフレームの部分については，もしもデータフレームに保存されたデータのうち特定の列しか使わないのであれば，それらの列を指定する必要があります．その方法は，すでに可視化のためのブロックである####PCA for 3D data with 3 PC axes#### の中の model03 <-で始まる行（multivariate.R の 118 行目）のコードに書いてるので確認してください．データフレーム名 [, ***] のスタイルで，***の部分で列を指定すればよいのです．

　次のパラメータである distance はユークリッド距離を意味する "euclidean" を引数に指定します．これでなぜ PCA が実行できるかの理由は次節で説明するのでここでは飛ばします．capscale() 関数によって PCA を実行できます．ただし，その出力をそのまま summary() 関数の入力としてから，summary() 関数の出力をオブジェクトとして保存する方法が便利です（multivariate.R の 145 行目）[11]．

PCA の結果から読み取るべきこと： multivariate.R の 146 行目を実行して，PCA の結果を保存したオブジェクト PCA_model01 の中身をコンソールに出力させてみましょう．その中で最低限おさえるべきは，**寄与率・主成分軸の係数・主成分得点** の 3 つです．まず，寄与率は出力のうち以下の部分で確認できます．

```
Importance of components:
                        MDS1    MDS2    MDS3    MDS4
Eigenvalue            0.9869  0.6444  0.5318  0.5155
Proportion Explained  0.2112  0.1379  0.1138  0.1103
Cumulative Proportion 0.2112  0.3490  0.4628  0.5731
```

　MDS1, MDS2, …はそれぞれ第 1 主成分軸，第 2 主成分軸…となります．それぞれの主成分軸が元のデータセットがもつバラつきのどれだけの割合（0～1）を説明できるか，すなわちどれだけの割合の情報を保持しているか，が Proportion Explained の数値です．これを**寄与率**と呼びます．今回の場合，第 1 主成分軸は 21.12%，第 2 主成分軸は 13.79%等々となっています．Cumulative Proportion は**累積寄与率**です．この部分については，たとえば第 1・第 2 主成分軸までを使って 2 次元平面へと次元削減した場合には，「2 次元平面（後で出てくる図 8.7）での座標づけによって，観測データがもつバラつきの 34.9%の説明ができる」ということを読み取ることが必要です．

　次に**主成分軸の係数**については，以下の部分で確認できます（縦に s31 まで値が続きますが

---

[11]　このスタイルで R のコードを書くことに慣れましょう．3.1.5 節も復習しましょう．

紙面の関係で最初の部分だけ表示しています).

```
Species scores

      MDS1      MDS2     MDS3      MDS4      MDS5     MDS6
s01 -0.274712 0.19330  0.106203  0.085629  0.03329 -0.152225
s02  0.042715 0.17060 -0.029756 -0.094656 -0.02136 -0.083495
s03  0.080601 0.25744 -0.081888  0.198029  0.09500  0.022155
```

　capscale() 関数は生態学における群集データを対象に作られているため，各行が1つのサンプリング場所の観測データ，各列が種ごとの個体数というデータの並び方を想定しています．今回使っているデータでは，各列は有機炭素基質ごとの反応量というデータになっていますが，このような実際のデータの中身とはお構いなしに，主成分軸への元々の31個の軸の貢献度については Species scores（種の係数）という用語で表記されています．つまり，上の表で縦方向に並ぶ数値がそれぞれの主成分軸というベクトルの方向を決めているのです．たとえば第1主成分軸（MDS1）に関して1つ目の基質 s01 の係数はマイナスとなっていますので，第1主成分は，s01 の軸とは逆の方向を向いているということを読み取れます．

　最後に**主成分得点**は，◌multivariate.R◌ 147行目のコードの実行により確認できます．PCA の結果を保存したオブジェクト$sites というコードの形式です．こちらも表が大きいのでその一部のみ表示しています．

```
> PCA_model01$sites
              MDS1     MDS2     MDS3     MDS4     MDS5     MDS6
20141216N1 -0.45758 -0.5590   0.39964 -0.15099  1.03040 -0.52122
20141216N2  0.32717  0.1525   0.88592 -1.20633 -0.06320 -1.05380
20141216N3 -0.01943  0.4148  -0.47424 -0.03095  0.99845 -0.33974
20141216T1 -0.60154 -0.1765  -0.38177 -0.69810 -0.07790 -0.07955
```

　主成分得点とは，各データポイント（今回の場合は31次元の数値）が，新たに作った主成分軸上でどのような値をもつかを計算したものです．たとえば，観測 20141216N1 の31次元データは，第1・第2主成分軸の作る主成分平面上では，(-0.45758, -0.5590) という座標に写されるということになります[12]．

PCA の結果の可視化：PCA の可視化には BOX11 の中での説明にもあるようにいろいろな流儀があります．ここでは次元削減の観点から，必要最小限のものだけ可視化することを考えます．149行目・150行目のコードによってそれぞれ，第1主成分軸・第2主成分軸における主成分得点を PC1_01，PC1_02 というベクトルにコピーします．この2つのベクトルを使って2

---

[12]　少しだけ数学的な計算過程を説明すれば，ある主成分軸の主成分得点とは，その軸自体を特徴づける31次元の係数ベクトルと元々のデータを表す31次元の数値（座標）ベクトルの内積で求まるものとなっています．

次元散布図を作るためには，plot() 関数を使った 151～155 行目のコードを実行すればよいでしょう．可視化の結果は次のようになるはずです（図 8.7）．軸の名前には主成分軸名（PC1 など）と，その軸の寄与率を載せる[13] のが標準的な流儀です．

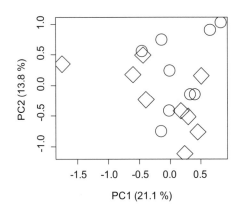

図 8.7 31 種類の有機炭素基質への応答量の主成分分析

PCA の練習：それでは 15 サンプル × 118 種の個体数のデータフレームとしてデータが格納されている species_ryuko_data を使って図 8.7 と同じようにグラフを作成してみましょう．####PCA for phytoplankton####のブロック（157～168 行目）のコードを実行すれば図 8.8 が描けるはずです[14]．

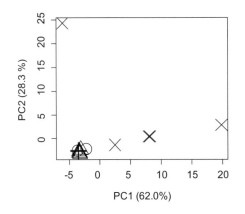

図 8.8 植物プランクトンのデータ（15 行 × 118 列）に対する主成分分析

8.2.3 主成分分析はすべての次元削減可視化の基盤

8.2 節のこれまでの部分については，8.3 節以降の主座標分析を使うつもりの読者やもっと新しい可視化方法を使うつもりの読者は斜め読みしたかもしれません．しかし，主成分分析

---

[13]　146 行目の実行結果から読み取った寄与率を 154 行目に書き込むということです．
[14]　寄与率は PCA の結果を目で確認してから数値を入れていることに注意してください．

は主座標分析も含め，すべての次元削減可視化の基盤ですので，完璧に近い理解を目指すことがとても重要です．斜め読みしていたという人は 8.2 節の最初から読み飛ばすことなくもう一度読み，特に 8.2.2 節の部分に書かれたコーディングについては，1 行 1 行の意味を確認しながら実行してみましょう．1 行 1 行に対する説明は，サポートサイトの第 8 章の最後にある，multivariate_plot.nb.html というファイルリンクを開けば，その中のコードに日本語コメントとしても書き込んでありますので，本文と合わせて見逃さないようにしてください．

8.2.4 主成分分析のスケール依存性

　主成分分析とそこで用いるユークリッド距離では，次節以降で紹介する手法である主座標分析とその他の距離に比べて，元の変数間で大きく数値の桁数（オーダー）が異なると，データのバラつきを正当に評価できません．さらに，主成分軸上の値（＝主成分得点，つまりモデルの予測値）と観測値とのずれ（残差）の値は用いる単位に応じて大きく変わってしまい，結果的に主成分軸の方向も単位に依存してしまいます．この依存性を直感的に理解するために，湖における溶存酸素量と全細菌数の 2 次元データという仮想例を考えてみましょう（図 8.9）．

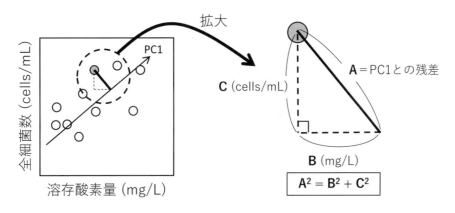

図 8.9　主成分分析のスケール依存性のイメージ（湖における溶存酸素量と全細菌数の 2 次元データ）

　主成分軸を決めるときには，観測値と主成分軸上へ移した値とのずれを計算することになります．1 つのデータ点に対するこの残差の計算部分を拡大して詳しく見てみると，図 8.9 の右のほうで描いた直角三角形のようになります．残差の二乗（A^2）は，三平方の定理により，溶存酸素軸方向の残差の二乗（B^2）と全細菌数軸方向の残差の二乗（C^2）の和となります（$A^2 = B^2 + C^2$）．ここで全細菌数は通常 cells/mL という単位を使うのに対して，溶存酸素量は mg/L という単位を使うことに注目しましょう．

　問題はこのような単位を使ったとき，通常 B の値は 0〜10 程度の値をとるのに対し，C の値は 10^5〜10^6 の桁の数値となるため，実際にはこの直角三角形の形は図 8.9 に描いたよりもだいぶ縦に尖った形になるはずです．このとき，A^2 の値は B の変化よりも C の値の変化に鋭く反応することになってしまいます．たとえば，同じ 2 倍の変化でも B が 5 から 10 になるのと C が 100,000 から 200,000 になる状況を考えてください．

　このように，元の軸ごとに数値の桁に大きな差がある状況で残差の最小化を目指すと，桁が

大きな値を取り得る軸に引きずられ，図 8.9 の例での第 1 主成分軸は，全細胞数軸とほぼ同じ方向を向くことになるでしょう．さらに，各観測値は単位に依存するので，たとえば全細菌数の単位を cells/mL から cells/μL に換えるだけで劇的に値が変わり，第 1 主成分軸の方向も劇的に変わるでしょう．このような状況を「スケール依存性が高い」といいます．

　こんなふうに，数値の桁の違いや単位の取り方の影響を強く受ける状況は好ましくありません．この状況を改善するために**データの標準化**という手法が良く使われます．第 6 章以降で使っている植物プランクトンのデータと微生物集団の有機炭素基質利用のデータについては，データ内においてはすべての数値の単位が同一（それぞれ，細胞数と吸光度）であるため，主成分分析のスケール依存性を示すのにはよい例ではありません．そこで，R でデフォルトで使えるようになっている data("airquality") を使ってみましょう．

　このデータはニューヨークにおけるオゾン濃度（ppb）・日射量（単位不明）・風速（mph）・気温（華氏 F）について年間を通じて何度も測定した値をまとめたものです．単位の詳細には触れませんが，summary(airquality) というコマンドで各変数の値の範囲を確認してみると，オゾンは 1～168，日射量は 7～334，風速は 1.7～20.7，気温は 56～97 の範囲の値をとることがわかります．これは数値のオーダーが大幅に異なるとはいえないまでも気になる差があるところです．

　それでは，このデータについて，データの標準化をしない場合とする場合で，主成分分析の結果がどの程度異なるか見てみましょう．まず標準化を見据え，na.omit という関数を使って，欠損値を含む測定日のデータを取り除きます．なぜなら，欠損値があると標準化がうまくできないからです．次のコードの最後の行（173 行目）にあるように，欠損値を含まないデータを air_data という新しいオブジェクトに保存します．

multivariate_plot.R

```
170    ####PCA for airquality data####
171    data("airquality")
172    summary(airquality)
173    air_data <- na.omit(airquality)
```

　以下のコードでは，標準化をしない場合の主成分分析とその可視化ができるはずです（図 8.10）．

multivariate_plot.R

```
175    PCA_model03 <- summary(capscale(air_data[, 1:4] ~ 1, distance="euclidean"))
176    PCA_model03
177
178    PC1_03 <- PCA_model03$sites[, 1]
179    PC2_03 <- PCA_model03$sites[, 2]
180    plot(
181      PC2_03 ~ PC1_03,
182      cex = 3, pch = air_data$Month,
```

```
183      xlab = "PC1 (89.0 %)", ylab = "PC2 (10.5 %)",
184      asp = 1
185    )
186    text(PC1_03 + 0.5, PC2_03, labels = rownames(air_data), cex = 0.8)
```

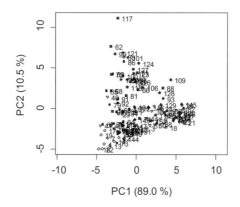

図 8.10 ニューヨークの大気循環データに対する主成分分析（標準化なし）

　plot() 関数の中で，x 軸・y 軸の軸名のところに寄与率を書き込んでいます．したがって，本章のはじめで学んだように，PCA の結果である `PCA_model03` の中身をコンソールで確認して数値を入れていきましょう．最後の text() 関数はグラフに文字を追加するためのコマンドです．最初の 2 つの引数は，x 軸・y 軸の座標値です．x 軸の値に 0.5 を足している理由は，plot 関数で描画した各データの位置を示すマークと重ならないようにテキストを配置するためです．そして，描画する文字列は 3 つ目のパラメータ labels に対して，データ番号が保存されているデータの行名を引数として使うことで実現しました．最後のパラメータ cex は文字の大きさ指定です．

　次に，scale() 関数を使うと，データの標準化ができます．この関数は入力されたデータフレームの各列について，平均値をゼロにするとともに（元の値から元の平均値を引くだけです），分散が 1.0 になるように数値のスケールを変えます．これによって各列に保存された各変数間の単位の違いによる数値のオーダーの違いの影響を抑えることができます．

multivariate_plot.R

```
188    air_data2 <- scale(air_data)
189    summary(air_data2[,1:4])
```

　実際に，標準化後のデータを summary() 関数で確かめれば，各変数の最小値～最大値の幅が標準化前に比べてだいぶ狭まっていて，かつ変数間での違いが小さくなっているのに気づくでしょう． multivariate_plot.R の 191 行目以降で `PCA_model04` を作っている部分を実行すれば，今度は標準化後のデータに関する主成分分析の結果を可視化できます（図 8.11）．図 8.10 との違いを探してみてください．

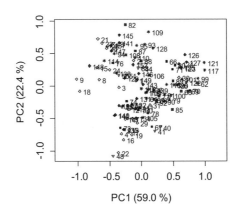

図 8.11 ニューヨークの大気環境データに対する主成分分析（標準化あり）

2 次元散布図が美しくない：上の PCA のコードを実行しても，皆さんの RStudio の [Plots] パネルに表示されるグラフはマークや文字が重なり合って図 8.10 や図 8.11 に比べて美しくないかもしれません．その理由は，皆さんが立ち上げている瞬間の [Plots] パネルの大きさや縦横比（アスペクト比）に従って自動的に描画が行われているからです．文字の重なりなどを解消したいときには [Plots] パネル内にある [Zoom] アイコンをクリックして図を拡大したり，拡大したうえでマウスを使って縦横比を変えたりすれば，グラフの外見はだいぶ変わるでしょう．図を保存するときには，6.2.2 節で説明した方法で図のサイズや縦横比を調整すれば，見た目は改善されるはずです．

標準化はいつもしたほうがよいのか？：上で紹介した仮想例（図 8.9）と実例（8.11）では，変数間で単位が異なること，そもそも性質が異なる変数間で数値の桁が異なる状況でした．このときには，標準化することはとても理にかなっています．しかし一方で，第 6 章以降で使っている，植物プランクトンの種組成のデータや微生物の有機炭素基質への応答量のデータにおいては，単位がすべて共通ですが，値の桁に違いがあるものが含まれています．たとえば，植物プランクトンのデータにおいて，*Fragilaria crotonensis* という珪藻と *Micrasterias hardyi* という緑藻を比べると，以下のように平均値・最大値に大きな差があります．

```
> summary(species_ryuko_data$`Fragilaria crotonensis`)
   Min. 1st Qu. Median   Mean 3rd Qu.   Max.
  0.000   0.000  2.000  2.533   4.500  8.000
> summary(species_ryuko_data$`Micrasterias hardyi`)
   Min. 1st Qu. Median   Mean 3rd Qu.   Max.
   0.00    0.50   6.00  18.73   28.00  96.00
```

数多くの種を含む生物群集では，個体数の大きい普通種と個体数の小さいような希少種が存在するため，上のような数値の桁の違いは不思議ではありません．また，普通種のほうが希少種の個体数が大きいので，生態系における役割も希少種よりも大きいかもしれません．こんな

ときに分散を1に揃えるような標準化は必要でしょうか？ 同じような状況は，生物の密度データだけではなく，植物の生産する2次代謝産物や水域生態系における溶存有機炭素の濃度データなどでも生じる一般的なものです．

　この問いに対しては，「データ間の違いの程度をどのように評価するか」という視点に大きく依存していて，1つの単純な答えはありません．そしてこのような視点で迷うとき，実は主成分分析においてデータを標準化するかしないかという単純な二択では対応できなくなってしまうのです．これが，生態学らしいデータの特徴です．この「データ間の違いの程度」のことを**非類似度**（dissimilarity）といいます．この非類似度の評価方法について，詳しく見ていくのが次の 8.3 節です．

BOX 11　R 標準の主成分分析用関数

　標準的な教科書やインターネット上でR を用いた主成分分析の使い方を調べると，prcomp() 関数と princomp() 関数の2種類があることがわかるでしょう．生態学で扱う多くのデータでは主成分分析よりも主座標分析（PCoA）を使うほうが適切であり，PCoA を実行する関数 capscale() において主成分分析ができるため，本文中では prcomp() 関数と princomp() 関数の説明をしませんでした．princomp() 関数のほうが使える条件が厳しいので，この BOX では prcomp() 関数の使い方を簡単に説明します．この関数は以下のように使います．

```
PCA_s01 <- prcomp(air_data2[,1:4], scale. = F)
PCA_s02 <- prcomp(air_data2[,1:4], scale. = T)
```

　scale. というオプションの引数をT（TRUE）にすると，すべての変数の分散を1に標準化してから主成分分析をすることになるので，capscale() 関数を使う前にデータを scale() 関数に標準化した場合と同じ結果となります．主成分分析の結果を代入したオブジェクトに対して summary() 関数を使えば，Proportion of Variance として各主成分の貢献度がわかります．また，biplot(PCA_s01) のように主成分分析の結果を biplot() 関数の引数とすれば，可視化も可能です．以下の2行のコードを実行し，capscale 関数を使った図 8.10・8.11 と比べてみてください．データの分布は完全には一致しませんが回転させれば一致するのに気づくでしょう．

```
biplot(PCA_s01)
biplot(PCA_s02)
```

8.3 主成分分析の弱点を克服する：さまざまな距離と非類似度

> **やりたいこと**
> 生態学らしいデータに対して次元削減をしたい

8.3.1 「近い／遠い」（距離）と「似ている／似ていない」（類似度）の関係

前節の最後で指摘をした問題をここでは考えていきます．まず，そもそも次元削減によって高次元データを2次元空間に散布図として可視化できると何がうれしいのか，つまりどんないいことがあるのか，改めて考えてみましょう．

2次元空間上にデータを配置すると，近くにある点どうしは「似ている」のに対して遠くにある点どうしは「似ていない」という感覚でグラフを解釈できます．これが，次元削減のよいところです．つまり我々は，「近い／遠い」を「似ている／似ていない」という関係性へと読み替える感覚・能力をもっているのです．2次元上にデータが配置されていると，この感覚を使って，データ間の関係性を直感的に評価していると考えることができます．

たとえば，図8.7で次元削減・可視化した有機炭素基質に対する微生物の応答データについて見てみましょう．主成分分析の図に，「近い／遠い」から「似ている／似ていない」への読み替えを重ね合わせるイメージは，図8.12のように表現できるのではないでしょうか．

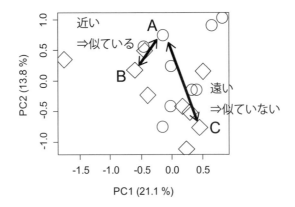

図 8.12 「近い／遠い」と「似ている／似ていない」の関係

つまり，点A（データA）から見れば，データBのほうがデータCよりも近くにありますね．この距離感覚を「AとBは似ている（＝類似性が高い）一方でAとCは似ていない（＝類似性が低い）」という感覚へと読み替えているのです．

8.3.2 さまざまな距離を用いた（非）類似度 の定量化

では，「近い／遠い」・「似ている／似ていない」とはどんな基準で決めるのでしょうか？ 直感的にもわかるこれらの表現について，深く考えることによってはじめて生態学・環境科学で扱う多変量データの理解を進めることができるようになります．今後，「近い／遠い」は**距離**，

「似ている／似ていない」は**類似度（の高低）**という言葉で表現することにします．

　ここでは，単純な仮想例を通じて，考えを深めていきましょう．湖の生態系を特徴づけるような生物種を2種類（sp.1, sp.2）想定します[15]．そして，4つの湖（A・B・C・Dという名前としましょう）でこれら2種の個体数密度（個体数/面積）を計測し，sp.1の密度，sp.2の密度の組合せは，A (3.0, 3.5)，B (0.0, 0.5)，C (1.0, 0.0)，D (6.0, 6.0) という値であったとしましょう．この仮想的データに対する分析をするために，以下のようなコードを実行して comm という名前のデータフレームを作成しておきます．

multivariate_plot.R

```
217    ####Ecological Dissimilarity#####
218    sp1 <- c(3.0, 0.0, 1.0, 6.0)
219    sp2 <- c(3.5, 0.5, 0.0, 6.0)
220    comm <- data.frame(sp.1 = sp1, sp.2 = sp2)
221    rownames(comm) <- c("A", "B", "C", "D")
```

　このデータフレームを使って単純な2次元散布図を描くには，以下のようなコードを実行すればよいです．

multivariate_plot.R

```
223    plot(
224      sp.2 ~ sp.1, data = comm,
225      cex = 3.0,
226      xlim = c(0,7), ylim = c(0,7),
227      asp = 1.0
228    )
229    text(comm$sp.1, comm$sp.2, labels = rownames(comm), cex = 0.8)
```

　図8.13から一目でわかるように，BC間の距離が一番短くなっています．そのため，BとCの湖の特徴が一番よく「似ている」，つまり「類似度が一番高い」という解釈ができるでしょう．

　具体的に各データ間の距離を計算するには，vegan パッケージ内の vegdist() という関数を使います．一般に日常会話も含めて「距離」と呼んでいるものは，**ユークリッド距離**（Euclidean distance）であり，パラメータ method に対して "euclidean" という引数を指定することで以下のように計算できます．

```
> vegdist(comm, method = "euclidean") #Euclidean
        A        B        C
B 4.242641
C 4.031129 1.118034
D 3.905125 8.139410 7.810250
```

---

[15]　sp. は**種**（species）の略語です．

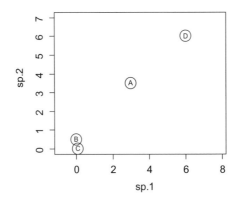

図 8.13 2種の生物の個体数に基づく可視化

　vegdist() 関数の出力は，一般の行列とは異なる**距離行列**という名前のクラスのオブジェクトです．一般の行列のように縦横に数値が並んだ表ではあるものの，距離がゼロになる AA 間・BB 間・CC 間の値と，向きが違うだけで全く同じ値となるもの（A から B への距離と B から A への距離）を省略したスタイルとなっています．

　上の計算はユークリッド距離によって，湖間の特徴の類似度を評価する計算になっています．つまり，「距離が大きい（長い）ほど類似度は小さい（低い）」という評価をするためにユークリッド距離を使うということです．さらにこれは次のように**非類似度**（＝似ていない程度）という専門用語を使って，「距離が大きい（長い）ほど非類似度は大きい（高い）」という評価にも言い換えられます．

　ここで問題は，この計算による（非）類似度の評価が，我々の生物学や化学など，環境を特徴づける学問分野の知見の観点から妥当かどうか，という点です．A (3.0, 3.5)，B (0.0, 0.5)，C (1.0, 0.0)，D (6.0, 6.0) という値を一つひとつ吟味してみると，A と D では種 1 と種 2 がともに生息しているという意味で質的に同じといえそうです．同時に個体数密度という**規模**（magnitude）は，量的に異なっています．一方，B には種 1 のみ，C には種 2 のみしか生息していませんので B と C とは質的に異なっているといえるでしょう．したがって，生物学的に妥当な解釈は，A と D の類似度が高く（非類似度が小さく），B と C の類似度が小さい（非類似度が大きい）というものになるはずです．しかし，ユークリッド距離はご存じのように以下のような定義で計算するので，A と D の各要素（sp.1, sp.2）のそれぞれの絶対値が大きく反映され，AD 間の距離（つまり AD 間の非類似度）のほうが BC 間の距離（つまり BC 間の非類似度）よりも大きくなってしまいます．

$$2 点 M(m_1, m_2) \cdot N(n_1, n_2) の間の\textbf{ユークリッド距離}\ D_E：$$

$$D_E = \sqrt{(m_1 - n_1)^2 + (m_2 - n_2)^2}$$

　これは主成分分析における残差のスケール依存性・単位依存性が高いという問題（図 8.9）と性質が似た問題です．主成分分析においては，異なる変数間で分散をすべて 1 に揃えるという**標準化**による問題解決法がよく使われます．しかし，実はもっと抜本的な解決法もあるのです．

それが「ユークリッド距離以外の距離指標（**非ユークリッド距離**）を使う」という方法です．ここではその代表的なものの一部を紹介します．

まず，A から D の各要素の値をゼロより大きいかゼロと等しいかの 2 値（＝バイナリ値ともいいます）に変換後に非類似度を計算する Jaccard 距離を紹介します．これはいわば，各要素の在／不在（今回の例で言えば各生物種の在／不在）のみを考慮に入れた非類似度です．コードを書くうえでの注意点が 1 つあります．Jaccard 距離は一般には連続値データに対しても定義されるため，オプションで binary = TRUE を指定しないと意図しない値が出てしまいます．

```
> vegdist(comm, method = "jaccard", binary = TRUE) #Jaccard
    A   B   C
B 0.5
C 0.5 1.0
D 0.0 0.5 0.5
```

見てわかるとおり，AD 間の Jaccard 距離が一番小さくてゼロ，共通の種が存在しない BC 間の距離が 1.0 となって最大になりました．数学的な注意点としては，A と D は元々同一のデータではないにもかかわらず，距離がゼロと計算されるため，Jaccard 距離は計量性の一部を満たしていません[16]．参考までに 2 値の場合の Jaccard 距離の定義を以下に示します．

2 点 $M(m_1, m_2) \cdot N(n_1, n_2)$ の間の Jaccard 距離 $\boldsymbol{D_J}$：

$$D_J = 1 - \frac{|M \cap N|}{|M \cup N|} = 1 - \frac{M と N の積集合の大きさ}{M と N の和集合の大きさ} = 1 - \frac{M と N の共通要素数}{M と N の合計要素数}$$

たとえば，A と B では種 2 が共通に存在しますので，A と B の共通要素数は 1 であり，A と B を合わせて種 1・種 2 が存在しますので，A と B の合計要素数は 2 です．したがって，Jaccard 距離は $1 - 1/2 = 0.5$ になるわけです．

もう 1 つ，Jaccard 距離と似た挙動を示しつつ，数値の連続性（つまり，数値の規模）も加味したものとして，Bray-Curtis 距離（あるいは Bray-Curtis 非類似度）を計算してみます．Jaccard 距離と同様に，BC 間の距離が最大・AD 間の距離が最小となっています．一方，Jaccard 距離との違いとしては，AB 間と DB 間の距離を比較すると，種 1・2 がともに存在するもののその規模が異なる A と D の違いを反映し，DB 間の距離のほうが大きくなっています．

```
> vegdist(comm, method = "bray") #Bray-Curtis
      A         B         C
B 0.8571429
C 0.7333333 1.0000000
D 0.2972973 0.9200000 0.8461538
```

参考までに一般の p 次元データに対する Bray-Curtis 距離の定義を以下に示します．

---

[16] ユークリッド距離は計量性を満たしており，距離がゼロとなるのは，同一データのときのみです：計量性の数学に興味がある人は BOX12 に進みましょう．

2 点 $M(m_1, m_2, \cdots m_p) \cdot N(n_1, n_2, \cdots n_p)$ の間の Bray-Curtis 距離 $\boldsymbol{D_{BC}}$：

$$D_{BC} = 1 - 2\frac{\sum_{i=1}^{p} \min(m_i, n_i)}{\sum_{i=1}^{p} (m_i + n_i)}$$

Jaccard 距離と性質が似ている理由は，右辺第 2 項の分母は和集合における規模（今回の例では個体群密度）の総和になっていて，分子は，各要素に対して，min 関数を使って 2 点で小さいほうの規模を共通規模として計算する形となっているためです．

他にも生態学でよく使われる距離がいくつかあります．各要素の単位がすべて共通のとき（たとえば植物プランクトンの個体数とか有機炭素基質への反応量など）には，すべてを足したものが 1 になるように，割合（頻度）のデータに変換してからユークリッド距離を計算したものや，割合の平方根を計算してからユークリッド距離を計算したもの（Hellinger 距離），観測の不完全性を考慮した距離（Chao 距離）などです．

BOX 12 計量性とは

計量空間（metric space）とは，距離を定義可能な空間です．これはユークリッド空間を自然に拡張した概念です．計量空間上の 2 点 (x_1, x_2) 間の距離 $d(x_1, x_2)$ が，**計量性**，すなわち以下の 4 つの条件を満たしているとき，この距離を**計量的距離**と呼びます．ユークリッド距離は当然計量性を満たしますので，計量的距離の 1 つです．

[条件 1] **同一性**：自分自身との距離はゼロである
$$d(x_1, x_1) = 0.$$

[条件 2] **正値性**（positivity）：異なる 2 点間の距離は正の値をもつ
$$x_1 \neq x_2 \text{ ならば，} d(x_1, x_2) > 0.$$

[条件 3] **対称性**（symmetry）：x_1 から x_2 への距離と x_2 から x_1 への距離は等しい
$$d(x_1, x_2) = d(x_2, x_1).$$

[条件 4] **三角不等式**（triangle inequality）が成り立つ（第 3 点に寄り道すると最短距離ではなくなる）
$$d(x_1, x_3) \leq d(x_2, x_1) + d(x_2, x_3).$$

8.3.3 どの非類似度指標を使うべきか？

8.3.2 節では，さまざまな距離指標，言い換えると非類似度指標を紹介しました．しかし，8.2.4 節の最後で提示した「データ間の違いの程度をどのように評価するか」という問いについての直接的な答えをまだ示せていません．この問いは「どの非類似度指標を使うべきか」と言い換えることができます．この答えは，「2 つの視点を基準として指標を選ぼう」です．2 つの視点とは以下のものです．

[視点 1] 2 つのデータ間で，ある要素の値がともにゼロであること（たとえば，ある生物種・化学種が不在であること）は，2 つのデータの類似性が高いことを示す情報であるか？：とも

に不在であることを類似性の高さに貢献すると考える場合（回りくどい表現をすると「ともに不在であることに意義があるような変数・仮説に注目してデータをとった場合」といえます），ユークリッド距離を使うのがよいといえます．なぜならユークリッド距離の計算では，ともに不在の要素からの距離への貢献はゼロとなりますので，これはすなわち非類似度を小さくすること（類似度を大きくすること）に貢献するからです．一方，Jaccard 距離や Bray-Curtis 距離では，2 つのデータ間でともに存在する要素のみが非類似度を小さくすることに貢献しますので，不在であることに意義がないようなデータの類似度の評価に適切だといえるでしょう．

[視点 2] 各要素の規模の大きさと多変量データ全体の特性への影響の大きさの関係はどれくらい強いのか？：たとえば，植物プランクトンの種組成データをとったとしましょう．植物プランクトンは光合成・一次生産という重要な生態系機能を水域で担っています．観測対象の生態系の特徴づけとして植物プランクトン種組成データを使うという状況を考えてみましょう．このとき，種組成や種数などの多様性要素も，個体数のような量的な要素も，どちらも機能に貢献していると考える場合には，規模の違いまでも考慮に入れた Bray-Curtis 距離が Jaccard 距離よりも良い指標となるでしょう．しかし，マイナーな種もいつ個体数が増えてメジャーになって重要性を増すかわからないから重要性を割り引く（過小評価する）べきではない，と考えることもできます．このときには，マイナーな種もメジャーな種と同等の重みづけで特徴づけできる Jaccard 距離が，Bray-Curtis 距離よりも優れているでしょう．同じようにマイナーな種からの貢献を大きめに入れたい場合に，割合のユークリッド距離と割合の平方根のユークリッド距離（Hellinger 距離）を比較すれば，Hellinger 距離を使うのがよいでしょう．

以上から，どんなデータにも適用すべき万能の距離指標などないことがわかるでしょう．ご自分の扱うデータの性質や仮説に応じて適切な距離指標を選択することが，多変量解析においては非常に重要なステップとなっています．

8.3.4 主座標分析（PCoA）

上で紹介した非ユークリッド距離を用いて非類似度を計算し，それを可視化したい場合は，主成分分析は使えません．なぜなら，主成分分析（PCA）では情報の損失量を計算する過程でユークリッド距離が定義される世界でしか成り立たない三平方の定理を用いているからです（図8.9 を参照）．

主成分分析の代わりになるのが**主座標分析**と呼ばれる手法です．英語名（principal coordinate analysis）の略称として PCoA ともいいます．計算方法の詳細は説明しませんが，PCoA では，各点（各データ）間の距離の情報（距離行列：`vegdist()`で計算したもの，あるいはそれと同等の計算）を使って，点間の距離の値を維持したまま，ユークリッド空間上に各点を配置し直すという計算をします．

技術的な留意点：PCoA は，非ユークリッド距離で定義された各データ間の距離をユークリッド距離の世界に写しこむ作業です．そのため，ゆがみが生じる点には注意が必要です．そのた

とえ話としては，地球という球面上に位置する世界各地の座標を，各地間の距離を保ったまま，平らな紙の上という 2 次元ユークリッド空間に地図として描く作業を思い浮かべてもらうとよいでしょう．これはある意味無謀な挑戦なわけです．地図の描き方にいろいろな図法があるのは，図法ごとにゆがむ要素とゆがまない要素（たとえば面積とか方角とか）が異なるからです．

通常 PCoA は，非常に大きな次元のデータを（ユークリッド空間中の）2 次元散布図にするため，2 次元の散布図上での各サンプル間の距離（すわなちユークリッド距離）は元の非ユークリッド距離に基づく距離の値とは一致しません．ただし，n 次元のデータを n 次元のユークリッド空間に配置した場合には，非ユークリッド距離で定義された距離の値は n 次元ユークリッド空間上のユークリッド距離としてゆがむことなく完全に再現されます．

この意味で PCoA は距離を維持した手法のため，計量的多次元尺度法（metric multi-dimensional scaling: metric MDS）とも呼ばれます．計量性の呪縛を断ち切り，距離の大小を非類似度の順位づけに変換してから可視化する方法は非計量的多次元尺度法（non-metric MDS, NMDS）とよばれています．ここでは紙面の関係上，紹介しません．

PCoA 用のコードの書き方：まずは，上の仮想データ comm に対して Bray-Curtis 距離で非類似度を評価する場合の可視化をします．コードは実際にはとても簡単で，主成分分析と，パラメータ distance の指定だけが違うのです．もしもここに書いてあるコードの意味がわからなかったら，8.2.2 節に戻って読み飛ばしたところがないか，再度確認しましょう．

multivariate_plot.R

```
236    ####PCoA for comm####
237    PCoA_comm_BC <- summary(capscale(comm ~ 1, distance = "bray"))
238    PCoA_comm_BC
239    PCoA1_comm_BC <- PCoA_comm_BC$sites[,1]
240    PCoA2_comm_BC <- PCoA_comm_BC$sites[,2]
241    plot(
242      PCoA2_comm_BC ~ PCoA1_comm_BC,
243      cex = 3,
244      xlab = "PCoA1 (54.5 %)", ylab = "PCoA2 (41.8 %)",
245      asp = 1
246    )
247    text(PCoA1_comm_BC, PCoA2_comm_BC, labels = rownames(comm), cex = 0.8)
```

この一連のコードを実行すれば，次のように Bray-Curtis 距離で評価した非類似度の大小を反映して，A と D が最も近いところにプロットされるグラフが作れるでしょう（図 8.14）．

植物プランクトンデータの主座標分析：次に，龍湖の植物プランクトンデータについて，非類似度の評価の方法を変えると，どのようにグラフが変化するのか見てみましょう．コードは上のものとほとんど同じです．####PCoA for phytoplankton####のブロック（ multivariate_plot.R の250〜294 行目）を実行してください．ここでは結果のグラフ（図 8.15）のみ紹介します．グラ

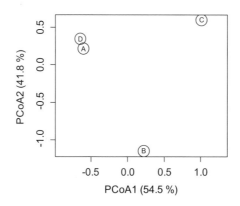

図 8.14　2 種の生物の個体数に基づく仮想データに対して Bray-Curtis 距離を用いた主座標分析

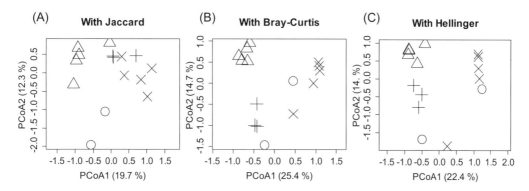

図 8.15　植物プランクトンデータに対する 3 つの非類似度を用いた比較

フ内の各点を表すマークの違いは主成分分析の図 8.8 と同様に観測月の違いです.

　グラフ A と C 作成のためのコーディングについて，少し解説します．図 8.15A を作るためには Jaccard 距離を計算する必要があります．しかし，単に capscale() 関数の引数として jaccard を指定してもうまくいきません．vegdist() 関数では binary というパラメータを TRUE にすれば，2 値変換してから距離を計算してくれますが，capscale() 関数ではそうはなっていません．そこで，次のように元のデータフレームを新しいデータフレームにコピーしたうえで，要素の値が正のものをすべて 1 に置き換えます.

```
species_ryuko_data_b <- species_ryuko_data #copy
species_ryuko_data_b[species_ryuko_data_b > 0] <- 1 #binalization
```

　その後，2 値変換したデータフレームを capscale 関数に渡して Jaccard 距離を指定すれば，意図したとおりの距離に基づく主座標分析が実行できます.

　図 8.15C を作るためには，Hellinger 距離を計算する必要がありますが，この距離は capscale() 関数では選択できません．そこで，vegan パッケージに組み込まれている decostand() という名の，主に生物群集の多変量データを前処理として変換するために開発された関数を使いま

す．この関数ではオプションとして Hellinger 変換（数値データを割合データに変換後に平方根をとる変換）を選択できます．実際のコードでは，以下のように Hellinger 変換した値を新たなデータフレームとして保存し，capscale() 関数に渡すとともに，距離についてはユークリッド距離を選びましょう．Hellinger 距離（Hellinger 非類似度）の定義は，Hellinger 変換した割合データをユークリッド距離で評価する方法なのです．

multivariate_plot.R

```
282    species_ryuko_data_H <- decostand(species_ryuko_data, method = "hellinger")
283    PCoA_ryuko_H <- summary(capscale(species_ryuko_data_H ~ 1, distance = "euclidean"
           ))
```

微生物データの主座標分析：同じように有機炭素基質に対する反応量のデータ（summary_ecoplate）についても主座標分析をしてみましょう．1つだけヒントと対応するコードを置いておきます．このデータフレームの中身を見てみると，どの基質に対する反応量も正の値をもつため，植物プランクトンの在不在のように単純に2値化することはできません．そこで，もしも Jaccard 距離を用いて非類似度を評価したい場合には，ある閾値を設定し，その値よりも小さい観測値はゼロにし，それ以外は1にするという変換をすればよいです．このような2値化の生物学的な意味としては，「反応量がある程度以上のものだけ微生物がその基質を利用したと解釈する」ことになります．これを実現するコードは，たとえば以下のようにすればよいでしょう．

```
summary_ecoplate_b <- summary_ecoplate #copy
minimum_strength <- 0.2
summary_ecoplate_b[summary_ecoplate_b < minimum_strength] <- 0 #binalization
summary_ecoplate_b[summary_ecoplate_b > 0] <- 1 #binalization
```

ポイントは2行目で閾値を決め，3行目と4行目でその閾値以下の数値はゼロにし，その後にゼロより大きいものを1に置き換えているところです．

このアイデアを利用して，有機炭素基質に対する反応量のデータに対しても Jaccard 距離も含め，いろいろな距離での次元削減・可視化を試してみましょう．

BOX 13　可視化関数の一貫性のなさ

上で挙げた仮想例（図8.13）では，標準化ありと標準化なしの主成分分析に対し，capscale() 関数を使っても prcomp() 関数を使っても区別できないようです．可視化では biplot() 関数と ordiplot() 関数の2つの選択肢があります．標準化の有無によって結果が変わるという筆者の期待通りであれば，317, 320, 321, 324, 325 行目の実行結果と 316, 319, 322, 323 の結果に違いが出てほしいのですが，そうはなりません．

```
multivariate_plot.R

315    ####BOX13 Inconsistent behavior of visualization####
316    summary(prcomp(comm, scale. = T))
317    summary(prcomp(comm, scale. = F))
318
319    biplot(prcomp(comm, scale. = T))
320    biplot(prcomp(comm, scale. = F))
321    ordiplot(capscale(comm ~ 1, distance = "euclidean"), type = "text")
322    ordiplot(capscale(scale(comm) ~ 1, distance = "euclidean"), type = "text")
323    ordiplot(prcomp(comm, scale. = T), type = "text")

324    ordiplot(prcomp(comm, scale. = F), type = "text")
325    ordiplot(prcomp(scale(comm), scale. = F), type = "text")
```

　主成分分析に関するスケーリングの問題は，奥が深くて（あるいは勉強不足で）これ以上深く詰めることができません．初学者用の教科書ということで問題の指摘にとどめておきます．

8.4　多変量データの可視化 2：階層的クラスター分析

第8章

> **やりたいこと**
> 多変量データから分類・グルーピングしたい

8.4.1　制約なし座標づけとクラスター分析の関係
　制約なし座標づけ（アンコンストレインド オーディネイション，unconstrained ordination）による多変量データの可視化は，次元削減という文脈で理解する他に，**クラスタリング**手法の一部分となっているとも解釈できます．クラスタリングとは，異なる特性をもったものが混ざり合った観測データ全体から，似た特性のものをグループにまとめることによって，データ全体をいくつかのグループ（グループ＝クラスター）へと分類することです．あるいは，事前に設定した条件内（たとえば同一の実験処理内）で似た特性をもった要素が集まってグループを形成しているかについても，制約なし座標づけによる可視化は，グループの存在・不存在を直感的に示唆してくれるものです．たとえば，図 8.15B を見れば，植物プランクトンの種組成は月ごとに違うグループ（クラスター）を作っているかもしれないと予想することができます．
　というわけで，本節ではクラスタリング（クラスター分析）について紹介します．クラスタリングには，図 8.16 の左の図のように階層性のないグループに分ける方法（**非階層クラスター分析**，ノンハイラルキカル クラスタリング，nonhierarchical clustering）と中央の図のように階層性のあるグループに分ける方法（**階層クラスター分析**，ハイラルキカル，hierarchical clustering）があります．非階層クラスター分析では，1 つのデータは 1 つのグループにしか属さないのに対し，階層クラスター分析ではグループが入れ子

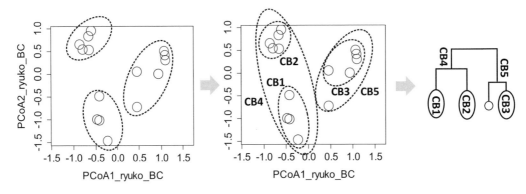

図 8.16 非階層クラスターと階層クラスターへ

になっているため，1 つのデータは 2 つ以上のグループに属することになります．

さらに，階層クラスター分析は，通常右側の図のように**樹形図**（dendrogram）を用いて表現することが多いです．樹形図において，枝の長さがデータ間・クラスター間での距離（非類似度）を表していることに注意を払ってください．

この樹系図で描画される，階層クラスターを R で実行する方法を，8.4.2 節では学んでいきましょう．

8.4.2 階層クラスタリングによる可視化

階層クラスタリングには，stat パッケージ（特に読み込まなくてもデフォルトで読み込まれているはずです）にある hclust() 関数を使う方法が，最も古典的でかつ標準的な方法です．その手順としては，まずは適切な距離指標を使ってデータ間の非類似度行列（距離行列）を作成します．その次に，その距離行列を hclust() 関数の引数とします．この関数には他の引数もあるので，以下で順次説明します．実行すべきコードは以下のようになります．

multivariate_plot.R

```
335    ####Hierarchical clustering####
336    species_b.d <- vegdist(species_ryuko_data, method = "bray")
337    hclust_model <- hclust(species_b.d, method = "ward.D2")
338    plot(
339      hclust_model,
340      hang = -1,
341      main = "phytoplankton composition with Bray-Curtis",
342      label = phyto_metadata$YYMMDD
343    )
```

距離行列の生成には vegdist() 関数を使いました．hclust() 関数の引数には距離行列以外にクラスタリングの手法（method）を指定する必要があります．ここではウォード法（ward.D2）

を使いましたが，他にも多くの手法があるので自分で勉強してみてください[17]．クラスタリングの結果を可視化するには，plot()関数の第一引数をクラスタリングの結果が入ったオブジェクト（hclust_model）とします．hangというパラメータは，樹形図の枝の末端部分の位置の揃え方を指定するものであり，-1という値を引数とすれば枝の末端で揃うスタイルになります．labelパラメータは各枝の末端部分に表示すべき文字列を指定するものです．枝の数（＝観測データ数）と同一の長さの文字列ベクトルを用意する必要があります．今回は，すでにそれは最初にメタデータとして用意してあります．ここでは観測年月日（YYMMDD）を表示することにしました．以上のコードの実行により，以下のように階層クラスタリングの結果を可視化できるはずです．

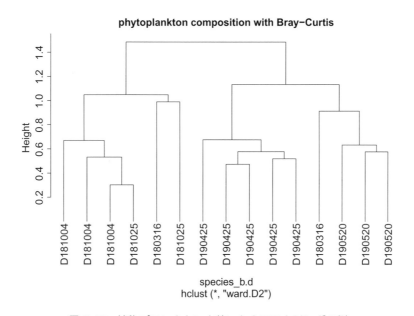

図 8.17　植物プランクトンを使ったクラスタリングの例

このクラスタリングの結果を眺めてみると，観測日ごとにデータがグループ化されるとは限らないことがわかりますね．簡単ではありますが，階層クラスター分析の紹介は以上とします．多変量の可視化全体についても，これで解説を終了します．次章は，多変量に対する一般線形モデル的な（つまり分散分析的・回帰分析的な）検定・推定の方法を紹介していきます．

さらに学ぶには

非類似度をどのように定義するかが，多変量データを評価するうえで非常に重要であることが8.3節でわかってもらえたかと思います．この分野も奥が深く，ここで説明しきれなかった内容がたくさんあります．さらにもう一歩のスキルアップのためには，以下の2つの解説論文と書籍を読むことをお勧めします．

---

[17]　独学の方法は第11章を参照．

・土居秀幸「生物群集解析のための類似度とその応用：R を使った類似度の算出，グラフ化，検定」，日本生態学会誌 61: 3–20（2011）（本書の第 9 章の内容も含みます）

・Marti J. Anderson, Thomas O. Crist, Jonaan M. Chase et al. "Navigating the multiple meaning of β diversity: a roadmap for the practicing ecologist", Ecology Letters 14: 19–28 (2011) （Figure 5 の内容がマスト・チェック！）

・Daniel Borcard・François Gillet・Pierre Legendre 著，吉原佑・加藤和弘 監訳「R による数値生態学——群集の多様度・類似度・空間パターンの分析と種組成の多変量解析——原著第 2 版」，共立出版（2023）

$\mathcal{R}$ 第 8 章の到達度チェック

- ☐ 回帰直線と主成分軸の違いがわかった ⇒8.1.2 節
- ☐ データの標準化において値を揃えるべき統計量が何かわかった ⇒8.1.2 節
- ☐ 主成分分析における寄与率・主成分軸の係数・主成分得点の意味がわかった ⇒8.2.2 節
- ☐ 距離と非類似度の関係がわかった ⇒8.3.1 節
- ☐ 距離行列を求める R コードが書けるようになった ⇒8.3.2 節
- ☐ 主座標分析による可視化ができるようになった ⇒8.3.4 節
- ☐ 階層クラスタリングと非階層クラスタリングの違いがわかった ⇒8.4.1 節
- ☐ 階層クラスタリングによる可視化ができるようになった ⇒8.4.2 節

第9章 多変量解析の次の一歩

21世紀になったばかりのころ，ようやく PCA, PCoA（および非計量的な手法である NMDS）などの手法を用いて多次元データを低次元化して散布図としてプレゼンすることが日本の生態学分野でメジャーになり始めました．しかし，きれいな散布図を描くだけで力尽きてしまうのか，統計的仮説検定をするところまで進まずに，単に見た目でクラスタリングをして[1]「3つのグループに分類できる」，などと根拠のあいまいな議論が行われることもありました．PCA や PCoA などの制約なし座標づけも，樹形図による階層クラスタリングも，基本的な目的はデータの可視化とそこからのパターン発見にあり，仮説検定や推定をスキップできるわけではありません．

時を同じくして，日本生態学会関連の年会や集会で，R の使い方や R でできる分析（たとえば一般線形モデルや一般化線形モデル）についてのチュートリアルが頻繁に開かれました．こうした先輩方の活動のおかげで，それまで主流であったマウス操作で分析のすべてが完結するような商用の統計アプリの利用は減っていき，R は特に若者の間で普及していきました．それから 20 年，時代は流れ，PCoA や NMDS などの可視化方法はすっかり標準的なものとして普及し，可視化と統計的仮説検定を組み合わせた王道の分析を多くの人が自然にするようになりました．そんな王道の方法を本章では学んでいきます．

本章で学ぶ内容を，図 9.1 にまとめました．第 9 章でも第 8 章と同様，「サンプルデータ 1」と「サンプルデータ 2」にある 4 つのデータフレームを使います．一度勉強した後に，自分でとったデータを使って同じようなことをする場合，図 9.1 の「自分で用意する場合の最小限のデータ」にある形式のデータを準備しましょう．つまり，N 個の観測について注目する連続量あるいはカテゴリー変数を，2 つ以上まとめたデータフレームを 2 つ必要とします．そのうち 1 つは，応答変数の多変量であり，もう 1 つは説明変数の多変量です．応答変数は基本的には連続量のみのデータを使います．本章では標準パッケージ（base, stats）に加えて，多変量解析用に vegan パッケージを読み込む必要があります．

---

[1] ちょうど，第 8 章の図 8.16 を筆者が作ったときに，グループ分けの楕円を筆者が見た目をよくするため適当に追加したのと同じです．

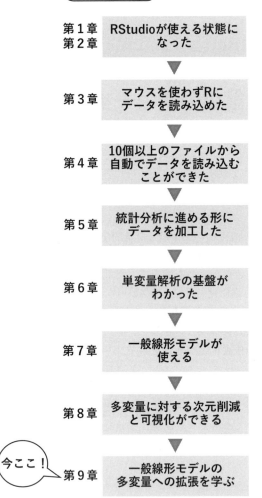

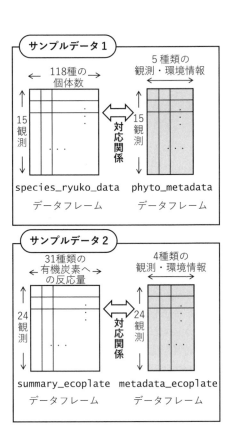

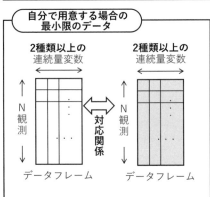

図 9.1　第 9 章のフローチャート

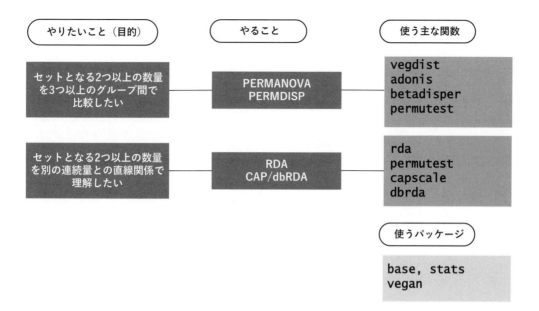

やりたいこと（目的）　　　やること　　　使う主な関数

| セットとなる2つ以上の数量を3つ以上のグループ間で比較したい | PERMANOVA PERMDISP | vegdist adonis betadisper permutest |

| セットとなる2つ以上の数量を別の連続量との直線関係で理解したい | RDA CAP/dbRDA | rda permutest capscale dbrda |

使うパッケージ

base, stats
vegan

9.1 一般線形モデルの多変量への拡張1：分散分析タイプ

> **やりたいこと**
> セットとなる2つ以上の数量を3つ以上のグループ間で比較したい

9.1.1 主座標分析による可視化の復習

まずは，有機炭素基質への微生物群集の反応量データを使います．処理（treatment）の異なる○印（対照区）と△印（実験処理区）の観測間に差があるかをざっくり推し量るために，この多変量データを Bray-Curtis 距離を用いて PCoA で可視化してみます（図9.2）．サポートサイト9章の $\boxed{\text{multivariate\_test.R}}$ の冒頭（1～13行目）でデータを読み込んだ後，17～28行目まで実行すればこのグラフが描けます．

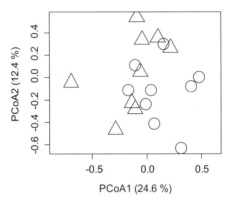

図 9.2 有機炭素基質への応答量に関する主座標分析グラフ

図9.2の PCoA のグラフを見れば，処理（treatment）の異なる○印（対照区）△と印（実験処理区）の観測間になんとなく差があるように見えます．つまり，○印のデータと△印のデータがそれぞれ異なるグループを形成しているようです．しかし同時に，それぞれのグループ内にもデータのバラつきがあるため，○印グループと△印グループの分布には一部重なりもあるようです．したがって，これらのグループが異なる母集団から得られたデータなのか，差のない母集団由来にもかかわらず，たまたま差があるように見えるデータにすぎないのかを判断できません．可視化だけではこれが限界です．

9.1.2 分散分析的取り扱い

こんなとき，第6章で学んだ分散分析的思考が役に立ちます．データ間の全体のバラつき（全分散）を分解し，○印間（水準内）のバラつき，△印間（水準内）のバラつき，○・△間（水準間）のバラつきをそれぞれ計算します．そして，図6.16と同じように水準間と水準内のバラつきの比を F 値として計算すればよいのです．図9.2の例で示すと複雑になりすぎるので，次の

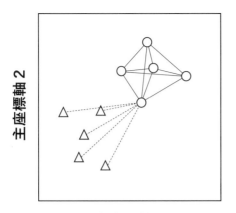

──── ○印水準内分散

┄┄┄ 水準間分散（の一部）

主座標軸2

主座標軸1

図 9.3 仮想的な分布に対する水準内・水準間分散の計算法

ように仮想例を用意しました（図 9.3）.

　全分散を計算するためには総当たりですべての点をつながないといけないのですが，図 9.3 の単純な仮想例では線の一部だけを描いています．こういったイメージで全分散を水準内分散と水準間分散に分解すれば F 値が計算できます．実際に F 値を図 9.2 で示した例のほうに戻って計算すると F $= 2.758$（四捨五入値）になります[2].

分散分析的解析では終われない：第 6 章で説明した単変量の分散分析が想定している状況では，「水準間で平均に差がない」という帰無仮説の下で実現する F 値の確率分布を数学的に求めることができます．そのため，観測から F 値をいったん計算すれば，すぐにこの帰無仮説の下で観測値以上の F 値（F ≥ 2.76）が実現する確率を計算し，有意差検定を進められました．観測データが多変量になっても，単変量の分散分析をそのまま拡張した多変量分散分析（multivariate analysis of variance: MANOVA）という手法が古くから利用されてきました．しかし，MANOVA が前提とする状況[3] が厳しすぎて，生物群集の個体数データ・メタバーコーディングデータ，網羅的遺伝子発現量データ，炭素代謝量・溶存有機物組成など，現代の生態学・環境科学で扱うデータタイプには適用が難しいのです．観測データ（統計学的には誤差分布）を正規分布であると仮定できない場合，帰無仮説の下で実現する F 値の確率分布を数学的に求めることはできません．そのため，いままでにない検定方法が必要となるのです．これを次に見ていきましょう.

9.1.3　ランダム並び替え検定の仕組み

　観測データ（誤差分布）に対して特定の確率分布を前提にできないとき，一般的に permutation test という方法で，手元にあるデータからランダムにデータを再生成し，統計的仮説検定を行い

---

[2]　この図 9.2, 9.3 を使った F 値の説明は不正確です．詳しくは BOX14 をご覧ください.

[3]　観測データが多次元正規分布に従う必要があります.

第9章

ます．これは，今話題にしている多変量の分散分析的状況に限ったことではありません．この permutation という単語，いい翻訳がなく，「並び替え」と訳されたり，（翻訳を諦めて）「パーミューテイション」とカタカナ表記されたりすることが多いです．本書ではこのデータ処理にランダムな過程が入っていることを強調し，**ランダム並び替え**（permutation）**検定**（test）と呼ぶことにします．

ランダム並び替え検定は，以下のような5つのステップで行います．

(1) 帰無仮説を設定する
(2) 帰無仮説の状況を再現できるような観測セットを十分な数だけ再生成する
(3) 再生成した観測セットごとに，検定のための統計量を計算する
(4) 実際の統計量（以上の）の値が帰無仮説の下で実現する確率（P値）を3）で計算した統計量の集まりから計算する
(5) P値が事前に設定した有意水準確率よりも小さければ帰無仮説を棄却する

この5つのステップについて，図9.1の例に即して説明していきます．まず，ステップ（1）では，「対照区（○印）と実験処理区（△印）の間に差がない」という帰無仮説を立てることにします．

次に，ステップ（2）です．母集団の特性や観測データが従う確率分布がわからないのにどうやってデータを再生成するのでしょう？　ランダム並び替えにおけるアイデアの核（コア）は，いまあるデータ（観測）の集合から，データを無作為（ランダム）に選び直す（resampling（リサンプリング）する）ことで，帰無仮説の下での仮想的な母集団の特性を理解できると考えるところです．具体的にいうと，「対照区（○印）と実験処理区（△印）の間に差がない」という帰無仮説の下で考えるとは，図9.1にあるすべての点（データ）を，特性を「区別できない」一つの集合であると考えることです．図9.2の例では対照区と実験処理区のデータがそれぞれ12個ずつ含まれています．したがって，対照区と実験処理区が区別できない集合から「データを選び（サンプリングし）直して観測セットを再構成する」ということは，全24個のデータを持つ集合から「ランダム」に12個ずつ，対照区のもの，実験処理区のものとして選び直すという作業に対応します．言葉では伝わりにくいのでこの選び直しの結果を主座標分析で可視化した図9.4を見てください．

このランダムな選び直しでは，データ全体の分布は全く変わらず，○印（対照区）と△印（実験処理区）の振り分けだけが変わっていることに気付きましたか？　ステップ（2）の作業では，多くの場合，「注目している処理間に実は差がない」というタイプの帰無仮説を使うことが多いです．したがって，観測データからのランダムな選び直しによる観測セットの再生成というのは，実際には，各データに紐づいている「どの処理由来か？」という属性情報を「ランダム」に「並び替える」だけの作業になります．いま使っているデータでいえば，微生物群集のメタデータの`metadata_ecoplate$treatment`にストックされている対照区（N）・実験処理区（T）というデータの属性情報をランダムに並び替えるという作業に他なりません．ランダム並び替え検定は，データ分析一般において非常に多く利用されている手法・思考法ですので，避けて通ることはできません．初めて学ぶこの機会に，納得するまで図9.4前後の文章を繰り返し読んでみましょう．

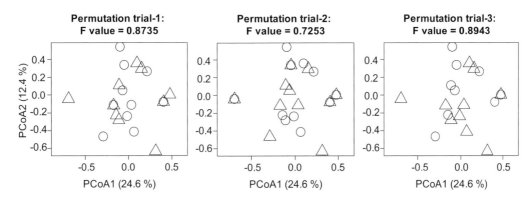

図 9.4　ランダム並び替えと F 値の例：3 回やってみた

　次にステップ（3）に行きましょう．今回の例では分散分析的検定を行いますので，「検定の
ための統計量」とは F 値のことになります．実際に，3 回だけランダム並び替えをした結果（図
9.4）それぞれについての F 値を，図 9.4 の各グラフタイトル部分に明記しています．ステップ
3 の作業はシンプルなものです．

　次のステップ（4）もランダム並び替え検定の重要なステップとなっていて，特に検定の部分
に関わる作業です．まずは，ランダム並び替えをしたときの，すわなち帰無仮説の下での，F
値 3 つ（図 9.4: F = 0.8735, 0.7253, 0.8943）と実際の観測からの F 値（図 9.1: F = 2.758）
を比べましょう．この比較からは，「帰無仮説を仮定したランダム並び替えを 3 回実行したとこ
ろ，実際の F 値と同じかそれより大きい値になったものは全体のゼロ％（=0/3）」といえます．
この頻度（今回はゼロ％）を確率と読み替え，「帰無仮説の下で実際の F 値以上の値が出る確率
（すなわち P 値）」とするのが検定の基盤です．

　ただし，たった 3 回のランダム並び替えから実際の F 値以上になる頻度・確率を計算するの
では確実性が低いでしょう．そこで実際のランダム並び替え検定では，1000 回程度以上の並び
替えの結果を基に P 値を計算します．図 9.1 の例を使って 999 回並び替えを実行し，得られた
F 値の頻度分布を可視化したものが次のヒストグラムです（図 9.5）．これが帰無仮説の下での
仮想的な母集団の特性を示しています．

　帰無仮説の下では F 値が大きな値，たとえば 2.0 を超えることは，ほとんどないことがわか
りますね．実際に，999 回のランダム並べ替え中で，観測値（2.758）以上になったのは全部で
3 回だけでした．つまり，P 値は 3/999 = 約 0.003 と計算できるわけです．…というのが直感
的な P 値の計算法の説明です．しかし，実際に R では，観測値以上になった回数を n，並び替
えの回数を N としたとき，P 値は単純に n/N ではなく，$(n+1)/(N+1)$ と計算します．分
子と分母の「+1」にはちょっとびっくりしませんか？　R では P 値を計算するときに，ラン
ダム並び替えで作ったデータに，実際の観測データを並び替え一回分として追加するという方
針のようです．観測データ自体を計算に入れると，観測値「以上」になった回数が 1 回増えま
すし，全並び替え回数も 1 回増える計算です．したがって，P 値は $(3+1)/(999+1) = 0.004$
となります．

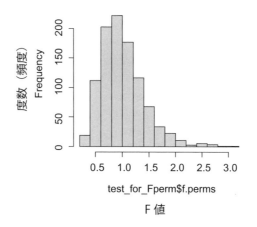

Frequency of permutational F-values

test_for_Fperm$f.perms

F 値

図 9.5 ランダム並び替えから得られた F 値の頻度（度数）分布

　ちなみに，ステップ (2) 〜 (4) の作業に対応するコードを multivariate_test.R の####Example of permutation#### （35〜52 行目）のブロックに載せておきます．しかし，初学者が自分で書けるようになる必要は全くありません．というのも，9.1.4 節で説明が出てくるように，ランダム並び替え検定は，すでに関数として用意されているので，自分でコードをゼロから書く必要がないからです．もしも興味のある人は，このコードの中でも sample() という関数に注目するとよいでしょう．また，この部分の計算もこれ以降の説明部分もランダム並び替え検定に関してはランダムな要素が出てくるため，コンピュータの中で乱数を発生させるステップが必ず含まれます．したがって，何も考えずに同じコードを何度も実行すると，そのたびに異なる結果になり得ることには注意が必要です [4]．

　最後にステップ (5) です．ここでは，他の統計的仮説検定と共通したルールを使います．観測で得られたデータに対し，帰無仮説の下でも得られる確率がどれくらい低ければ，帰無仮説の下で得られたデータではないと結論づけるのか（つまり帰無仮説を「棄却」する），その境目の値（すなわち有意水準）を決め，ステップ (4) で求めた確率と比べれば完了です．図 9.2 の例では P 値は 0.004 だったので，有意水準を 0.05 とすれば，「対照区（○印）と実験処理区（△印）の間で有機炭素基質への反応量の分布（パターン）には差がない」という帰無仮説は棄却されることになります．

9.1.4 Permutational MANOVA （PERMANOVA）

　以上のように，多変量に対して F 値を計算するような分散分析的手法を適用し，そのうえで F 値の検定にランダム並び替え検定を行う手法を，パーミューテイショナル マルティヴァリエイト アナリシス オヴ permutational multivariate analysis of ヴァリアンス パーマノーヴァ variance （PERMANOVA）と呼びます．日本語に訳せば「ランダム並び替え多変量分散分析」

---

[4]　発展的内容として説明すると，再現性を確保するために，このようなランダムな過程が含まれるコードでは set.seed() を使います．

となります．9.1.2, 9.1.3 節ではこの PERMANOVA の中身の計算を分解して丁寧に説明してきました．しかし，その一連の計算は，以下の非常に短いコードの実行で実現できるのです．

multivariate_test.R

```
54   ####PERMANOVA for ecoplate data####
55   ecoplate_BC.d <- vegdist(summary_ecoplate, method = "bray") #Bray-Curtis
56   ecoplate_BC_permanova <- adonis(ecoplate_BC.d ~ metadata_ecoplate$treatment, perm
         = 999)
57   ecoplate_BC_permanova$aov.tab
```

　55 行目では，Bray-Curtis 距離に基づく距離行列を vegdist() 関数によって求め，新しいオブジェクトに代入しています．このようにして計算した距離行列 ecoplate_BC.d を，PER-MANOVA を実行する関数である adonis() の引数の一部としています．56 行目にあるように，この関数の最初の引数は，モデル式です．分散分析・回帰分析・一般線形モデルのときと同様，**応答変数 〜 説明変数** の形でモデル式を記述する必要があります．特に PERMANOVA の場合には距離行列を応答変数とします．パラメータ perm はランダム並び替えの回数を指定するものです．9.1.3 節で説明したように R では帰無仮説の下での実現確率（P 値）の計算時に，並び替え回数に 1 を足します．したがって，P 値をキリのよい数字で出すためには，999, 1999 などのように 9 で終わる数字を指定するとよいでしょう．

　57 行目の出力[5]は，以下のように分散分析形式になりますので，F 値や P 値を確認してみてください[6]．

```
                              Df  SumsOfSqs  MeanSqs   F.Model  R2       Pr(> F)
metadata_ecoplate$treatment   1   0.022226   0.022226  2.7576   0.11138  0.001 **
Residuals                     22  0.177320   0.008060           0.88862
Total                         23  0.199546                      1.00000
---
Signif. codes: 0 '***' 0.001 '**' 0.01 '*' 0.05 '.' 0.1 ' ' 1
```

9.1.5 「分布に差がある」とは何か

　PERMANOVA では，「分布に差がない」という帰無仮説について検定できることを 9.1.4 節で解説しました．分布に差がない状況というのは，基本的には F 値が小さい場合であり，イメージとしては，図 9.4 の状態を想像すればいいでしょう．これは，「分布に差がない」という帰無仮説が棄却できない場合です．一方，この帰無仮説が棄却される場合には，「分布に差がある」と判定できます．しかし同時に，分布に差がある状態には実は 3 つも異なるパターンがあり，PERMANOVA だけでは知りたいことまでたどり着かないのです．本節では，この問題を解決

---

[5] adonis() 関数の出力形式はバージョン間でだいぶ違ううえに adonis2() への移行が推奨されており，57 行目のコマンドでうまくいかない場合は，結果全体（ecoplate_BC_permanova というオブジェクト全体）を表示させればよいでしょう．

[6] ランダム並び替え検定の P 値は，乱数に依存するため実行のたびに代わる可能性があります．

するために PERMANOVA と組み合わせて利用する permutational analysis of multivariate dispersion （PERMDISP）という手法について解説していきます．PERMDISP については，ちょうどいい日本語訳がないのですが，無理やり直訳すれば，「ランダム並び替え多変量散布度分析」です．これから説明する計算の中身を反映した名前にすると，「ランダム並び替え多変量等分散検定」ともいえるでしょう．

　まずは，**分布の差の有無**についてもっと詳しく見ていきます．図 9.3 の仮想例を少し修正することで，分布の差の有無については，**分布の散布度の差の有無**と**分布の中心位置の違いの有無**の 2 つの判定基準の組合せにより，次のように 4 つのパターンに分類できます（図 9.6）．

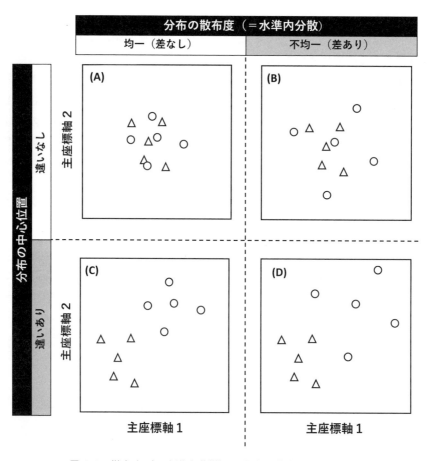

図 **9.6**　散布度（＝水準内分散）の大小と分布の中心の違い

　この図を使って先ほどの議論を整理します．PERMANOVA で F 値が小さく分布に差がない（正確には，分布に差があるとはいえない）という結果になるのは，分布の散布度（＝水準内の分散）が水準間で均一となって差がなく，かつ分布の中心位置に水準間で違いがない場合のみです（図 9.6A）．PERMANOVA で帰無仮説が棄却されたときには，他の 3 つのパターン（図 9.6B, C, D）のどれかのパターンが実現しています．この 3 つのパターンのうち，C のパ

ターンと B または D のパターンを区別するために（残念ながら 3 つを完全に区別することはできません），PERMDISP が登場するのです．

PERMDISP は各水準内でのデータの散布度・分散・バラつき（分布の中心から各データまでの距離の平均値）を計算し，それが水準間で差があるかに注目する手法です．具体的には「水準内の散布度に水準間で差がない」という帰無仮説の下で，ランダム並び替えによって検定します．ランダム並び替え検定についてはその一般的ルールを 9.1.3 節で詳しく紹介しましたので，必要があれば再度読み直してください．

では PERMDISP で水準内分散の差を検定するコードを見ていきましょう．

multivariate_test.R

```
58    ####PERMDISP for ecoplate data####
59    ecoplate_BC.d <- vegdist(summary_ecoplate, method = "bray") #Bray-Curtis
60    ecoplate_BC_var <- betadisper(ecoplate_BC.d, metadata_ecoplate$treatment)
61    permutest(ecoplate_BC_var, perm = 999)
```

59 行目の距離行列の計算部分は，本章で使う R スクリプト multivariate_test.R を上から順に実行している場合にはすでに計算済みです．ただし，途中から始める人用にここで再度実行しています．PERMDISP は 2 つのステップに分かれます．まず，betadisper() という関数を betadisper(距離行列，水準を区別するためのベクトル) の形で実行します（60 行目）．ここでは水準を区別するためのベクトルには，これまでもずっと使っている metadata_ecoplate$treatment を指定しています．この実行結果をいったん新しいオブジェクト（ecoplate_BC_var）に保存しましょう．次に，ランダム並び替え検定のための permutest() 関数に betadisper() の実行結果（つまり ecoplate_BC_var）を渡します．並び替えの回数を，perm パラメータに渡す引数として指定しましょう．permutest() 関数の実行結果は以下のようになるはずです．

```
> permutest(ecoplate_BC_var, perm = 999)
Permutation test for homogeneity of multivariate dispersions
Permutation: free
Number of permutations: 999

Response: Distances
          Df  Sum Sq     Mean Sq      F       N.Perm   Pr(>F)
Groups     1  0.0000391  0.00003908   0.0984  999      0.77
Residuals 22  0.0087390  0.00039723
```

この結果の P 値（Pr(>F)）の値が有意水準よりも大きければ，水準内分散には水準間で差がなく，有意水準よりも小さい場合は，水準内分散は水準間で差があることになります．

PERMDISP と PERMANOVA を組み合わせる：それでは，PERMDISP と PERMANOVA を組み合わせることで，どのように図 9.6 の 4 つのパターンを区別できるかを解説しましょう．

表 9.1　図 9.6 の 4 つのパターンの区別まとめ

		水準内分散	
		均一（差なし）	不均一（差あり）
中心位置	違いなし	(A)　PERMDISP：差なし PERMANOVA：差なし	(B)または(D) PERMDISP：差あり PERMANOVA：差あり
	違いあり	(C)　PERMDISP：差なし PERMANOVA：差あり	

　結論からいうと，区別できるのは，A, C, B または D の 3 つだけです．それをまとめた表 9.1 を見てください．

　図 9.6 の 4 つのパターンが，（PERMDISP での差の有無）×（PERMANOVA での差の有無）の 4 パターンと一対一で対応していないという，ややこしい状況になっているのには理由があります．それは，PERMANOVA における有意差の有無は分布の中心位置の違いの有無とは対応していないからです．表 9.1 からわかるように，PERMANOVA によって分布の中心位置の違いを判定できるのは，水準内分散に差がないとき，すなわち PERMDISP で有意差がないときだけなのです．言い換えると，PERMDISP で有意差がある場合，中心位置の違いの有無を判別できないのです．また，表 9.1 では（PERMDISP での差あり）×（PERMANOVA での差なし）の場合が抜けていますが，このような組合せは実現しにくいと考えられるからです（水準内分散に差があるときには，PERMANOVA における F 値が大きくなる傾向があるからです）．

　最後に，王道の実践的方法を紹介します．生物群集の個体数データ・メタバーコーディングデータ，網羅的遺伝子発現量データ，炭素代謝量・溶存有機物組成など，現代の生態学・環境科学で扱う機会の多い多変量データに対して，一番王道な問いかけは「水準間（たとえば処理間）に，多変量パターンの差は存在するか」です．この「パターンの差」とは，少なくとも 2020 年までの生態学においては「分布の差」全体のことではなく，「分布の中心位置の差」のことのみを意味していました．なぜなら科学者が興味のある分布の差とは，水準（処理）ごとの代表的な特性であり，代表的な特性とは分布の中心位置[7] として可視化・定量化されるからです．したがって，実践的な PERMDISP と PERMANOVA の使い方としては，以下のような作業フローに従うのがよいでしょう（図 9.7[8]）．

　また，上で書いた内容のうち「PERMDISP で差があるときには分布の中心位置の違いの有無は判別できない」という説明は，PERMDISP と PERMANOVA を組み合わせた方法の限

---

[7]　発展的な話題となってしまいますが，分布の中心とは単に平均（多次元では**重心**（centroid）と呼びます）のみを指すのではなく**空間的中央値**（spatial median）をも含んだ概念です．なぜならユークリッド距離以外を用いた主座標空間では単純な平均に意味がなくなるからです．興味をもった人は spatial median について Google 検索してみましょう．

[8]　「判定：分布の中心位置に違いなし」はわかりやすさを優先した不正確な表現です．正確には「判定：分布の中心に違いがないという帰無仮説は棄却できない」です．

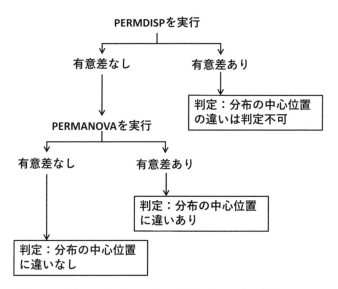

図 9.7　分布の中心位置の違いを判別するための作業フロー

界を示していることにも注目しましょう．読者の皆さんが本書を手に取るころ，実際にはこの限界を突破する方法が開発されているかもしれません[9)]．常に手法は進歩していることを忘れずに，本に書いていることを永久不変の事実だと思わないようにしてください．

9.1.6　PERMDISP 自体にも意味がある

PERMANOVA が広く使われるようになった最初のころには，PERMANOVA によって分布の中心位置の違いを判定するための前提条件として，PERMDISP は補助的に使われていただけでした．しかし，しばらくして PERMDISP 自体にも意味があることがわかってきました．

というのは，たとえば生態学や生物地球化学において，「生物群集の種組成や生態系内の物質流に関わる多変量データは多様性データである」と捉える機運が高まってきたからです．そのため，グループ（水準・処理）内でのデータ間のバラつき自体も多様性の一大要素として評価するようになったのです．

たとえば，人工林と天然林という 2 タイプの森林内で，昆虫群集の個体数データを得た，と想像してみてください．各森林内で 10 地点ずつサンプリングしたとします．このとき，2 タイプの森林間で比べられる多様性の指標は，1) 各森林内の全 10 地点全体での出現種数（**γ 多様性**）の大小，2) 1 地点あたりの平均出現種数の大小（**α 多様性**），3) 各タイプでの代表的種組成の差（多変量の分布中心の差）だけではありません．各森林タイプ内における地点間での種組成のバラつきもまた，重要な指数となるのです．仮に人工林よりも天然林で地点間の種組成の差が大きければ（つまり PERMDISP で差があれば），「天然林のほうが人工林よりも森林内の **β 多様性**が高い」といえるのです．

これは生物多様性に限った話ではありません．たとえば，土壌水分・土壌硬度・照度・温度・

[9)]　もしくは，すでにこの世にあるのに筆者が勉強不足で知らないだけかもしれません．

湿度などの物理化学変数は，森林の環境を特徴づける多変量であるといえます．このようなデータに PERMDISP を適用し，森林タイプ間で差があれば，「天然林のほうが人工林よりも森林内の物理化学変数の空間的不均一性が高い」といった環境評価ができるようになります．バラつきの重要性は分野によって異なるかもしれませんが，大なり小なり環境科学においては意味のある指標であるといえるでしょう．

　betadisper() 関数を使うと，各データとそのデータが属するグループ（水準）の分布中心までの距離の一覧を，出力の一部として得られます．したがって，この距離の一覧を使えば，水準内分散の程度を可視化できます．

　一例として，植物プランクトンのデータのうち 3 月と 5 月に観測した分だけを抜き出して，betadisper() を実行し，permutest() で検定をしたうえで，その結果を可視化するコードを書きました．次のコードを実行すれば，第 6 章でよく使った箱ひげ図と散布図を重ね合わせたグラフが作れます（図 9.8）．

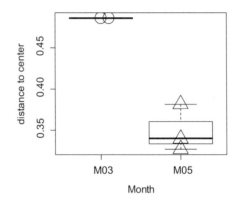

図 9.8　PERMDISP 自体も役に立つ！

```
multivariate_test.R
77    ####PERMDISP for phytoplankton####
78    ryuko_BC.d <- vegdist(species_ryuko_data[c(1,2,13,14,15),], method = "bray") #Bray
        -Curtis
79    ryuko_BC_var <- betadisper(ryuko_BC.d, phyto_metadata$month[c(1,2,13,14,15)])
80    permutest(ryuko_BC_var)
81    #Visualization
82    boxplot(
83      ryuko_BC_var$distances ~
        PERMDISP の結果を格納したオブジェクト$distances に中心からの距離が格納されている
      phyto_metadata$month[c(1,2,13,14,15)],
84      outline = FALSE,
85      col = "white",
86      xlab = "Month", ylab = "distance to center"
87    )
```

```
88    stripchart(
        ryuko_BC_var$distances ~
89    phyto_metadata$month[c(1,2,13,14,15)],
90      method = "stack",
91      pch = c(1,2),
92      cex = 3,
93      vertical = TRUE,
94      add = TRUE
95    )
```

　上の例は，観測数が少なく，またバラつきを正当に評価できる観測デザインにはなっていないため，正直良い例ではありません．しかし，一応の解釈を加えるとすると，「3月は5月に比べ種組成のバラつきが大きく，月内の β 多様性が高い」といえるでしょう．このように PERMDISP 自体にも意味があるイメージをもってもらえればこの部分の学びは十分でしょう．

BOX 14　可視化における次元削減とF値の計算過程の関係

　9.1.2 節では，主座標分析（あるいは主成分分析）によって次元削減した後の図（図 9.2, 9.3）を使ってF値を計算するアイデアを説明しました．そのため，「次元削減後の2次元主座標空間上のユークリッド距離を用いて，分散およびF値の計算を行う」という誤解が生まれているかもしれません．多変量データにおける分散の計算，およびそれに基づくF値の計算自体は，次元削減（とそれに伴う情報の損失）とは無関係であり，元々の高次元の情報をすべて使って計算する**距離行列**（第8章参照）に基づいて行われるものです．図 9.2 や 9.3 を出して説明した理由は，単に分散・距離という概念のイメージを伝えるのに，2次元のグラフを使うとうまくいくから，というだけですので誤解のないようにしてください．

9.2　一般線形モデルの多変量への拡張 2 ：回帰分析タイプ

> **やりたいこと**
> セットとなる2つ以上の数量を別の連続量との直線関係で理解したい

　9.1 節では，応答変数が多変量になった場合に，単変量の分散分析を拡張する方法を学びました．分散分析と回帰分析が一般線形モデルへと統合されることを思い出せば，回帰分析についても，応答変数が多変量になった場合に拡張できるのが想像できるでしょう．ここではその方法を学んでいきます．

9.2.1　主成分分析の拡張：すべてユークリッド距離で済むとき

　まず単純な場合として，**制約なし座標づけ**で一番単純な主成分分析（PCA）を**制約あり座標づけ**（コンストレインド オーディネイション constrained ordination）に拡張する方法を説明します．制約なし座標づけは対象とする

多変量の応答変数を，何の縛りもなく低次元で説明できるように座標変換する操作でした．それに対して，制約あり座標づけとは，多変量の応答変数をいくつかの説明変数で縛って（すなわち，制約をつけて）から座標づけをする方法です．応答変数と説明変数の関係について単純な直線的関係を前提とするのが合理的であるとき，この方法は，重回帰分析と主成分分析を組み合わせただけの単純なデータ処理です．そしてこの手法には**冗長性分析**（redundancy analysis: RDA）という名前が付いています．

　では冗長性分析におけるデータ処理の流れを説明していきます．ざっくりいえば，重回帰分析をし，その後に主成分分析を実行し，次元削減した低次元空間上で応答変数と説明変数の関係を可視化し，最後にランダム並び替え検定をする方法です．もしもこのざっくりした説明で納得できた場合は，次の段落から 9.2.1 節の終わりまで続く，図 9.9 の数学的な説明は，読み飛ばして構いません [10]．

RDA において準備するデータ：RDA で使う応答変数 Y は，m 次元の多変量 $(y_1, y_2, \ldots, y_m)$ の観測値を n 個集めた，n 行 × m 列の行列 [11]（R 上ではデータフレーム）です．図 9.9 では，$\boldsymbol{Y}$ という文字で表しているものがこの行列です．この行列は，j 番目（$j = 1, 2, \cdots, m$）の応答変数 y_j の n 個の観測をまとめた**観測値ベクトル $\boldsymbol{y}_j$** を横に並べて，$\boldsymbol{Y} = (\boldsymbol{y}_1\ \boldsymbol{y}_2\ \cdots\ \boldsymbol{y}_m)$ とも表記できます．この m 次元の多変量応答変数が，2 つの単変量説明変数 x_1, x_2 に対して直線的な応答をするという線形モデルを仮定します．x_1, x_2 について n 個の観測をまとめたベクトルをそれぞれ $\boldsymbol{x}_1, \boldsymbol{x}_2$ とします．したがってモデル式は，$\boxed{Y \sim x_1 + x_2}$ となります．

[ステップ 1] 重回帰分析：Y を構成する m 種の応答変数それぞれについて，x_1 と x_2 の 2 変数で重回帰分析を行います．図 9.9 では，応答変数それぞれについて個別に重回帰分析をするという点を強調するために，m 種の応答変数のうち j 番目と j' 番目の応答変数 $y_j, y_{j'}$ という 2 つの応答変数をわざわざ取り出して，重回帰分析によって回帰係数 $((b_{1j}, b_{2j})$ と $(b_{1j'}, b_{2j'}))$ と重回帰平面を求める過程を模式的に表しています [12]．RDA の一部として重回帰分析をするときは，説明変数も応答変数も平均がゼロになるように数値を変換してから回帰を行います．これを**中心化**といいます．そのため回帰部分に切片は存在しません．その結果，元のデータのうち重回帰平面上に写すことのできる**予測値**は単純に説明変数 2 つの**線形和**となります．具体的には，j 番目・j' 番目の応答変数について n 個の観測をまとめたベクトル $\mathbf{y}_j, \mathbf{y}_{j'}$（図 9.9 では，$\boldsymbol{Y}$ 行列に重ねて細長い長方形が描かれており，これらのベクトルに対応します）に対して，それぞれ予測値をまとめたベクトルを $\mathbf{y}_{\mathrm{LM}j}, \mathbf{y}_{\mathrm{LM}j'}$ とおくと，以下のように表現できます．

---

[10]　ベクトルや行列が出てくるので，数学が苦手な人はもしかしたら頭が痛くなったり心臓がどきどきしたりするかもしれません（筆者も初見の数式やデータ処理の説明を理解しようとするとき，ワカラナすぎて自分の研究者人生が終わる（知識のアップデータができなくなる）気がして動悸がします…）．

[11]　線形代数をまじめに勉強した人は m と n の使いかたがおかしいと思うかもしれません．数学では一般の行列を表すときに m 行 × n 列行列を使います．しかし，本書では一貫して観測数を表す文字として n を使っていますので，n 行 × m 列行列というのは誤字ではありません．

[12]　数学的な文章表現に慣れている人は「j 番目 $j = 1, 2, \cdots, m$ それぞれに行う」と理解してもらえれば十分です．

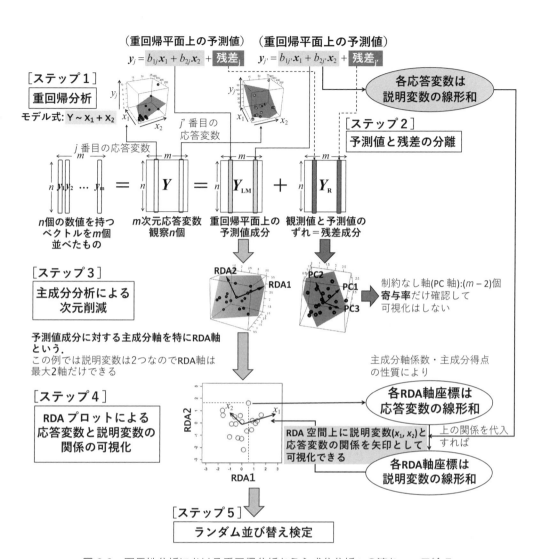

図 9.9　冗長性分析における重回帰分析から主成分分析への流れ　→口絵 7

$$y_{\mathrm{LM}j} = b_{1j}\boldsymbol{x}_1 + b_{2j}\boldsymbol{x}_2,$$

$$y_{\mathrm{LM}j'} = b_{1j'}\boldsymbol{x}_1 + b_{2j'}\boldsymbol{x}_2.$$

　この足し算の表現が,「応答変数の予測値は説明変数の線形和である」ということを意味しています.

［ステップ2］予測値と残差の分離：この重回帰平面上の予測値と元の観測値とのずれが**残差** (residuals) です. j 番目・j' 番目の応答変数についての残差ベクトルを $y_{\mathrm{R}j}$, $y_{\mathrm{R}j}$ とすると,それぞれ,観測値ベクトルと予測値ベクトルの差を使って以下のように表現できます. とても単純です.

$$y_{\mathrm{R}j} = y_j - y_{\mathrm{LM}j},$$

$$y_{\mathrm{R}j'} = y_{j'} - y_{\mathrm{LM}j'}.$$

上式の右辺と左辺で移項をすると，応答変数（ベクトル）ごとに，**観測値（ベクトル）＝ 予測値（ベクトル）＋ 残差（ベクトル）**の形式に変更できます．

$$y_j = y_{\mathrm{LM}j} + y_{\mathrm{R}j},$$

$$y_{j'} = y_{\mathrm{LM}j'} + y_{\mathrm{R}j'}.$$

上式の右辺にあるような，予測値ベクトルと残差ベクトルを m 個すべての応答変数（$j = 1, 2, \cdots, m$）について求め，それらのベクトルを横に並べていくと，元の観測値の予測値成分をまとめた予測値行列 Y_{LM} と，残差成分をまとめた残差行列 Y_{R} を作ることができます（図 9.9）．以上のデータ処理により，m 次元の観測値 n 個をまとめた観測値行列 Y は予測値行列と残差行列に分解できたのです（$Y = Y_{\mathrm{LM}} + Y_{\mathrm{R}}$）．

[ステップ 3] 主成分分析 PCA による次元削減：このステップについて，もしも観測行列を予測値行列と残差行列に分解せずに次元削減をした場合，ただの主成分分析になります．冗長性分析の特徴の一つは，この次元削減のステップにおいて，予測値行列と残差行列それぞれを独立に主成分分析にかける点にあります．予測値成分（をまとめた予測値行列）を次元削減して求めた PC 軸は特に RDA 軸と呼ばれます．

この主成分分析で出てくる RDA 軸の数は，ステップ 1 で実行した重回帰分析に用いた説明変数の数を越えません．予測値成分は m 次元のデータなので，m 個の PC 軸（RDA 軸）が出てきそうなものです．しかし，重回帰する前の制約なしの元データ Y が m 次元空間上に広く薄く分布しているのに対し，たった 2 個の説明変数で重回帰し，制約ありのデータとなった予測値成分 Y_{LM} では，元のデータがもっていた情報の一部が失われています．したがって，予測値成分は，m 次元空間中の狭い範囲に分布し，実質的には低次元データになっているのです．これが説明変数の数を越えない RDA 軸しか作れない理由です．ステップ 3 では残差成分についても主成分分析により PC 軸が「元の次元数マイナス説明変数の個数」個だけ生成されます．

[ステップ 4] RDA プロットによる応答変数と説明変数の関係の可視化：ステップ 3 における残差成分の主成分分析の結果は通常可視化しません．R のサンプルコードで後ほど説明しますが，この残差部分については，寄与率の値のみに注目することが多いです．主成分分析により次元削減した予測値成分については，各観測データを RDA 空間上に可視化するための情報が各 RDA 軸の係数と各観測点の主成分得点[13]として得られています．

各観測データにおいて，k 軸目の RDA 軸座標の値 RDA_k は元の m 個の応答変数の予測値成分に関する，RDA 軸の係数 c_{kj} を使った線形和（$\boldsymbol{RDA}_k = c_{k1}y_{\mathrm{LM}1} + c_{k2}y_{\mathrm{LM}2} + \ldots + c_{km}y_{\mathrm{LM}m},\ k = 1, 2$：図 9.9）です．ここでステップ 1 に戻って，各応答変数の予測値成分は

---

[13] これについては，8.2.2 節を復習してください．

説明変数の線形和（$y_{\text{LM}j} = b_{1j}\boldsymbol{x}_1 + b_{2j}\boldsymbol{x}_2,\ j = 1, 2, \ldots m$）であることに注目してください．$\text{RDA}_k \ldots$ の式の中の $y_{\text{LM}j}$ に $y_{\text{LM}j} \ldots$ の式を代入すれば，RDA 軸座標の値 RDA_k は説明変数（x_1, x_2）の線形和であることがわかります．つまり，RDA プロット上の応答変数と説明変数とは線形和という単純な関係でリンクしていますので，各説明変数の値が大きくなる方向をベクトルとして可視化することが可能です．このようにして，各観測データ間の違いを説明変数の値の大小で説明できる制約あり座標づけが可能となります．

［ステップ5］ランダム並び替え検定：ステップ3・4で明らかになった RDA 軸と説明変数の関係が有意なものであるかの検定を実行し，冗長性分析は完了です．詳しくは，9.2.2 節の R のコードの解説部分で説明することにします．

9.2.2　冗長性分析（RDA）のための R コーディング

冗長性分析には，vegan パッケージ中の rda() を使います．以下は，植物プランクトンのデータを使って，水温・総プランクトン数・種数という 3 つの説明変数で種組成のバラつきを説明しようというモデルに対して，図 9.9 のステップ1〜ステップ5を一通りするためのコードです．

multivariate_test.R

```
 98    ####RDA for phytoplankton
 99    phyto.rda <- rda(species_ryuko_data ~ phyto_metadata$temp + total_abundance +
          species_richness)
100    summary(phyto.rda)
101    plot(phyto.rda, scaling = 1, type = "text")
102    plot(phyto.rda, scaling = 2, type = "text")
103    permutest(phyto.rda, by = "terms", perm = 1999)
```

99 行目の rda() 関数の引数にはモデル式を指定するだけで OK です．RDA の結果をいったん新しいオブジェクト（phyto.rda）に保存し，100 行目では summary() を使って，その結果の要点を確認しています．summary() の結果の中で重要な部分は以下のとおりです．

説明変数全体で説明可能な応答変数の分散：ここで立てたモデルがどの程度有効かを判断するための重要な指数が，コンソールに出力された情報の中の以下の表を見ればわかります．

```
Partitioning of variance:
               Inertia  Proportion
Total          32768    1.0000
Constrained    17548    0.5355
Unconstrained  15220    0.4645
```

Constrained 行の Proportion 列のところに書いてある数値が，多変量応答変数の全バラつき（全分散）のうち，説明変数すべてを使った重回帰予測値成分で説明できる割合です．こ

こでは，53.55%が3つの説明変数による予測値で説明できることがわかります．そして残り
が制約なし主成分分析で説明できる，つまり残差部分で説明できる分散ということになります
（46.45%）．

各RDA軸の寄与率：RDA空間上への各データの再配置でどれだけのバラつきが説明できてい
るかについては，各RDA軸の貢献度（寄与率）を確かめる必要があります．以下の表におい
て，Proportion Explained行の数値が各軸の寄与率です．RDA軸も残差成分のPC軸も含
まれています．

```
Importance of components:
                        RDA1       RDA2       RDA3       PC1
Eigenvalue              1.511e+04  2.202e+03  2.378e+02  1.229e+04
Proportion Explained    4.611e-01  6.721e-02  7.256e-03  3.752e-01
Cumulative Proportion   4.611e-01  5.283e-01  5.355e-01  9.107e-01
```

　これによると，RDA1軸は46.1%，RDA2軸は6.72%の寄与率であることがわかります．
Proportion Explained行の下のCumulative Proportionは累積寄与率です．RDA軸の最
後まで（つまりRDA3軸まで）の累積寄与率は，1つ上の表のConstrained行のProportion
列のところに書いてある数値と同じことにも気づいてください．
　ところで，Rの出力でよく見かける4.611e-01という表記は**浮動小数点表記**といいます．
これは，4.611×10^{-1}と読み替えることができるので，$4.611e-01 = 0.4611$です．同様に
$6.721e-02 = 6.721 \times 10^{-2} = 0.06721$です．

応答変数と説明変数の関係の可視化：$\boxed{\text{multivariate.test.R}}$ 101行目と102行目を実行し，見
えやすいように縦横比を変えたものは，図9.10の左側と右側の図です．

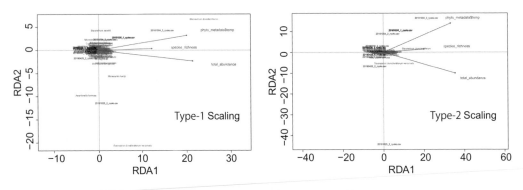

図9.10　2つのRDAプロット　→口絵8

　Type 1 ScalingとType 2 Scalingという，一目では違いがわかりにくい，2つの可視化方法
があります．どちらにも共通しているのは応答変数の各観測データと説明変数の関係です．各
説明変数の矢印（R上では青色の矢印）の矢先に近い場所に位置する観測データ（黒色の文字

で表示）ほど説明変数の値が大きいという傾向がわかります．Type 1 scaling 独自の見方としては，互いに近くに位置する観測データはその応答変数の数値組成が（ユークリッド距離の意味で）近いことを意味します．また，多変量応答変数を構成する各要素（この例の場合は，各植物プランクトン種：赤色の文字で表示）の距離が近いほど，共出現する観測データが多いことを意味しています．一方，Type 2 scaling 独自の見方としては，説明変数の矢印の長さは応答変数のバラつきへの貢献度の高さを意味しています．また，矢印の方向が同じほど説明変数間に正の関係が強いこと，方向が真逆に近いときほど負の関係が強いことを意味しています．

　ただ図 9.10 のグラフのデザインはだいぶ古典的（クラシカル）というか古いです．もっと見栄えの良いグラフを書きたいときは，以下の解説サイト（英語）の 6.2.3.1 Customizing RDA plots のセクションを参考にするとよいでしょう．

QCBS R WORKSHOP SERIES Chapter 6 Redundancy analysis
https://r.qcbs.ca/workshop10/book-en/redundancy-analysis.html

ランダム並び替え検定： multivariate.test.R の 103 行目を実行すれば，by = "term"が指定されていることによって，各項（＝各説明変数）について，「予測値と説明変数の関係はない」という帰無仮説の下で，実際の F 値以上の F 値が実現する確率をランダム並び替えによって検定できます．

```
Permutation test for sequential contrasts
                      Df Inertia   F        Pr(> F)
phyto_metadata$temp   1  12463.0   9.0075   0.0015 **
total_abundance       1  4320.9    3.1229   0.0585 .
species_richness      1  764.6     0.5526   0.5985
Residual              11 15219.9
```

　この検定結果によると，水温は植物プランクトン群集の組成のバラつきを有意に説明できる一方，総個体数と種数では説明できないことがわかりました．これで冗長性分析の一通りの説明は終わりです．

9.2.3　主座標分析の拡張：さまざまな距離を使いたいとき

　制約なし座標づけの基本手法である主成分分析（PCA）は，第 8 章で扱ったように非ユークリッド距離も使える主座標分析（PCoA）へと拡張されています．そして，本章では，主成分分析は，制約あり座標づけとして冗長性分析（RDA）へと拡張されました．ここでは，非ユークリッド距離も使える，制約あり座標づけ手法を紹介します．この手法には，2 つの名前があります．主座標分析（principal coordinate analysis）に寄せた constrained analysis of principal coordinate（**CAP**）と冗長性分析に寄せた distance-based RDA（**dbRDA**）です．これは手法名としてはあまり明快に区別されていな一方，それぞれに対応した関数が vegan パッケージに用意されていて，そのデータ処理プロセスに違いがあります．それでも多くの場合，同じ結果を

出力します[14]．したがってここでは，説明が単純で済むほうの，CAP に対応した capscale() 関数での処理に沿った説明をします．

CAP におけるデータ処理の流れ：非ユークリッド距離を使って多変量応答変数における観測間のバラつきを評価しようとすると，ユークリッド距離を用いて残差を最小化する手法である回帰分析がうまく使えません．そこで CAP におけるデータ処理の第 1 ステップでは，非ユークリッド距離の定義に従って計算したデータ間の距離行列（＝非類似度行列）を主座標分析の入力として使います．これにより，元の次元（＝ m）と同じ次元の主座標空間に制約なし座標づけを行うことができます（図 9.11）．

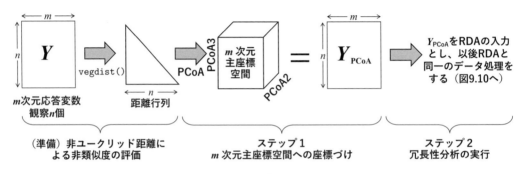

図 **9.11** CAP のデータ処理フロー

このステップ 1 の処理により，元の応答変数行列 Y は主座標行列 Y_{PCoA} へと変換されます．この時点では次元削減を全くしませんので，m 次元の多変量応答変数 n 個について，特定の非ユークリッド距離に基づく非類似度を反映する形で m 次元のユークリッド空間に配置し直したことになります．いったんこの処理がうまくいけば，以後のデータ処理はすべてユークリッド距離を用いて進めることができます．ステップ 2 では，Y_{PCoA} を図 9.9 で説明した手法で重回帰分析による予測値成分と残差成分に分解し，それぞれに PCA で次元削減を行います．その結果として得られる制限あり座標軸の名称は，CAP 軸（CAP1, CAP2, ...）と呼ばれます．もしも dbRDA を実行した場合には，この軸は dbRDA 軸（dbRDA1, dbRDA2, ...）と呼ばれます．

9.2.4 CAP，dbRDA のための R コーディング

コーディングは以下のようにとても簡単です．CAP についてはすでに PCoA でおなじみの関数 capscale() を，dbRDA には関数 dbrda() がそれぞれ用意されています．以下のように，植物プランクトンデータについて Bray-Curtis 距離で非類似度を評価した場合には，この 2 つの関数は全く同じ挙動を示すことがわかります．したがってあまり違いを意識せずに使っ

---

[14] 違いの詳細は BOX15 を参照．

てよいと思います [15].

multivariate_test.R

```
105    ####CAP/dbRDA for phytoplankton####
106    ryuko_BC.d <- vegdist(species_ryuko_data, method = "bray") #Bray-Curtis
107    temperature <- phyto_metadata$temp
108
109    ryuko_CAP <- capscale(ryuko_BC.d ~ temperature + total_abundance +
           species_richness)
       ryuko_dbRDA <- dbrda(ryuko_BC.d ~ temperature + total_abundance
110     + species_richness)
111    summary(test_CAP)
112    summary(test_dbRDA)
113
114    plot(ryuko_CAP, scaling = 2, type = "text")
115    plot(ryuko_dbRDA, scaling = 2, type = "text")
116
117    permutest(test_CAP, by = "terms", perm = 999)
118    permutest(test_dbRDA, by = "terms", perm = 999)
119
```

　各コードの出力のスタイルは RDA とほぼすべて同じなので，ここでは説明を省略します．ただし，残差成分の主成分軸は MDS1, MDS2, . . . というネーミングに変わります．

9.2.5　カテゴリー変数と量的変数も混ぜて使うことが可能

　以上では，一般線形モデルの多変量応答変数への拡張として，カテゴリー変数を説明変数とした分散分析タイプと，量的変数を説明変数とした回帰分析タイプを個別に説明してきました．しかし，一般線形モデルがそれら 2 つの状況を包含しているのと同じように，RDA と CAP，dbRDA においても 2 つのタイプの変数を同時に説明変数に入れることが可能です．以下のモデルは，植物プランクトンデータにおける種組成のバラつきについて観測月（カテゴリー変数）も考慮した CAP となっています．実行結果がどうなるかは，自分で試してみてください．

multivariate_test.R

```
121    month <- phyto_metadata$month
122    ryuko_CAP2 <- capscale(ryuko_BC.d ~ temperature + total_abundance +
           species_richness + month)
123    permutest(ryuko_CAP2, by = "terms", perm = 999)
```

---

[15]　筆者は capscale() のほうをよく使っていますが，もっぱら制約なし座標づけのために使うことが多いです．

第9章

9.2.6　実は応答変数も説明変数も多変量

　RDA，CAP，dbRDA は，直接環境勾配分析や直接傾度分析と呼ばれることもあります．というのも，応答変数のほうに生物群集の種組成データを用い，説明変数のほうに環境データを使うことがかつて多かったためです．また，図 9.9 の説明においてはわかりやすさを優先して，説明変数については「2 つの単変量 x_1, x_2」を考えるという形をとりました．しかし，図 9.9 の仮想例も含め一般に説明変数は複数あるので，こちらも多変量だと考えたほうがすっきりします．

　この考えに基づけば，この 9.2 節で行った分析は，応答変数の行列 Y と説明変数の行列 X の間にある線形関係を明らかにするデータ分析であるともいえるでしょう（図 9.12）．

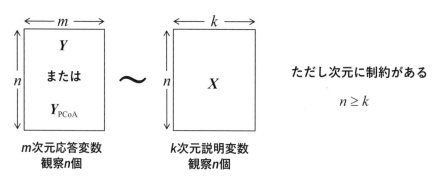

図 **9.12**　行列と行列の線形関係

　ここで強調しておきたいのは，最小二乗法に基づく重回帰分析に頼った「古典的」線形モデルの限界です．多変量応答変数および単変量応答変数に対する重回帰分析において，説明変数の次元には，観測数 n より大きくなれないという強い制約がかかっています．この制約は 21 世紀に生態学者や環境科学者が手にする機会の増えた，高次元データ（$k \gg n$）において大きな足かせとなっています．たとえば，数十個の観測データそれぞれに対して，数百個の応答変数が得られる場合です．これを打ち破る方法はすでに開発されており，それについては付録 B で簡単に紹介します．

BOX 15　`adonis()`, `capscale()`, `dbrda()` の違いとモデル選択

　この BOX では本章の本文中では触れることのできなかった 3 つの関数についての話題について簡単に紹介します．自分でさらに勉強する際のヒントにしてください．

　（1）検定方法の共通性：

　　　9.2.4 節において制約あり座標づけ手法の関数 `capscale()` と `dbrda()` では説明変数にカテゴリー変数を使うことができることを学びました．ただし，カテゴリー変数だけなら，PERMANOVA を実行する `adonis()` でも実行できます．基本的には，どちらの関数も F 値の計算とランダム並び替え検定をする部分は同じであると考えてよいでしょう．

(2) capscale() と dbrda() の違い：

dbrda() の capscale() との違いは，capscale() のように最初に距離行列を
ユークリッド空間へと座標づけすることなく，距離行列を回帰予測成分と残差成分
とに直接分ける数学的手法に用いている点です．詳しくは RStudio の help タブか
らアクセスできる distance-based Redundancy Analysis の R Documentation
をご覧ください．

(3) モデル選択：

単変量応答変数の一般線形モデルの紹介時にはモデル選択を実行するための関
数について紹介しました．多変量応答変数へと拡張したモデルに対するモデル選
択については，vegan パッケージ内に ordistep() という関数を使うとよいで
しょう．(2) と同じく RStudio の help タブにある検索フォームに ordistep とタ
イプすればその説明が出てきます（英語ですので翻訳アプリで日本語に変換して
から読んでもよいかもしれません）．

さらに学ぶには

9.1.3 節において，resampling というアイデアを使う統計的仮説検定方法はランダム並び替
え検定だけではありません．このアイデアが気になった人は**ブートストラップ法**についても学
んでみるとよいでしょう．

PERMDISP の説明を読んだ皆さんは，第 6 章で扱った単変量の分散分析においても水準内
分散の均一性をチェックしないといけないのではないか，と思ったことでしょう．そのとおり
です．実践的には**等分散検定**という解析をする必要があります．等分散検定の仕組みや R での
実行の方法は自分で勉強してみましょう．

本章により，一般線形モデルの多変量応答変数への拡張についてはその基盤となる概念・デー
タ処理法が理解できたはずです．さらにこの枠組みで有用なデータ処理法を学びたい方は以下
の資料を当たることをお勧めします．

● 各種座標づけ手法の適切な使い分けの解説

・長谷川元洋「土壌動物群集の研究における座標付け手法の活用」，*Edaphologia* 80: 35–64.
（2006）

● Variation Partitioning の解説

・生態学者 潮 雅之氏の解説資料　https://ong8181.github.io/rstat/20101119MVA.pdf

- **Variation Partitioning の実践例**

・奥田 武弘，野田 隆史，山本 智子 他「群集構造決定機構に対する環境と空間の相対的重要性：岩礁潮間帯における生物群間比較」，日本生態学会誌 60：227–239（2010）

$\mathcal{R}$ 第9章の到達度チェック

☐ ランダム並び替え検定における観測セットの再生成の仕組みがわかった ⇒9.1.3 節

☐ ランダムに並び替えにおいて，並び替え回数を 999 や 1999 とキリの悪い数字にする理由がわかった ⇒9.1.4 節

☐ PERMDISP で有意差がなく PERMANOVA で有意差がある場合にいえることは何かわかった ⇒9.1.5 節

☐ β 多様性とは何か，イメージできるようになった ⇒9.1.6 節

☐ 制約なし座標づけと制約あり座標づけの違いがわかった ⇒9.2.1 節

☐ 冗長性解析によって有意な説明要因の検定をするコードが書けるようになった ⇒9.2.2 節

☐ RDA および CAP，dbRDA における寄与率をどのコードの実行結果から探せばよいかわかった ⇒9.2.2 節

第 **5** 部

さらに一歩先へ

　生態学・環境科学の分野でRを用いたデータ分析を行う初学者が学ぶべき基盤を，第4部までにすべて提供しました．この第5部では，さらに一歩先へ進むために学ぶべきことを整理して紹介します．

　まず第10章では，データ分析結果の整理整頓と共有のために，ぜひ使ってほしいRスクリプトの整理整頓方法（R Notebook）と可視化用パッケージ（ggplot2）について紹介します．これらは「より良いプレゼンテーション」のためのスキルともいえます．

　より良いプレゼンテーションが必要な場面は，学内の卒論発表会や学外での研究発表だけではありません．日々の作業結果をわかりやすくまとめておけば，次に作業するときに思い出さなければならないことが少なくて済みます．だからそのほうが，ストレスなく作業を再開できるのです．つまり，より良いプレゼンは，1日の終わりに分析作業・研究を途中で終え帰路につくあなたが，翌日以降にスムーズに作業を再開するための，未来のあなた自身への**プレゼント**だと考えてください．

　また，実習科目の担当教員や卒業論文の指導教員・共同研究者などと円滑にコミュニケーションを進め，彼ら，彼女らから有益なフィードバックをもらうためにもとても役に立ちます．そして，Rプログラミングに熱中し始めると，できあがったコードの読みやすさ（＝可読性）をないがしろにしがちになりますが，本章の内容をしっかり学んで可読性の高いコードを書くようにつとめ，ストレスフリーなデータ分析生活を送れるようになりましょう．

次に第 11 章では新しいことを自分で学ぶ方法，すなわち独学の方法，を学びます．これまでも，第 6〜9 章の章末で「さらに学ぶには」という項目を設けてキーワードや書籍・論文・ウェブサイトを紹介してきました．しかし，キーワードだけを挙げられてもどうやって勉強してよいかわからないかもしれません．そのため第 11 章では，独学の方法を紹介します．

　独学の方法がわかったら，次のステップで使えるようになるとよい統計モデルや R のパッケージを紹介しますので，どんどん学んでいくとよいでしょう．それらの内容は付録にまとめました．第 3 部・第 4 部で紹介した手法は，少なくとも過去 20 年のうちに急速に普及したことに伴って，限界も見えているのも事実です．本書で学んだこれらの古典的かつ王道の手法をステップアップの足掛かりとして，最新の手法を自分で学んでいくとよいでしょう．

第10章　データ分析結果の整理と共有

　本章で学ぶ内容を，図 10.1 にまとめました．この章でも第 6 章から使い続けている「サンプルデータ 1」の 2 つのデータフレームを使います．自分のデータを使って同じことをするときには，図 10.1 の「自分で用意する場合の最小限のデータ」にある形式のデータを準備しましょう．

　本章では標準パッケージ（base, stats）に加えて，rmarkdown と ggplot2 というパッケージをインストールして読み込む必要があります．さらに，Windows OS をお使いの方は Rtools というアプリのインストールがこれら 2 つのパッケージのインストールに先立って必要になります（R のバージョンは要確認です）．

　プレゼンテーション（presentation）は自己アピールを目的にするものではありません．だから，データ分析において過度にカッコいい結果のまとめやグラフを作る必要はありません．しかし同時に，どんなにわかりにくいプレゼンテーションでも内容が良ければ関係ない，ということもありません．**プレゼンは相手へのプレゼント**です[1]．本章では，まずは指導教員や共同研究者，そして未来の自分とのコミュニケーションも広い意味でのプレゼンテーションと捉えることで，R スクリプトを整理整頓して見やすく保存する仕組みである **R Notebook** を簡単に紹介します[2]．次に，狭い意味でのプレゼンテーションに役立つ方法として，2010 年代以降，主流になりつつある **ggplot2 パッケージ**を使ったグラフ作成について簡単に紹介します[3]．

---

[1]　と筆者がとてもお世話になっている S さんが昔言っていました（その方のオリジナルの名言かどうかはわかりません…）．

[2]　第 11 章で紹介する予定の手法動画ポータルにも，理論生態学者である伊藤公一氏の R Notebook 解説動画を置いています．

[3]　詳しくは Google 検索すれば（あるいは生成 AI に尋ねれば）たくさん情報が出てきます．Google 検索の方法は次の第 11 章で学びます．

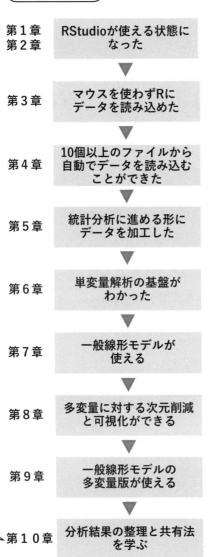

第1章 第2章	RStudioが使える状態に なった
第3章	マウスを使わずRに データを読み込めた
第4章	10個以上のファイルから 自動でデータを読み込む ことができた
第5章	統計分析に進める形に データを加工した
第6章	単変量解析の基盤が わかった
第7章	一般線形モデルが 使える
第8章	多変量に対する次元削減 と可視化ができる
第9章	一般線形モデルの 多変量版が使える
今ここ！ 第10章	分析結果の整理と共有法 を学ぶ

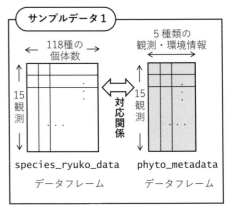

サンプルデータ1

118種の個体数　5種類の観測・環境情報

15観測　species_ryuko_data　データフレーム

対応関係

15観測　phyto_metadata　データフレーム

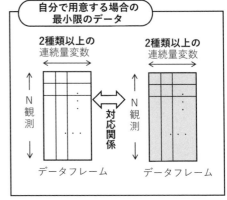

自分で用意する場合の最小限のデータ

2種類以上の連続量変数　2種類以上の連続量変数

N観測　データフレーム

対応関係

N観測　データフレーム

図 10.1 第 10 章のフローチャート

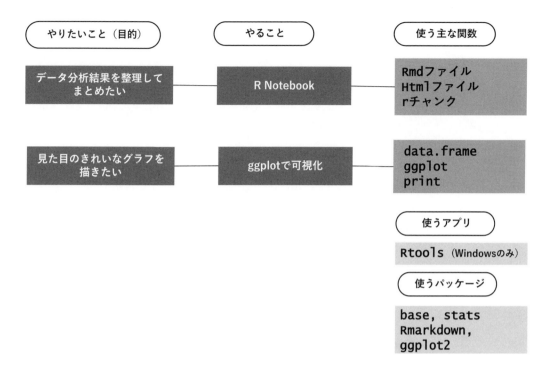

やりたいこと（目的）	やること	使う主な関数
データ分析結果を整理してまとめたい	R Notebook	Rmdファイル Htmlファイル rチャンク
見た目のきれいなグラフを描きたい	ggplotで可視化	data.frame ggplot print

使うアプリ

Rtools （Windowsのみ）

使うパッケージ

base, stats
Rmarkdown,
ggplot2

10.1 R Notebookとggplotを使うための準備：Windowsユーザーのみ

　Windows（Windows10 もしくは Windows11）ユーザーは，Rtools という RStudio とは独立に機能するアプリをインストールする必要があります．Rtools を Windows PC にインストールしておかないと，10.2 節と 10.3 節で必要なパッケージのインストールがうまくいかなくなってしまいます．

　Rtools をインストールするには，まず RStudio のツールバーから，[Tools] > [Global options...] を選ぶと表示されるウィンドウの中の [R version] を確認します（図 10.2）．

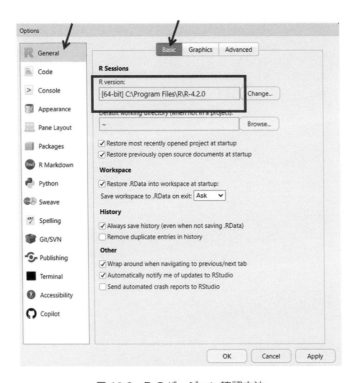

図 10.2　R のバージョン確認方法

　バージョンは図 10.2 の表示によると，R-4.2.0 とありますので，4.2.0 です．読者の皆さんが本書を手に取るときにはもっと新しくなっているかもしれませんので，自分の RStudio で確認して数字を覚えておきます．

　R のバージョンがわかったら，PC のウェブブラウザから，https://cran.r-project.org/bin/windows/Rtools/にアクセスし[4]（図 10.3），自分の R version に対応する RTools をクリックしてダウンロード・インストールしましょう．筆者の場合は，[for R version 4.2.x (R-oldrelease)]

---

[4]　もしも URL が変更してしまってアクセスできない場合，「Rtools Windows」で Google 検索すれば新しいウェブサイトがすぐ見つかるでしょう．

と但し書きのある [Rtools 4.2] をダウンロード・インストールします．たとえば自分の使っているRのバージョンが4.3.1ならば，[Rtools 4.3] を選びます．

　Rtoolsのインストールは，RStudio上から実行するものではありません．最初にRとRStudioをインストールしたのと同じ手順で，ウェブサイトからダウンロードしたインストーラをダブルクリックすればインストールが始まるはずです．

RTools: Toolchains for building R and R packages from source on Windows

Choose your version of Rtools:

RTools 4.3 　　　　　 for R versions from 4.3.0 (R-release and R-devel)
RTools 4.2 　　　　　 for R versions 4.2.x (R-oldrelease)
RTools 4.0 　　　　　 for R from version 4.0.0 to 4.1.3
old versions of RTools 　for R versions prior to 4.0.0

図 **10.3**　R Tools のダウンロードサイト

10.2　Rスクリプトの整理整頓と共有：R Notebook

> **やりたいこと**
> データ分析結果を整理してまとめたい

　ここでは，RStudio上でRのプログラミングをしながらデータ分析を進めているときに，指導教員に分析の途中経過を見せたり，共同研究者にRコードや結果を送ったりする状況を考えます．また時間のかかる本格的なデータ分析において作業を中断し，後日再びやるために未来の自分にメモを残す必要が生じることもあるでしょう．こんなときに便利なツールがR Notebookです．

10.2.1　R Notebook を新規作成する

　RStudioのツールバーから [File] > [New File] > [R Notebook] とたどって新しいR Notebookを作成しましょう（図10.4）．すると，メッセージウィンドウが出ます[5]（図10.5）．

　R Markdown用パッケージ[6]のインストールを促してきますので，[Yes] を選択してインストールが終わるのを待ちます．このとき，Rtoolsを使ってインストールが行われるため，Rtoolsを初めて使うときだけ，新しい小さなウィンドウが立ち上がります（図10.6）．「コンパイルが必要なソースコードからパッケージをインストールしますか？」と質問してくるので，迷わず [はい（Y）] を選択しましょう．うまくいかない場合は，付録Aを読んでみましょう[7]．

　インストールが無事に終わると，以下のようにR Notebookの使い方が英語で書かれたR

---

[5]　出ない場合はR Notebookの利用に必要なパッケージのインストールが済んでいるということなので気にせず先に進みましょう．

[6]　このパッケージの名前はrmarkdownなので，後からインストールする場合は，2.4.4節に書かれた方法で行いましょう．

[7]　聞きなれない言葉（Markdown）が出てきますが，第11章を読んだ後でGoogle検索してください．

図 10.4　R Notebook の新規作成

図 10.5　R Notebook は R Markdown に依存している

図 10.6　Rtools を使ってコンパイルするのが初めてのとき

Notebook が自動的に生成されます（図 10.7）．毎回このように説明が出るのは煩わしいのですが，一度内容を理解した人は，6 行目以降を消して構いません．<u>1〜4 行目は消さずに残して編集する必要があります</u>．

10.2.2　R Notebook の基本動作

R チャンクの実行：R Notebook は 1〜4 行目の**ヘッダー情報**と，**地の文**（コード以外の部分），そしてコードの部分（Chunk）の 3 つから構成されています．自分で作成する手順の説明は後にしますが，10 行目の右端にある実行ボタン（▶）をクリックすると 11 行目のコードが実行されて，その結果がこのコードの下に表示されるはずです（図 10.8）．

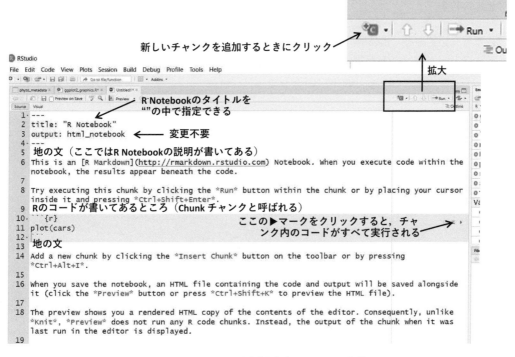

図 10.7　R Notebook を新規作成したときの初期画面

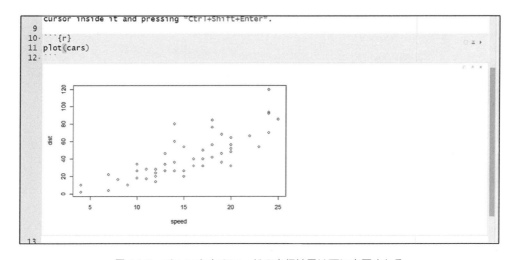

図 10.8　チャンク内のコードの実行結果は下に表示される

R Notebook の保存：次のステップに行く前に，とりあえずこのファイルを保存しましょう．第 10 章用のフォルダを作って保存するとよいでしょう．ここでは basic_plot_note.**Rmd** と名付けましょう．重要なことは，<u>拡張子を Rmd にかつ最初の R を大文字にする</u>ことです！　この

拡張子の指定によって RStudio はこのファイルが R Notebook だと認識してくれます[8].

プレビューしてみる：次に [Preview] ボタン（図 10.9）を押すと，R Notebook 全体の内容が，普段描画したグラフなどが表示されるパネルの中の **Viewer タブ**に 成 形 された状態（読みやすい状態）で表示されます（図 10.10）.

ウェブブラウザで表示できます：実はこのとき，この R Notebook（basic_plot_note.Rmd）を

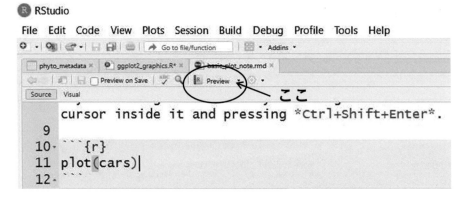

図 **10.9** プレビュー（Preview）ボタンを押してみる

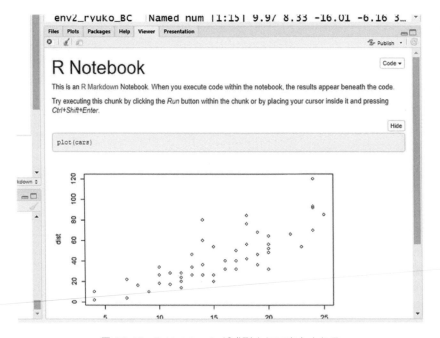

図 **10.10** R Notebook が成形されて出力される

---

8) ここで小文字の rmd にすると，少しだけ形式の異なる，素の RMarkdown になってしまいます.

保存しているフォルダに basic_plot_note.nb.html という HTML 形式のファイル，つまりウェブブラウザで表示する形式のファイルが R Notebook のいわば清書として自動的に生成されます．このファイルをクリックすればお手持ちの PC やスマートフォンで普段使っているウェブブラウザでこのノートがみられるようになるのです（図 10.11）[9]．

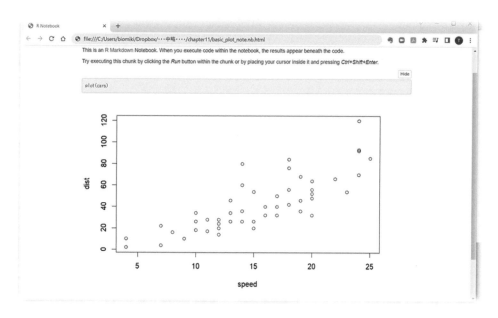

図 10.11 R Notebook の表示

　このように，HTML 形式の R Notebook にはデータ分析のためのコードと実行結果を載せられ，地の文としてメモも残せるのです．この R Notebook を指導教員・共同研究者（そして未来の自分）と共有すればよいのです．

10.2.3 　R Notebook を作ってみよう

タイトルを決める：まずは 2 行目の""の中身を変えましょう（図 10.7）．たとえば，"R の基本プロット"としてみましょう．日本語は文字化けするかもしれません．その場合は"R Basic Plot"とアルファベット表記にしましょう．以下の部分も同様です．そして図 10.7 にあるような元々書いてある文字列については 5 行目以降を全部消します．

セクションを作る：まずは地の文から始めます．シャープ記号で始めると見出し扱いとなり読みやすくなるでしょう．たとえば，# **線形回帰の基本プロット**とします．ここで間違えてはならないのは，1) #は半角英数字でタイプすること，2) #の後に半角英数字でスペースを 1 つ入れることです．そして改行し，#を付けずにメモを残します．これは地の文です（7 行

---

[9] サポートサイト上に掲載している第 9 章までの R の実行結果と日本語解説の HTML は，実はこの R Notebook の出力だったのです！

目）．次に「データの読み込み」というサブセクションを作りましょう．#の数を増やすとより内側のセクションが作れます．ここでのポイントは，7 行目で書いた文字列の後で改行し，かつ空行を 1 つ入れることです．これをしないと 9 行目の## **データの読み込み**という記述がサブセクションの始まりだと認識されません．

---

basic_plot_note.Rmd

```
1    ---
2    title: "Rの基本プロット"
3    output: html_notebook
4    ---
5
6    # 線形回帰の基本プロット
7    ここではbase パッケージを用いた線形回帰のための 2 次元散布図と回帰直線を描いてみます．
8
9    ## データの読み込み
```

これまでのところのプレビューは以下のようになっているはずです（図 10.12）．

図 10.12 プレビュー（Preview）の途中経過

フォントの大きさの違いによって**セクションの階層性**が実現しています．

R チャンクの新規作成：では実際にデータの読み込みをするためのコードを書いてみましょう．

そのためには，図 10.7 で説明しているように新しいチャンクを作るためのアイコンをクリックします．すると，どの言語のコードを書くかを選択するウィンドウ（図 10.13）が表示されますので，一番上の [R] を選びます．

各チャンクは内容の類似したプログラミングコードをまとめたブロックのようなものだと思えばよいです．各チャンクは，```{r}で始まり，```で終わります．この中にデータを読み込むコードを書いてみましょう．

苗いてみます.

図 **10.13** R チャンクの新規作成

```
9    ## データの読み込み
10   ```{r}    ← チャンクの始まり
11   library(vegan)
12   phyto_metadata <- readRDS("phyto_metadata.obj")
13   species_ryuko_data <- readRDS("phyto_ryuko_data.obj")
14   species_richness <- apply(species_ryuko_data > 0, 1, sum)
15   total_abundance <- apply(species_ryuko_data, 1, sum)
16   ```    ← チャンクの終わり
```

同様にして，もう 1 つサブセクションと R チャンクを作り，本章の最初に作ったグラフの
コードを載せてみます.

```
17   ## 2次元散布図＋回帰直線
18   植物プランクトンのデータを使った場合
19   ```{r}
20   #Classical plot (base)
21   model01 <- lm(species_richness ~ phyto_metadata$temp)
22   plot(
23     species_richness ~ phyto_metadata$temp,
24     type = "p",
25     cex = 3,
26     xlab = "temperature",
27     ylab = "species richness"
28   )
29   abline(model01,col = 4) #回帰直線
30   ```
31
```

線形回帰のggplot ← このように上の階層のサブタイトルを付けて新しいセクションを始める
ことも可能（普通の文書と同じです）

R チャンクの実行：上で作った 2 つのチャンクを順に実行してみれば，2 つ目のチャンクの下にグラフが生成されるはずです [10]．

Preview/HTML ファイルの更新：ここで，R Notebook ファイルを上書き保存すると，実はそのたびにプレビューと清書の HTML ファイルが更新されます．この自動更新を便利なのか余計なお世話なのかは状況によるので，受け入れるしかありません．ここで重要なことは，Preview と HTML ファイルには，R コード自体と実行したチャンクの出力のみが反映されるということです．実行していない部分のチャンクについてはそのチャンク内の R コードが表記されるだけです．逆にすでに実行してしまったチャンクがある場合でも，チャンクの直後に実行結果が出力されている部分には右上端に小さく×印がありますので，これをクリックすれば，実行結果の表記をやめることができますし，この状態で上書き保存すれば，Preview と HTML ファイルからも実行結果の部分は取り除かれます．

階層構造をうまく利用しよう：R Notebook に関する最後のコツです [11]．これまでのところで作った 1〜32 行目の R Notebook には，以下のような見出しが含まれています．

    # 線形回帰の基本プロット
    ## データの読み込み
    ## 2 次元散布図＋回帰直線
    # 線形回帰の ggplot

#の数が少ないほど上の階層の見出しということです．これには Preview/HTML で表示される R Notebook の見た目を単にカッコよくする以上の便利な機能が 2 つあります．

（1）コードの折りたたみ機能：この見出しを書いた行の左端に表示されている行数の数字の横に小さな下向きの三角印（▼）があることに気づきましたか？ この印をクリックすると，三角印の向きが ▶ へと変わるはずです．そのセクション（および下層のセクション）のコード・地の文が折りたたまれて，R Notebook の見た目がすっきりします．今度は，▶ をクリックすると折りたたまれた内容が再び現れます．

（2）アウトライン表示：R Notebook 全体の構造がわかる仕組みがアウトライン（Outline）です．エディターパネルの右上端付近に [Outline] ボタンがあります（図 10.14）．普段，アウトラインは隠れていますが，このボタンを押すと R Notebook の構造が見出しの一覧として表

---

[10] 12 行目と 13 行目はファイルを読み込むコードになっているので，それらのファイルも同じフォルダに置いておく必要があります．

[11] 他にも便利な仕組みがたくさんあります．Google 検索して見つけてください．

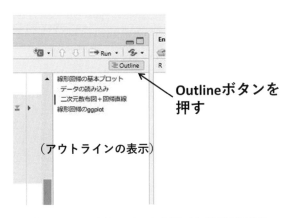

図 10.14 アウトラインの表示／非表示切り替え

示されます．見出しには階層の違いが反映させていることにも注意してください．もう一度押すと再び隠れます．また，アウトラインの見出し一覧から特定の見出しをクリックすれば，そのセクションのノートに一瞬で飛んでくれます．いまの時点では，32 行しかない R Notebook ですので，わざわざこのアウトライン機能を使う必然性はありませんが，100 行を超えるような Notebook を用意したときには，必要なところにすぐに行ける便利な機能となっています．

10.3　きれいなグラフを描く：**ggplot**

> **やりたいこと**
> 見た目のきれいなグラフを描きたい

　以下の文章をまずは自分でコードを実行せずただ読んでください．そして，自分でもきれいなグラフを描いてみたいと思った方は，ggplot2 というパッケージを，2.4.4 節に書かれた方法でインストールしましょう．このパッケージのインストールには苦戦するかもしれませんが，付録 A も参考に頑張ってみてください．

10.3.1　回帰直線と主座標分析を例に

　以下の図 10.15（A）・（B）は，単回帰分析の可視化と主座標分析の可視化結果です（実行コードはサポートサイトの ggplot2_graphics.R を見てください）．それに対して，ggplot2 で対応した可視化を行うと，（C）・（D）のようなグラフが作成できます．

回帰直線の可視化：まずは線形回帰のためのコードを紹介します（ ggplot2_graphics.R の中の以下のコード以前の行（1〜19 行目）のコードはすべて実行しておいてください）．

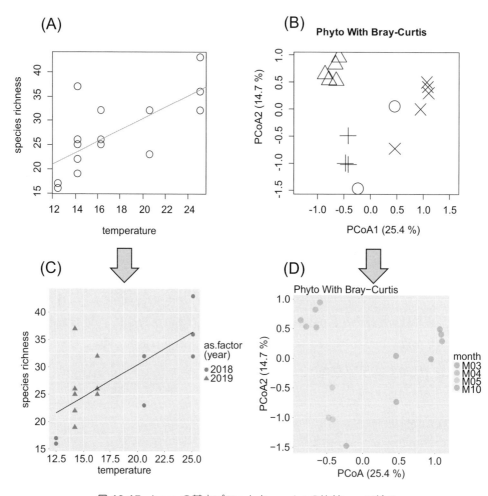

図 **10.15** base の基本プロットと ggplot の比較 →口絵 9

```
ggplot2_graphics.R
20    #ggplot
21    #Combine metadata and numeric data into a single dataframe
22    lm_forggplot2 <- data.frame(SR = species_richness, TA = total_abundance,
         phyto_metadata)
23    #simple code  横軸 (x) に温度 (temp), 縦軸 (y) に種数 (SR) を指定
24    ggplot(lm_forggplot2, aes(x = temp, y = SR))+
25      geom_point(size = 5, aes(shape = as.factor(year)),alpha = 0.5) +
26      geom_smooth(method = "lm", se = FALSE, colour = "blue", size = 1) +
27      xlab("temperature") +
28      ylab("species richness")
```

ggplot2で可視化するには，グラフの元となるデータを，メタデータも数値データも含めて1
つのデータフレームとしてggplot() 関数に渡す必要があります．そこで 22 行目では，数

値データとメタデータを合わせたデータフレームを作っています．そして24行目では，ggplot(データフレーム名, aes(x = 横軸に使うデータの列名, y = 縦軸に使うデータの列名)) の形式で可視化するデータの全体の枠組みを指定しています．ちなみに24～28行目までは各行が+マークで連結していますので一度に実行する必要があることに注意してください．24行目では横軸に温度（temp）・縦軸に種数（SR）を指定しています．

これだけでは可視化の枠組みができただけなので，仮に24行目の最後の+を含めずにその前までを実行するとグラフの枠だけができあがります．枠ができたら，後はグラフに実際に描画する "geometric object"（描画オブジェクト）を指定していく必要があります．

ここでは散布図が作りたいので，それを指定するためにgeom_point()を使います（25行目）．この部分の引数としては，描画する各点のサイズを指定したり，描画のデザインをaes()の内部で指定したりすることができます．同様に26行目は，散布図に近似直線・曲線を追加するためのオブジェクトです．ここでは線形回帰直線を描きたいのでmethodをlm（線形モデル）に指定し，標準誤差の範囲を表示しないのでse = FALSEと指定し，色や線の太さも指定しています．最後に27行目と28行目では，x軸およびy軸のラベル（名前）を指定しています．

このように，ggplot2による可視化では，ggplot()を使ってグラフの枠を作ったうえで，このオブジェクトに，次々と描画したいオブジェクト情報を追記していくというスタイルとなっています．しかしながら，中途半端に改行を繰り返していくスタイルが苦手な筆者は，次のようなスタイルで書くことが多いです．

ggplot2_graphics.R

```
30   #alternative way
31   lm_ggplot <- ggplot(lm_forggplot2, aes(x = temp, y = SR))
32   lm_ggplot <- lm_ggplot + geom_point(size = 5, aes(shape = as.factor(year)),alpha =
         0.5)
33   lm_ggplot <- lm_ggplot + geom_smooth(method = "lm", se = FALSE, colour = "blue",
         size = 1)
34   lm_ggplot <- lm_ggplot + xlab("temperature") + ylab("species richness")
35   print(lm_ggplot)
```

最初にggplot()の出力を別のオブジェクト（lm_ggplot）に代入し，このオブジェクトに次々に描画したい情報を追記していくというスタイルです．最後にprint()を使ってグラフ全体を表示する形となっています．このスタイルでは，コード自体は長くなる欠点がある一方，途中までのところでグラフを描写するのが容易という利点もあります．たとえば，geom_point()を追加したところまででグラフを見たかったら，それ以降の行を飛ばしてprint()の行を実行すればよいわけです．皆さんの好みのスタイルでコードを書いてください．

イージーミスに要注意：ggplot2では，1つのグラフを作るのにもそれなりに長いコードを書く必要があります．そして，geom_pointとかgeom_smoothなど，耳慣れない文字列をタイプすることが多いので，スペルミスによってうまく動かないことがよく起きます．ggplot2

を使った可視化でうまくいかないときには，まずはスペルミスの可能性を疑いましょう．2つ目のミスは括弧の閉じ忘れです．一つひとつの追加項目の括弧の中でさらに aes() を使うことが多いため，括弧の閉じ忘れによってエラーが生じることがよくあります．3つ目は ggplot オブジェクト <- ggplot オブジェクト + geometric object() のスタイルで描画したいオブジェクトを追加していくときによく発生するミスです．このコードの右辺のggplotオブジェクトを忘れてしまうと，geometric object() がいままでのオブジェクトに追加されるのではなく，いままでのものがすべて消えて上書きされてしまいますので，エラーメッセージが出ることもなく意図したグラフの作成には失敗するでしょう．Google 検索などによって，コードの書き方が根本的に間違っている可能性を探る前に，いま説明した3つのイージーミスの可能性をチェックするとよいでしょう．

主座標分析の可視化：植物プランクトンの個体数データを使った PCoA の可視化は以下のコードで実現できます．

```
ggplot2_graphics.R
40   PCoA_ryuko_BC <- summary(capscale(species_ryuko_data ~ 1, distance = "bray"))
41   PCoA1_ryuko_BC <- PCoA_ryuko_BC$sites[,1]
42   PCoA2_ryuko_BC <- PCoA_ryuko_BC$sites[,2]
―    ～中略～
51   #ggplot
52   #Combine metadata and numeric data of PCoA axes into a single dataframe
53   ryuko_forggplot2 <- data.frame(lm_forggplot2, PCoA1 = PCoA1_ryuko_BC, PCoA2 =
         PCoA2_ryuko_BC)

54   #ggplot2 for 2D scatter plot
55   g_PCoA <- ggplot(ryuko_forggplot2, aes(x = PCoA1,y = PCoA2))
56   g_PCoA <- g_PCoA + geom_point(aes(colour = month), size = 8, alpha = 0.5)
57   g_PCoA <- g_PCoA + labs(x = "PCoA (25.4 %)", y = "PCoA2 (14.7 %)") + ggtitle("
         Phyto With Bray-Curtis")
58   print(g_PCoA)
```

40～42行目でまずは PCoA を実行します．次に可視化に使う座標データ（PCoA1_ryuko_BC, PCoA2_ryuko_BC）を，53行目では，すでに線形回帰のときに作った lm_forggplot2（22行目）と結合させて，新たなデータフレームを作りました．55行目以降が，ggplot() および描画オブジェクトの追記となっています．基本的には，2次元散布図であるので線形回帰のときとほぼ同じ使い方となっています．詳しくは自分でコードを実行してみて，コードの意味の理解を深めてください．

10.3.2　ユニバーサルデザイン

ggplot2のデフォルトの色使い（配色）は**色覚多様性**の存在を考慮しておらず，誰もが心地よい配色とはなっていません．相手へのプレゼントという視点に立てば**ユニバーサルデザイン**を目指

すことが非常に重要です．ggplot2では scale_colour_manual() や scale_fill_manual() を追加すれば配色を指定できます．また，色だけでグループを区別する可視化は，結果を論文として発表する際にも問題が発生します．紙媒体の論文ジャーナルにカラーの図を載せるのには多額の費用がかかります（今後紙媒体の論文ジャーナルがいつまで残るかわかりませんが）．というわけでお手軽なユニバーサルデザインは，1）配色のバリアフリー化，2）色以外（たとえばマークを変える）での区別，という 2 つのルールを押さえることで今日から始められます．以下が，そのサンプルコードと実行結果です（図 10.16）．

---

ggplot2_graphics.R

```
61  #Color should be carefully selected
62  g_PCoA2 <- ggplot(ryuko_forggplot2, aes(x = PCoA1,y = PCoA2, color = month))
63  g_PCoA2 <- g_PCoA2 + scale_colour_manual(values = c("#ff4b00", "#4dc4ff", "#f6aa00
    ", "#804000"))
```
↑ 色の指定
```
64  g_PCoA2 <- g_PCoA2 + geom_point(size = 8, aes(shape = month), alpha = 1)
```
↑ マークを水準ごとに変える
```
65  g_PCoA2 <- g_PCoA2 + labs(x = "PCoA (25.4 %)", y = "PCoA2 (14.7 %)") + ggtitle("
    Phyto With Bray-Curtis")
66  g_PCoA2 <- g_PCoA2 + theme(panel.background = element_rect(fill = "transparent",
    colour = "black"),panel.grid = element_blank())
```
↑ theme() の指定でグラフの背景のグレー部分を消し，外枠だけを残しています．
```
67  print(g_PCoA2)
```

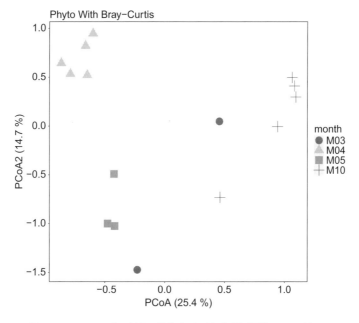

図 **10.16** ユニバーサルデザインに基づく可視化 →口絵 10

以上，より良いプレゼンのためのデータ分析結果の整理法とグラフ作成法とを紹介しました．これらの内容をしっかり身につけ，データ分析のスキルとマインドをどんどん手に入れていきましょう．

さらに学ぶには

- **ユニバーサルデザイン**：筆者が参考にしたウェブサイトを2つ紹介しておきます．

　　・物理学・情報学者である奥村 晴彦氏のウェブサイト：統計グラフの色
　　https://okumuralab.org/~okumura/stat/colors.html
　　・伝わるデザイン：配色のバリアフリー
　　https://tsutawarudesign.com/universal1.html

- **ファイル・オブジェクトの入出力**：指導教員や共同研究者などとデータ分析結果を共有するときには，Rスクリプトそのものだけではなく，元のExcel・CSVなどのデータファイルだけでなく，分析途中のデータのやり取りも必要です．Rスクリプトからファイル・オブジェクトを入出力する際に必要になる関数を以下に挙げておきますので，第11章で学ぶGoogle検索の方法を活用して使い方を確かめてください．一部はすでに本書で使っています．

　　・自分のPC上のCSVファイルを読み込む[ファイル入力]：`read.csv()`
　　・Rスクリプト上のデータフレームをCSVファイルとして書き出す[ファイル出力]：`write.csv()`
　　・自分のPC上に保存したRオブジェクトを読み込む[オブジェクト入力]：`readRDS()`[12]
　　・Rスクリプト上の任意のオブジェクトをRオブジェクトとして書き出す[オブジェクト出力]：`saveRDS()`

$\mathcal{R}$ 第10章の到達度チェック

- ☐ 自分で書いたコードがぐちゃぐちゃして見にくい，見やすくする方法がわかる？ ⇒10.2節
- ☐ ggplot2パッケージをインストールできた ⇒10.3, 2.2.4節，付録A
- ☐ ggplot2を使って箱ひげ図を作りたい ⇒ 第11章

---

[12]　第6章以降のRスクリプトの冒頭ではいつもこの関数を使っていました．

第11章　独学の世界へようこそ

　この章ではもう，プログラミングはしません．本章で学ぶ内容を，図 11.1 にまとめました．本章では「やりたいこと（目的）」に対応した「やること」にあるように 2 つのステップで学んでいきます．

　統計学的手法・機械学習手法・可視化方法などは日進月歩で進んでいきますので，どうしても大学の講義を受講したり，日本語の教科書を読んだりするだけでは，最新の手法を学ぶことが難しいです．また，最新の手法でないにしても，すでに確立された手法自体がとても多様であるため，同じ研究室内であってもそれぞれのメンバーが同じ手法を使っているとは限りません．そのため，人から直接教えてもらえる機会も限られているでしょう．

　そんなときに必要なのが独学のスキルです．実際に筆者も，本書で紹介した統計学的手法を，大学院生のときに教科書を読むだけでは学び足らず，英語の資料を自分で読んだりして学びました．R や RStudio の使い方については，先輩や後輩からいろいろ有益な情報をもらいつつ，インターネット検索で多くのことを学びました．皆さんも独学が得意になれるよう，本章では，独学の秘訣を紹介します．

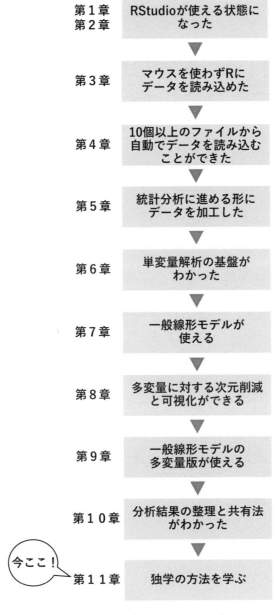

これまでの流れ

第1章 第2章	RStudioが使える状態に なった
第3章	マウスを使わずRに データを読み込めた
第4章	10個以上のファイルから 自動でデータを読み込む ことができた
第5章	統計分析に進める形に データを加工した
第6章	単変量解析の基盤が わかった
第7章	一般線形モデルが 使える
第8章	多変量に対する次元削減 と可視化ができる
第9章	一般線形モデルの 多変量版が使える
第10章	分析結果の整理と共有法 がわかった
第11章	独学の方法を学ぶ

今ここ！

図11.1 第11章のフローチャート

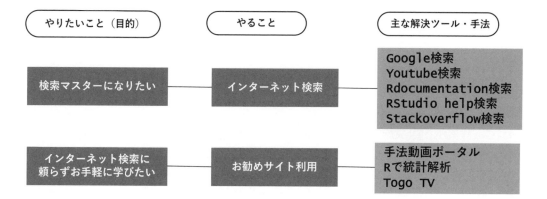

> **やりたいこと**
> 検索マスターになりたい

11.1.1 検索が必要になる状況のまとめ

Rを使ったデータ分析について自分で学ぶとき，検索が必要になるシチュエーションはさまざまです．そこで，よくある場面について，以下のようにまとめてみました．

> **困った場面A**：やりたい分析の名前はわかるが，Rでどうやってやるか全くわからない
> **困った場面B**：やりたい分析のためにインストールすべきパッケージ名はわかるが，インストールがうまくいかない（インストールの途中でERRORが出る）
> **困った場面C**：使うべきパッケージ名や関数名はわかるが，書くべきコマンド・コードがわからない
> **困った場面D**：関数の基本的な使い方はわかるが，他に使えるオプション（どんなパラメータ・引数が選べるか）がわからない
> **困った場面E**：類似の関数・手法がいくつかあるがどれを使うべきかよくわからない
> **困った場面F**：できているつもりで関数を使ってみたがエラーが出る，あるいは意図した結果が出ない
> **困った場面G**：データの可視化と検定ができたはいいが，その基盤となる数学がよくわからないので落ち着かない

以降では，メジャーな検索ツールと検索のコツを紹介していきます．その過程で，上のA～Gの困った場面でどのツールをどのように使えばよいかもアドバイスします．

11.1.2 Google検索を使いこなす

検索ツールの人気は，日々移ろいでいきますが，2024年現在，文字ベースの情報の検索にはGoogle検索が最も適しているように思います．

まず検索の基本スキルとして，Google（https://www.google.com/）を使って検索する方法について説明します．EdgeやSafari，Firefoxなどの各種ウェブブラウザの検索フォームがすべてGoogle検索になっているわけではないので注意してください．

それではGoogle検索のコツとそのコツを使った検索のしかたを説明します．基本のコツは以下の5つです．

> **コツ1**：2つ以上のキーワードで検索すること
> **コツ2**：2つ以上のワードが連続して出てくるものだけを検索したいときは，二重引用符（" " ダブルクオーテイション）で囲うこと

コツ 3： 英語の専門用語や英語表記のエラーメッセージなどについて，日本語で説明しているページを見つけたいときは英語と日本語を混ぜて検索すること

コツ 4： ある単語の前後に自由度をもって探したいときはワイルドカード（*アスタリスク）を使うこと

コツ 5： あるウェブサイト内でのみ検索を行うときは「site:」という文字列を追加すること

　たとえば，「やりたい分析の名前はわかるが，R でどうやってやるか全くわからない」という困った場面 A では，コツ 1 を使って，Google 検索フォームには「主成分分析 R」のように2 つ以上の単語をスペースで区切って検索するよいでしょう．コツ 1・2・3 を同時に使って「"Principal Coordinate Analysis" やりかた R」のように検索するのも OK です．

　しかしコツ 1・2 だけを使って「"Principal Coordinate Analysis" R」で検索すると英語で書かれたウェブサイトが検索結果の上位にきてしまうでしょう．さらにコツ 4 も使って「"Principal* Analysis" R やりかた」で検索すると，Principal と Analysis の間にどんな文字列が入っても検索にヒットするようになります．そのため，主成分分析（Principal Component Analysis）の解説ページも主座標分析（Principal Coordinate Analysis）の解説ページも両方ヒットしやすくなります．

　特定のウェブサイトに有用な情報があることがわかっている場合，コツ 5 を使うと検索効率がよくなります．たとえば，Qiita（https://qiita.com/）というエンジニアが知識を記録・共有するためのサイトがあります．このサイト内から主成分分析に関する記事を見つけたい場合は，URL の頭の部分（今回は https:// です．http://, http://www., https://www. などもあり得ます）を除いた文字列（つまり qiita.com）を使って，「site:qiita.com 主成分分析」で検索すると Qiita 内の情報だけを取り出すことができます．

　「使うべきパッケージ名や関数名はわかるが，書くべきコードにわからないところがある」という困った場面 C にも Google 検索は有効です．たとえば，dbRDA を実行するため dbrda() の使い方が知りたいときは，コツ 1・2・3 を組み合わせ，「dbrda r 使い方」または「"dbrda()" r 使い方」で検索するとよいでしょう．他の例を挙げれば，ggplot2 というパッケージ[1]を使って折れ線グラフが描きたかったら，「ggplot2 折れ線グラフ」で検索すればすぐに手順の説明とサンプルコードが出てくるはずです．

　検索ワードの選択は一度でうまくいくとは限りません．検索するワード数を増やす・二重引用符で囲う・英語と日本語を混ぜる，というコツを使うと，知りたい情報にたどり着きやすくなる反面，検索範囲は狭くなりますので，ヒット数は減ってしまいます．検索ヒット数が少なく，しかも知りたい情報が書かれたサイトが見つけられない場合には，検索するワード数を減らす・二重引用符を使わない・英単語だけを使う，などの調整も必要です．

11.1.3　YouTube 検索のヒント

　YouTube には，高校までの学習内容も大学における高度な内容も，どちらも解説動画が多く

---

[1]　第 10 章で詳しく紹介しました．

アップロードされています．したがって，「データの可視化と検定ができたはいいが，その基盤となる数学がよくわからない」という**困った場面 G** で，日本語の詳しい解説を見つけることができるでしょう．たとえば，「ベクトルと行列の掛け算」のようなキーワードで検索すれば，プロの Youtuber が作成した動画がすぐ見つかるでしょう [2]．

　コロナ禍以降，大学のオンデマンド講義動画のアップロード先にも YouTube はよく利用されています．大学の講義の動画にはアクセス制限がかかっていることも多く，YouTube に大学用のアカウントでログインしないと動画を再生できないこともよくあります．ただ，YouTube の設定はややこしいところがあります．たとえば，たとえ Google 純正のウェブブラウザ Chrome 自体にはログインしていても，自動的に YouTube にログインした状態にはなりません．アクセス制限のかかった動画を再生したいときは YouTube 自体にログインすることを忘れないようにしましょう．

BOX 16　　YouTube で拗らせないために

　データ分析とは直接関係ありませんが，一般に YouTube 検索で気をつけなければいけないことがあります．それは動画回数を獲得することでお金を稼いでいる人たちや承認欲求を拗らせた人たちがたくさんいることです．人の気を惹きつけるような言葉で検索すると，多くの場合トンデモ科学や差別助長・人権侵害などの動画にすぐにたどり着くのでやめましょう．たとえば，次の（ア）のリストから 1 つ，（イ）のリストからから 1 つワードを選んで組み合わせて YouTube 検索すると，どんどんおかしな動画が出てきます．

（ア）
- 本当は間違っている
- 日本人の知らない
- テレビでは言えない
- 学校では教えてくれない

（イ）
- 相対性理論
- 進化論
- アポロ計画

　動画は文字情報よりも刺激的で魅力的で中毒性のあるものです．データ分析という事実に基づく世界の理解を目指す皆さんが，ちょっと数学の勉強をしようと思って YouTube にやってきたのに，たとえばトンデモ歴史解釈の動画にドはまりし，事実（＝データ）を完全に無視した差別的言説を信じるようになる，みたいなことが決して起きないように気をつけましょう．

---

[2]　筆者自身は YouTube で検索することにあまり慣れていないので，Google 検索ほど詳しくコツを解説することはできません．

11.1.4　**RStudio のヘルプ検索のコツ**

RDocumentation（https://www.rdocumentation.org/）というウェブサイトがあり，この
ウェブサイトを使えば，2 万 5000 以上あるすべての公式パッケージの検索ができます．この
ウェブサイトは，「**困った場面 D**：関数の基本的な使い方はわかるが，他に使えるオプション
（どんなパラメータ・引数が選べるか）がわからない」・「**困った場面 E**：類似の関数・手法が
いくつかあるがどれを使うべきかよくわからない」という状況で，各パッケージ・関数の詳細
情報を確認するときに使うのがよいでしょう．

このウェブサイトを直接訪れなくても，Google 検索でパッケージについて検索していると多
くの場合検索結果の上位に表示されるはずです．また，RDocumentation というキーワード込
みで Google 検索すると確実にこのウェブサイト上の情報にたどり着くでしょう．ウェブブラ
ウザの設定で，英語のページをすべて日本語に翻訳して使うことに慣れている人は，ウェブブ
ラウザ上でこのウェブサイトの情報を探すのがよいでしょう．

一方，ある程度英語のままでもよいという人，あるいは必要な部分だけ日本語に翻訳すればよ
いという人は，RStudio の，グラフの結果が表示されるパネルの中にある [Help] **タブ**を活用しま
しょう（図 11.2）．このタブの右上角には検索窓（検索入力フォーム）がありますので，ここに関数
名を入れるとよいでしょう．もちろん分析手法名（たとえば PCA）で検索することも可能です．
しかしそうすると，PCA に関連するパッケージと関数の組合せリストが出てきて，一発ではお目
当てのページにたどり着けません．「PCA に関連する関数にどんなものがあるか知りたい」という
ような中級者以上の方の場合はこのような使い方も便利ですが，初学者は，ズバリ使いたい関数
名で検索することをお勧めします．

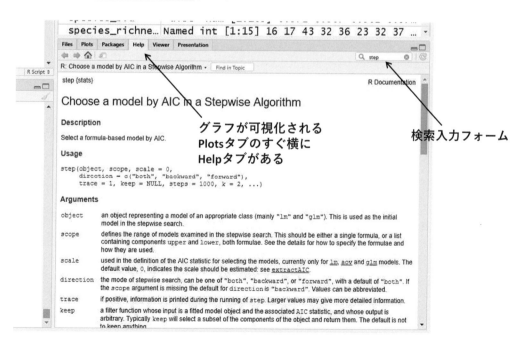

図 11.2　RStudio のヘルプタブ

ここでは，7.3.4 節で使った step() 関数を例にこのヘルプ文書の読み方を解説します．検索窓に step と入力し，Enter キー（Return キー）を押して検索を実行してみましょう．検索結果の 1 行目は，右端と左端に以下のような文字が並んでいるはずです．

---

step {stats}　　　　　　　　　　　　　　　　　　　　　　　　　　　　R Documentation

　右端の [R Documentation] は「R の公式ヘルプ・公式定義・公式仕様書」のような意味です．左端の表現は **関数名 { パッケージ名 }** というスタイルをとるので，step() が，stats というパッケージで提供されている関数であることがわかります．この情報で，この関数をいままで使ったことがない場合，どのパッケージをインストールすべきかが判明するわけです．
　次の 10 数行については，一度に説明します．改行の場所などは皆さんの RStudio 上の表示と違うかもしれませんが，気にする必要はありません．RStudio のヘルプに表示される内容はすべて英語ですので，日本語部分を解説として追記しました．

Choose a model by AIC in a Stepwise Algorithm：この関数でできることを一言でまとめたものです．この例では，「ステップワイズ（段階的）アルゴリズムにより AIC を使ってモデルを選択する」という意味になります．

Description：この関数で何ができるかということの簡単なまとめです．上の説明よりも具体的になっているはずです．
Select a formula-based model by AIC.

Usage：この関数を使うときのデフォルトのコード例が載っています．

```
step(object, scope, scale = 0,
        direction = c("both", "backward", "forward"),
        trace = 1, keep = NULL, steps = 1000, k = 2, ...)
```

Arguments：この関数で使うパラメータ・引数一つひとつに対する説明です．上の **Usage** にあるサンプルコード中の引数に対応していますので比べながら読んでいくとよいでしょう．

object：1 つ目の引数に関する説明です．
an object representing a model of an appropriate class (mainly "lm" and "glm"). This is used as the initial model in the stepwise search.

scope：2 つ目の引数に関する説明です．
defines the range of models examined in the stepwise search. This should be either a single formula, or a list containing components upper and lower, both formulae. See the details for how to specify the formulae and how they are used.

scale：3 つ目の引数に関する説明です．

---

used in the definition of the AIC statistic for selecting the models, currently only for lm, aov and glm models. The default value, 0, indicates the scale should be estimated: see extractAIC.

※下線が引いてある語句は，R Documentation にある他の文書へのリンクとなっています ので，さらに勉強したい場合はクリックすると新しい文書に飛べます．

　このヘルプ文書はまだまだ続きます．しかし，全部読む必要はありません．**困った場面 C**「使うべきパッケージ名や関数名はわかるが，書くべきコードがわからない」・**困った場面 D**「関数の基本的な使い方はできたが，他に使えるオプション（どんなパラメータ・引数が選べるか）がわからない」のような，比較的軽い問題を解決するには，上で挙げた部分までを確認（さらに必要に応じて日本語に翻訳）すれば解決するでしょう．

　以下，Arguments 以降にどのような見出しがあるのかと，どのような場面で読むとよいかについて解説していきます．scale 以降については，必要に応じて読めばよいと思います．

Details：手法の詳細や類似の手法との違い，問題点などが詳しく説明されているセクションです．**困った場面 E**「類似の関数・手法がいくつかあるがどれを使うべきかよくわからない」．

　困った場面 F「できているつもりで関数を使ってみたがエラーが出る，あるいは意図した結果が出ない」といった状況で読んでみると，解決策が見つかるかもしれません．

Value：関数の戻り値・返り値（return value）がどのような 形 式（= R でのクラス）であるか，どのような数値・情報が出力されるかの説明です．関数がうまく使えているときには，読む必要性は高くないでしょう．しかし，複数の関数を組み合わせたコードで何かエラーが出ているときは，ある 1 つの関数の出力を別のもう 1 つの関数の入力（= 引数，arguments）とする際の，出力の形式と入力の形式の不一致が原因でしょう．そういうときには，先に使う関数についてこのヘルプ検索を使って Value のクラスを確認し，後から使う関数についても検索し，今度は Arguments のセクションを確認して出力のクラスと入力のクラスの不一致を解消する試みが必要になるでしょう．

Warning：関数を利用する際の注意事項が書いてあります．ここに書いてある内容を守らなくても関数の実行時にエラーは発生しませんが，間違った結果を出力することが多いはずです．したがって，実習などでお気軽に関数を使うときはいいとしても，卒業研究や大学院での研究，投稿論文用に関数を使うときには，エラーが出なくてもこの部分を読んだほうがいいでしょう．たとえば，この step() 関数については，モデルを比較するときにはすべて同じデータを使う必要がある，という注意書きと問題を起こさないための解決法が提示されています．

Note：Warning で警告するほどの注意事項ではないが，厳密な分析のときには無視できない情報について書かれています．

Author(s)：いま検索しているパッケージを作った著者の情報が掲載されています．このパッケージを使って論文を書くときには分野によってはこの著者情報を明記しないといけないかもしれません．

References：この関数の基になっているデータ分析手法が開発・発表されたときの論文情報が紹介されています．この R のパッケージを開発した人と手法自体を開発した人が同じ場合もありますが，一般には異なりますので Author(s) とは別の情報です．**困った場面 G**「データの可視化と検定ができたはいいが，その基盤となる数学がよくわからない」で参考にすべきは，このセクションに掲載された論文情報です．ただし，その論文を読んだだけですべてがわかるかどうかは，皆さんの数学的素養次第です．多くの場合は，論文で使われている数学の仕組み自体から勉強をする必要があるでしょう．その場合には，手法の土台をなしている数学的仕組みに関するキーワード（たとえば，内積，テンソル，距離空間，直交性など）を論文から見つけ出し，Google 検索や YouTube 検索によって情報を見つけ出して勉強をするとよいでしょう．

See Also：ちょっとした参考情報という意味です．特に，関連した内容・類似の数学的仕組みを使っているような他のパッケージ・関数へのリンク情報がここに載っていますので，知識の幅を広げたいときは参考にするとよいでしょう．**困った場面 E**「類似の関数・手法がいくつかあるがどれを使うべきかよくわからない」という状況ではここのセクションの情報も役に立つでしょう．

Examples：Usage よりも詳しく，他のコードと組み合わせて使う例が載っているセクションです．しかし個人的経験としてはあまり役に立ったことがありません．メジャーな関数であれば，Google 検索によってもっと丁寧な解説付きの日本語（または英語）情報を見つけられるはずです．

　以上のフォーマットの公式文書（R Documentation）については，RStudio 上のヘルプタブから読める情報も，ウェブサイト（https://www.rdocumentation.org/）から読める情報も同じですので，自分が使いやすいほうで検索し，情報を収集するとよいでしょう．

11.1.5　グローバルな情報交換サイトを利用する
　Stackoverflow（スタックオーバーフロー）というウェブサイト（https://stackoverflow.com/）は，プログラミングの広範囲なトピックを扱っています．特にエラーが出たときにその解決方法をネット上から見つける場合には，このサイト上の投稿から検索するのがよいでしょう．皆さんがこれから出会うであろうさまざまなエラーメッセージは，すでに世界中の多くの人が遭遇した問題であることがほとんどです．このサイトには，自分がいま直面していることと全く同じ問題，あるいは類似の問題にこれまで遭遇した人からの質問とその解決策のやり取りが膨大な数でストックされていますので，利用しない手はありません（図 11.3）．
　たとえば，CSV ファイルの読み込みに失敗したときにコンソールに出るエラー（・・・'No

図 **11.3**　スタックオーバーフローのロゴ

such file or directory') の原因・解決法を知りたかったら，Google 検索の**コツ 2・コツ 5** を使って「site: stackoverflow.com "No such file or directory"」で検索すると，はるか昔（2015年）の投稿がヒットするはずです．実際に試してみてください．

「英語の情報を読むのが嫌」という人は stackoverflow への投稿内容を全文日本語に翻訳してもよいですし，日本語のサイト（https://ja.stackoverflow.com/）のみから検索してもよいです．「site: ja.stackoverflow.com "No such file or directory"」と検索してみると，適した日本語の投稿がヒットします．注意事項としては，いずれの場合も "No such file or directory" のような頻出のエラーメッセージ，かつ短いメッセージで検索すると，Python などの R 以外の言語で生じる同一の問題に関する投稿もヒットしてしまいます．検索結果を参考にするときは，どの言語に関する話題であるのかをしっかり確認するようにしましょう．

11.1.6　公開されている R スクリプトの中から探す

ウェブサイト RPubs（https://rpubs.com/）[3] は，RStudio に組み込まれたデフォルトの機能を使って，世界中に自分の書いたコードを公開することが可能となっています．データ分析に関わる人々の多くには自分が勉強したこと・書いたコードなどを無料で世界中と共有するメンタリティー・カルチャーがあります．したがって，Google 検索するときにこのサイトから限定して探せば，有用な情報を得られる可能性は高いでしょう．皆さんも一度試してみてください．

11.1.7　生成 AI に聞く

上で説明したように，Google 検索と R やそのパッケージに関する公式情報，世界中のデータ・サイエンティストが公開している情報の検索によってインターネットの海に散らばった有用な情報を拾い上げ頭の中でうまく整理すれば，大概のことは学べます．しかし同時に，散らばった細切れの情報を拾い集めることに多大なストレスを感じる人も少なくないでしょう．そんなときは AI の出番です．本書の執筆時点（〜2024 年 4 月）でも ChatGPT という対話型の AI ツールが無料で公開され着々と進化しています．また，これは Microsoft の Bing 検索や Copilot にも組み込まれています．このツールを使えば，「主成分分析を R で実行するにはどうしたらよいですか？」というような自然な日本語で質問ができ，AI が世界中の公開文書から集めてきた情報を基に結構正確に回答してくれます（もちろん英語で質問したほうが情報元の幅が広がるので回答内容はよくなるでしょう）．あるいは，R コンソールに吐き出されたエラーメッセージをそのままコピー&ペーストするという使い方も可能です．たとえば，**困った場面**

---

[3]　筆者自身はあまり利用していないので詳しいコツを紹介することはできません．

B で使えるでしょう [4].

　ただし，現時点で筆者が感じる問題点は 2 つあります．第一に，ChatGPT に限っていえばユーザアカウントを作るときに携帯電話番号とメールアドレスを入力する認証ステップがあります．携帯電話の番号とメールアドレスが紐づいてしまうのはプライバシーを考えるとちょっと怖いですね．第二に，英語であろうと日本語だろうと，とても流ちょうで論理的に一貫性のある文章で回答が返ってくるので，内容が本当に合っているかどうかの判断がわからないという問題があります．使う人自身が，すでにある程度知っているテーマについて，補助的にこのツールを使う分には返ってきた回答を取捨選択可能ですが，全く知らないことについて質問するのは危険であると筆者は考えます．しかし，現在 AI の性能が加速的に向上していますので，皆さんが本書を手に取ることには，かなり信頼できるものになっているかもしれません．

11.1.8　最後は折れない心

　最後に身も蓋もないことを書いて申し訳ないのですが，生成 AI がまだ発展途上である現在，独学に最も必要なのは，**折れない心**です．何度でも・何時間でも試行錯誤して有用な情報とそうでもない情報を区別し，わからないところはさらに検索してさらに勉強をするという，はっきりしたゴールが見えない不安の中で諦めずに道なき道を進んでいく強い心です．初学者レベルを突破したい人はぜひ独学の道に進んでみてください．

11.2　お勧めウェブサイト

> **やりたいこと**
> インターネット検索に頼らずお手軽に学びたい

　独学といっても，すべてゼロからインターネット検索，分厚い教科書を何冊も読むというのはあまりにも大変です．ここではデータ分析系でお勧めのウェブサイトを紹介します．

11.2.1　手法動画ポータル

　生態学・森林科学などの研究手法について，主に実験および観測方法の解説動画をまとめたウェブサイトです（図 11.4）．筆者が管理しています．森林環境の測定法・陸上昆虫のサンプリング法・環境 DNA の採取方法などの実験・観測手法の紹介動画とともに，分析に関する動画もいくつか載せています．本書の第 1 章・第 10 章・第 11 章・付録の内容に対応した計 7 つの動画が **RStudio で広がるデータ解析** のページにまとめられています [5]．本書を読みつつ，これらの動画を見れば理解が深まること間違いなしです．

https://sites.google.com/view/ecology-method-portal/analysis/rstudio

---

[4]　困った場面 B での詳しい対処法は付録 A を参照してください．
[5]　こちらは実験や観測に加えてデータ分析や数理モデリングなどを専門とする生態学者の潮雅之氏と伊藤公一氏がメインとなって 2021 年の個体群生態学会大会用に作成した動画です．

図 11.4　手法動画ポータル

11.2.2　R で統計解析

生物多様性や生物群集・生物間相互作用を専門とする研究者である橋本洸哉氏が，懇切丁寧に統計分析のイロハを解説したサイトです（図 11.5）．本書では実験計画や統計学自体の説明が全く足りていません．実際に卒業論文や修士論文のための実験計画を立てるうえでは，この解説サイトに書いてあるような内容をしっかり理解することが大切です．いま必要なことだけを勉強するなら Google 検索などで特定の手法だけを学べば効率が良いですが，統計分析そのものについて体系立てて学ぶなら，このサイトを強くお勧めします．以下リンク先の「資料集」の中に統計解説がまとめられています．

https://sites.google.com/view/ecology-koyahashimoto/home

図 11.5　橋本洸哉氏の統計解説サイト

11.2.3 Togo TV

Togo TV は「ライフサイエンス統合データベースセンター」と銘打たれた文字どおり生命科学全般でのお役立ち情報満載のウェブサイトです（図 11.6）．データ分析に関する解説スライドや動画が数多く提供されています．分子・細胞・ゲノムなどいわゆる生命科学でよく使われる生物情報学（バイオインフォマティクス）ツールの紹介が多いです．しかし，昨今，複合分野としての環境科学と生命科学で共通のツールを使うことはごく普通になっていますので，生態学や森林科学，海洋生物学を専門とするような読者の皆さんも，きっと役に立つ情報を見つけられるでしょう．

https://togotv.dbcls.jp/

図 11.6　Togo TV

上で紹介したようなデータ分析に役立つウェブサイトは挙げればきりがないので，まずはこの 3 つをおすすめします．インターネット検索することに疲れたら，これらのウェブサイトを訪れてみてください．

11.3　思考停止は禁物：流行っているというだけで使ってはだめ

本節までたどり着いた皆さんは，もしもこれが R を勉強するのが初めてだとしたら，自信をもっていいと思います．もう初学者の域を越えつつあるのではないでしょうか．しかし，自信が思い込みや思考停止につながってしまったら元も子もありません．人間は最初に学んだことを標準的な方法であると思い込む傾向があるかもしれません[6]．確かに時代時代に流行りの手法・最適の手法というものはあるかもしれません．しかし完璧な手法などはどこにもなく，常に手法は改良されたり新しいものに置き換わっていったりするものです．したがって本章で独

---

[6]　データ分析の文脈でいえば，たとえば「分散分析をしたら必ず事後検定をすべき」，「多変量解析なら PCoA で十分」，「時系列解析といえば EDM（Empirical Dynamic Model）だ」といった思い込みに注意しましょう．

学の方法を学んだ皆さんには，いつまでも知識とスキルをアップデートできる人物になってほしいと筆者は思います．

さらにさらに一歩踏み出す人へ

　第 11 章には収まりきらなかった独学の手助けになる情報を付録でまとめています．独学をいざ実践するときにはぜひ読んでみてください．パッケージのインストールがどうしてもうまくいかないとき（付録 A），次にどんな統計手法を学べばよいかわからないとき（付録 B），RStudio の機能をもっと活用したいとき（付録 C），きっと独学の道しるべとなってくれるでしょう．

$\mathcal{R}$ 第 11 章の到達確認リスト

□ 自分で書いた R スクリプトの中の日本語表記が文字化けした．自分で解決できた ⇒11.1 節
□ Google 検索のコツが 4 つ以上言えるようになった ⇒11.1.2 節
□ Stackoverlow から有用な情報を拾えるようになった ⇒11.1.5 節
□ 手法動画ポータルを観てみた ⇒11.2.1 節
□ 次元削減といったらどんなときも最新の手法 t-SNE を使うべきだ．⇒11.3 節

付録

　付録で学べることを図 A.1 にまとめました．付録 A から C までの中から読者の皆さんの知りたいことに合わせて読むとよいでしょう．順番にすべてを読む必要はありません．

	これまでの流れ		付録A		主な解決ツール・手法

第1章 第2章	RStudioが使える状態に なった
▼	
第3章	マウスを使わずRに データを読み込めた
▼	
第4章	10個以上のファイルから 自動でデータを読み込む ことができた
▼	
第5章	統計分析に進める形に データを加工した
▼	
第6章	単変量解析の基盤が わかった
▼	
第7章	一般線形モデルが 使える
▼	
第8章	多変量に対する次元削減 と可視化ができる
▼	
第9章	一般線形モデルの 多変量版が使える
▼	
第10章	分析結果の整理と共有法 がわかった
▼	
第11章	独学の方法がわかった
▼	
付録	独学実践

付録A
インストールを
スムーズに進める

WARNING,ERRORメッセージ
活用

付録B
各種統計手法を学ぶ

ノンパラメトリック検定
一般化線形モデル
スパース回帰
Variation Partitioning
Mantel検定
Procrustes分析
テンソル分解

付録C
RStudioのさらなる活用

dplyr（パッケージ）
reticulate（パッケージ）
Rcpp（パッケージ）

付録

今ここ！

付録 A　インストールをスムーズに進める： パッケージインストール時のエラー対処

インストールをスムーズに進めるためには，**警告（WARNING）・エラー（ERROR）**メッセージをうまく活用しよう．ここでは，11.1 節で学んだ検索のコツを使って**困った場面 B**「やりたい分析のためにインストールすべきパッケージ名はわかるが，インストールがうまくいかない（インストールの途中で ERROR が出る）」というの状況に対処する方法を詳しく紹介します．

A.1　ggplot2 のインストール

新しい手法を試すときには，新しいパッケージのインストールがうまくいかないことには始まらないので，インストール時にエラーが出ると，やる気は落ちるし，全然先に進まずに困ってしまいます．ここでは，きれいな可視化を実現するための標準的パッケージ ggplot2 のインストール時に出会うであろう警告やエラーについて実際に対処方法を見ていきましょう[1]．

ここでは，R のバージョンを 4.1.3 から 3.6.3 にダウングレードし[2]，エラーが出やすい環境を作ってからエラーに対処した過程を紹介します．この本を手にする時点での最新版の R を使っている場合，ここで紹介するものと全く同じエラーは出ないかもしれません．しかし，ここの例は，よく起きるタイプのエラーですので前もって知っておいて損はありません．

RStudio のツールバーにおいて [Tools] > [Install Packages...] とたどっていけば，自分でコードを書かなくてもパッケージのインストールが可能です．では，ggplot2 のインストールを試してみましょう．ここでは一番回り道をする方法をあえて紹介します．経験の浅いときにはよく回り道するものですから，そのシミュレーションだと思っていください．合計で 9 回目のインストール手続きを経て，やっとうまくいくことになります[3]．

A.1.1　インストール時に出てくる警告とエラー

インストール 1 回目（ggplot2）：素直に ggplot2 のインストールを試みると，まずはコン

---

[1]　実は本節を書くにあたって，自分の PC の R の環境を初期化してエラーを再現しようとしたのですが，なかなかエラーが出てくれず実に円滑にインストールが終わってしまいました．自分の肌感覚としては R のバージョンが上がるに従ってインストール時のエラーは起きにくくなっているようでして，そのせいかもしれません．

[2]　R 本体には，より古いバージョンあるいはより新しいバージョンをインストールしても現行の R が上書きされることはありません．そのため RStudio では使用する R のバージョンを簡単に変えることができます（Windows 版の場合）．もしもそういうことに興味がある人は「RStudio R のバージョンを変える」で Google 検索すれば，すぐにやりかたが見つかるでしょう．

[3]　以下ではインストールの過程でコンソールに表示されるメッセージのうち，重要な部分だけを抜き出して説明しますが，興味がある人向けにすべてのメッセージはサポートサイトからダウンロードできます（ ggplot2_3.6.3_no1.txt ～ ggplot2_3.6.3_no9.txt ）．

ソールの冒頭に以下のような**警告**（WARNING:）メッセージが表示されます.

```
> install.packages("ggplot2")
WARNING: Rtools is required to build R packages but is not currently installed. Please
    download and install the appropriate version of Rtools before proceeding:

https://cran.rstudio.com/bin/windows/Rtools/
```

しかし，一般に警告はエラーよりも優先順位が低いのと，この警告の後にも文字がたくさん流れてインストール過程が続いているようなので放置しておくと，最終的に以下のようなエラーメッセージが出てどうやら失敗したことがわかります.

```
ERROR: dependency 'lifecycle' is not available for package 'pillar'
* removing 'C:/Users/biomiki/Documents/R/win-library/3.6/pillar'
Warning in install.packages :
  installation of package 'pillar' had non-zero exit status
ERROR: dependency 'lifecycle' is not available for package 'scales'
* removing 'C:/Users/biomiki/Documents/R/win-library/3.6/scales'
Warning in install.packages :
  installation of package 'scales' had non-zero exit status
ERROR: dependencies 'lifecycle', 'scales' are not available for package 'ggplot2'
* removing 'C:/Users/biomiki/Documents/R/win-library/3.6/ggplot2'
Warning in install.packages :
  installation of package 'ggplot2' had non-zero exit status
```

これがエラーだとわかるのはいくつか決まり文句があるからです. まず, dependency 'XXX' is not available for package 'YYY' という部分です（ここでは, XXX=lifecycle, YYY=pillar です）.「pillar というパッケージが, もう1つ別の lifecycle というパッケージに依存しているのにそれが見つからない（not available）」という意味です. ggplot2 をインストールするときに,「（ggplot2が）依存するパッケージもインストールする（[Install dependencies]）」というオプションを選んでいるにもかかわらず, ggplot2が直接依存しているパッケージは同時にインストールしようとしてくれても, そのパッケージがさらに他のパッケージに依存しているときにはそこまで自動的にはインストールしてくれないときがあるのです. 次に, 4行目の installation of package 'ZZZ' had **non-zero exit status** （ZZZ= pillar）というメッセージもインストールが失敗したときの決まり文句の1つです. うまくいけば, ゼロというシグナルを出して終わるインストール過程が, ゼロ以外の数字（non-zero）をエラー発生のシグナルとして出力（exit status）して終わったということという意味です. 最後はたとえば6行目の **removing** 'C:/Users/biomiki/（パッケージ保存用パス）' というメッセージです.「いったんパッケージのインストールを試みて, ある場所にファイルを保存したけれども, インストールに失敗したのでそのファイルを削除（removing）して元に戻します」という意味なので, エラーを強く示唆するものです.

インストール2回目（`lifecycle`）：インストール1回目のエラーはありがちなパッケージ間の依存関係についての問題のようなので，1回目のエラーメッセージの冒頭のところから解決を試みます．「`lifecycle`というパッケージがない」といわれているわけですから`lifecycle`のインストールを試みればよいわけです．すると，インストール中に流れるメッセージの最後のほうに次のような文字列が出力されてやはり失敗しました．

```
** byte-compile and prepare package for lazy loading
  loadNamespace(i, c(lib.loc, .libPaths()), versionCheck = vI[[i]]) でエラー:
  namespace 'rlang' 0.4.11 is being loaded, but > = 1.0.6 is required
呼び出し: <Anonymous> ... withCallingHandlers -> loadNamespace -> namespaceImport ->
    loadNamespace
  実行が停止されました
ERROR: lazy loading failed for package 'lifecycle'
* removing 'C:/Users/biomiki/Documents/R/win-library/3.6/lifecycle'
```

「**namespace** 'rlang' 0.4.11 **is being loaded, but** >= 1.0.6 **is required**」という表現がこのエラーの本質なのですがちょっと意味がわかりませんね．そこで，1回目のインストール時のエラーメッセージに戻り，stackoverflow サイト内の情報を検索してみましょう．「site: stackoverflow.com "ERROR: dependency 'lifecycle' is not available for package 'pillar'"」という単語で Google 検索すると，トップヒットに "Cannot load in ggplot2 or seemingly anything" という見出しの質疑応答が出てきます（https://stackoverflow.com/questions/74104193/cannot-load-in-ggplot2-or-seemingly-anything）．この質問をしている方，インストール時に出てくるメッセージをすべて質問の一部としてコピー&ペーストするという暴挙（？）に出ていますので答えを見つけにくいのですが，次のような回答が寄せられています．

> You need rlang $>$ = v1.0.06 to load lifecycle, which in turn is needed for scales which is needed for ggplot2. Restart R, try to upgrade to more recent rlang, and try it again. Good luck.
> – Jon Spring
> Oct 17, 2022 at 23:40

この回答からは「`lifecycle`を使うためには，rlang というパッケージはバージョン v1.0.06 以上である必要がある．だから rlang のバージョンをアップグレードしてみたらどうか」と読み取れます．なるほど，確かにさっきのエラーメッセージ「**namespace** 'rlang' 0.4.11 **is being loaded, but** >= 1.0.6 **is required**」を読み返すと「v1.0.6 以上が必要なのに rlang v0.4.11 が読み込まれている」という意味だということが推測できます．

インストール3回目（`rlang`）**・4回目**（`lifecycle`）：それでは rlang をインストールし直せ

ば，最新バージョンにアップデート（アップグレード？）されるだろうことを期待して，rlangをインストールしてみるのですが，今度は何もエラーが出ずに終わります（ ggplot2_3.6.3_no3.txt ）．でもどのバージョンがインストールされたかはよくわかりません．ただし，うまくいっているかもしれないので，エラーの元を遡ってみましょう．つまりインストール2回目と同じことをやってみます（インストール4回目）．しかし，2回目と同じエラー「**namespace 'rlang' 0.4.11 is being loaded, but >= 1.0.6 is required**」が出て失敗します．どうやら3回目のインストールではrlangがバージョンアップされなかったようです．改めて，3回目のメッセージ（ ggplot2_3.6.3_no3.txt ）を確認してみると，以下のようなメッセージが中間付近に見つかります．

```
There is a binary version available but the source version is later:
      binary source needs_compilation
rlang 0.4.11 1.0.6 TRUE

Binaries will be installed
```

このメッセージの意味は，「コンパイル済みのバイナリ版（binary version）があるけれど（バージョン0.4.11），コンパイルが必要な（needs_complication = TRUE），ソースコードバージョンのほうが新しい（later）」ということです．そして「バイナリバージョンをここではインストールする（Binaries will be installed）」と続くわけです．これがrlangのバージョンアップが進まない理由だとわかるわけです．

「**コンパイル**（compiling, compilation）って何？」と思ったことでしょう．コンピュータ言語にはソースコードをすべてコンピュータが理解できる**機械語**というものに一度に翻訳（＝コンパイル）してから実行する言語（C，C++，Fortranなど）とコンパイルせずにコードの要素要素をそのつど翻訳して実行するスクリプト言語（RやPythonなど）に分かれます．前者のほうが断然高速なのですがコードを書くのが比較的難しいため，最近はスクリプト言語が流行っているのです．しかしRを使っていても高速な計算が必要なときは頻繁にありますので，Rのコードの裏で高速なコンピュータ言語で作ったプログラムが動いているということがよくあります．そのため，Rのパッケージのインストールにおいても，その裏で動くC言語などのソースコードをコンパイルする必要があるのです．それでは，なぜこのコンパイルというステップでバージョン1.0.6をインストールしてくれないのでしょう？　その答えは，インストール3回目の冒頭のメッセージにあります．

```
> install.packages("lifecycle")
WARNING: Rtools is required to build R packages but is not currently installed. Please
    download and install the appropriate version of Rtools before proceeding:

https://cran.rstudio.com/bin/windows/Rtools/
```

これ，見覚えありませんか？　そうです．実はインストール1回目の実行時にコンソールに

出力されるメッセージの冒頭にあったものです。エラーではなく警告だったのでとりあえず飛ばしたわけですが、今回の ggplot2 のインストールが失敗する今回の理由はここにあるのです。

A.1.2　失敗の原因と解決法

　今回のインストール失敗の根源は以下の通りです。ggplot2 はいくつかのパッケージに依存していて、かつ各パッケージのバージョンには必要最低限の新しさが求められています。しかし、比較的新しいバージョンのパッケージのインストールにはコンパイラ（＝ソースコードからコンパイルするためのアプリ）が必要となりますが、R 以外の言語のコンパイラはコンピュータにインストールされていないので古いバージョンのパッケージしかインストールできないのです。これは重大な問題ではありますが、個々のパッケージのインストールが失敗するわけではないため、Windows において Rtools というコンパイラなど必要なツールを詰め込んだアプリがインストールされていないことはエラーとしてではなく警告としてだけ伝えられていたということです。もしも、Windows をお使いの皆さんが、10.1 節の内容に従って Rtools をインストール済みであればこのエラーは出なかったことでしょう。Rtools が未インストールの場合は、10.1 節に戻って復習しましょう。Rtools のインストールがうまくいけば、それ以降、R の中で各種コンパイラが使えるようになります。

インストール 5 回目（ggplot2）：Rtools も無事にインストールできたので、最初に戻って ggplot2 のインストールに再度挑戦します。すると今回は Rtools を使うのが初めてなので、別の小さなウィンドウが立ち上がります（図 10.6）。「コンパイルが必要なソースコードからパッケージをインストールしますか？」と質問してくるので、迷わず [はい（Y)] を選択しましょう。すると今度こそ、ggplot2 もそれが依存するパッケージも必要な新しさのバージョンのインストールが始まります。

　しかし、残念ながら 5 回目のインストールも「there is no package called 'ellipsis'」（ellipsis というパッケージがない）というエラーメッセージが出て失敗に終わります。でも安心してください。ここからはエラーメッセージを一つひとつ潰していけばうまくいくのです。

インストール 6〜9 回目：6 回目には、5 回目にないといわれた ellipsis をインストールしうまくいきました。そこで再度 7 回目には ggplot2 のインストールを試みますが、今度は pillar がないとのエラーが出ます。そこで 8 回目には piller をインストールします。それがうまくいったので 9 回目の正直で ggplot2 をもう一度インストールしてみたら、ようやくエラーが出ずに終わったのです。長い道のりです。しかし、ggplot2 にはこれだけの手間をかける価値があります。

　以上、大変な作業でした。警告とエラーメッセージの活用法はこれで理解できたのではないでしょうか？ggplot2 に関しては、皆さんの最新の PC 環境・R バージョンではこんなに多くのエラーはきっと出ないことでしょう。しかし、データ分析を進める過程では、便利であるにもかかわらず、インストールが面倒なパッケージに出会うことは少なくありません。インス

トール過程の警告・エラーメッセージをよく読んで，そしてうまくインターネット検索して，インストールを成功させてください．

付録 B　次に学ぶべき統計手法

　ここでは，一般線形モデルとその多変量応答変数への展開を本書で学んだ皆さんが，次に学ぶべき統計手法を紹介していきます．

B.1　次に学ぶべき統計手法 1：一般線形モデルの次の一歩

B.1.1　ノンパラメトリック検定

　t 検定・分散分析・単回帰・重回帰など**一般線形モデル**では，誤差分布が正規分布するという前提があります．単純な 2 群比較や一要因の分散分析の状況では，誤差分布に何も仮定しない手法が開発されており，総称を**ノンパラメトリック検定**（略してノンパラ検定）といいます．第 9 章で学んだランダム並び替え検定もノンパラ検定の 1 つです．parametric とは何らかの具体的な確率分布をモデルと仮定している統計モデルのことを指します．ノンパラはそのような確率分布を仮定しないものです．したがって一般線形モデルは誤差分布を正規分布と仮定するパラメトリックモデルの 1 つということになります．ここでは，基本の検定手法を 2 つだけ，名前を挙げておきますのでインターネット検索をうまく活用して，手法の仕組みと R での実行方法を独学してみてください．

単変量の 2 群比較
- ウィルコクソンの順位和検定（Wilcoxon rank sum test）（対応のないデータ）
- ウィルコクソンの符号順位検定（Wilcoxon singed rank test）（対応のあるデータ）

単変量の 3 群以上比較（一元配置の分散分析）
- クラスカル・ウォリス検定（Kruskal-Wallis rank sum test）

B.1.2　一般化線形モデル

　ノンパラメトリック検定とは別の方向性で一般線形モデルを拡張することも可能です．それは誤差分布に正規分布以外の確率分布を仮定しようという試みです．正規分布ではなくとも特定の分布を仮定するので，パラメトリックモデルの 1 つということになります．この枠組みを**一般化線形モデル**（generalized linear model: GLM）といいます．日本語名でも英語名でも一般線形モデルと微妙な差であるため，混同しないように気をつけましょう．英語の略語はどちらも GLM となり得ますが，R 上の関数としては lm() と glm() で区別されています．

　第 7 章で述べたように，一般線形モデルおよび一般化線形モデルに共通する特徴は，係数 × 説明変数をすべての説明変数に関して足し合わせた量（説明変数の**線形和**と呼ばれます），定数

＋**係数 1 × 説明変数 1 ＋ 係数 2 × 説明変数 2…** で応答変数を説明しようとする点です．しかし，一般線形モデルでは，応答変数が 2 値しかとらない場合（たとえば，ある生物の在 (1)／不在 (0) 情報）や，応答変数がゼロ以上の整数しかとらない場合（たとえば，1 つの花ごとに結実した種子の数や，アオムシ 1 個体あたりの寄生蜂の寄生数など）を説明変数の線形和で予測・説明することはできません．なぜなら応答変数（の誤差構造）が従う分布が正規分布ではないからです．これら 2 つの場合に使える回帰モデルは，それぞれロジスティック回帰・ポアソン回帰という個別の名前がついていて，このような回帰モデルを包含するモデルが一般化線形モデルです．

　R で一般化線形モデルを使うには，RStudio のヘルプを使って glm で検索すればすぐわかるように，標準のパッケージの 1 つである stats で提供されている関数です．glm() は生態学・環境科学に限らず，さまざまな分野で使われている人気の関数ですので，インターネット検索だけでもたくさんの学びができることでしょう．勘違いしがちなことですが，一般化線形モデルではもはや説明変数 X と応答変数の間には必ずしも直線的な関係はありません（第 7 章「一般線形モデル」部分の説明を復習してみてください）．

B.1.3　スパース回帰

　第 7 章で紹介した重回帰分析（一般線形モデル）におけるモデル選択の問題（7.3.4 節）と，第 9 章で挙げた説明変数の次元の問題（図 9.12）を解決可能な方法が**スパース回帰**（sparse regression）です．現代の生態学・環境科学および生命科学や医学分野においては，特にオミクス計測技術や高精度の化学分析技術の発展の結果として，非常に大きな次元数のデータを入手できるようになりました．しかし一方で，生物や環境に関する観測・実験においては相変わらず観測数・繰り返し数にはそれほど劇的な増加がみられないという現状があります（説明変数次元数 $k \gg$ 観測数 n）．このため，単に観測値と予測値の残差（の二乗値の合計）を最小化させるという最小二乗法のみでは，最適な説明変数の線形和を求めることができません．言い換えると，最適な説明変数を選択することができないのです．その理由としては，中学校でも習う連立一次方程式を思い浮かべてみるといいでしょう．未知数が 2 つ・方程式が 2 つであれば連立一次方程式の解（2 つの未知数の値）は 1 つに定まりますが，方程式が 2 つのまま未知数が 3 つになった連立一次方程式では方程式を満たす未知数の組み合わせは 1 つに定まりません．線形単回帰モデルで説明変数の係数を決めるというデータ処理は，方程式数 n（＝観測数）・未知数 k 個（＝ k 個ある説明変数のすべての係数）の連立一次方程式を解くということに対応しています．

　この問題を解決するために，7.3.4 節の「モデル選択」で紹介した「モデルは単純なほうがよい（ルール 2）」というルールを赤池情報量規準とは全く異なるアプローチで，線形回帰の係数決定過程に組み込んだ手法がスパース回帰です．sparseは「（数値が）まばらに並んでいる」という意味です．説明変数が k 個ある線形回帰モデルでは，それぞれの説明変数に対する係数を k 個決定する必要があります．スパース回帰では，単に観測値と予測値の残差を小さくするだけではなく，推定した k 個の係数の絶対値の和（Lassoタイプ）または絶対値の二乗の和（Ridge

タイプ）[4]を小さく抑えるようにする計算をすることで，モデルの当てはまりの良さとモデルの単純さを両立できる係数推定が可能となります．特に Lasso タイプの正則化では，多くの係数の推定値がゼロになるので，第 7 章で紹介したような段階的なモデル選択・変数選択が不要なのです．

　この手法に興味をもった方は，Lasso 回帰・Ridge 回帰・Elastic Net回帰という 3 つの基本手法から学んでみるとよいでしょう．R で試すには glmnet パッケージから始めることをお勧めします．

B.2　次に学ぶべき統計手法 2：行列 vs 行列の線形モデルの次の一歩

　本節では，行列型の多変量データを応答変数とし，複数の変数を含んだ行列型の多変量説明変数との線形関係を明らかにするための発展的な方法について紹介します．

B.2.1　性質の異なる説明変数グループの貢献度を分割する（Variation Partitioning）

　多次元の説明変数には，2 つ以上の性質の異なる変数が含まれているという状況がよくあります．たとえば，局所的な環境要因，緯度経度高度などの空間情報，大きな空間スケールでの気象要因などです．このとき，一つひとつの変数が多変量応答変数に与える影響を重回帰的に個別に評価するのではなく，2 つ以上の説明変数をグループ（要因群）にまとめ，グループごとの寄与率へと分解する方法がVariation Partitioningです．これは dbRDA の応用例の 1 つです．第 9 章ですでに参考情報を紹介したので，ここでは詳しくは繰り返しません．説明要因を 2 つにわけてこの分析を行う場合のイメージは図 B.1 のようになります．

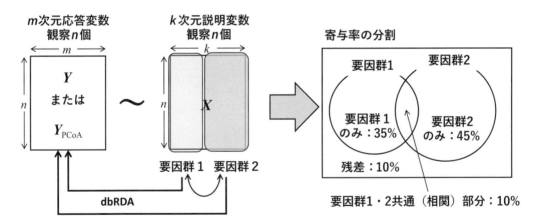

図 B.1　Variation Partitioning

---

[4]　これを一般に**正則化項**といいます．

B.2.2 行列 vs 行列の関係を距離ベースで評価する（Mantel 検定）

多変量応答変数を多変量説明変数で説明したいことがよくあります．より具体的には，「多変量応答変数に見られる観測データ間でのバラつきが，多変量説明変数全体についての観測データ間バラつきの違いで説明できるのか」という問いかけが生態学・環境科学ではよく出てきます．これは，応答変数の側が生物群集における個体数データ，説明変数のほうが環境データとなっている一番古典的な状況だけではありません．たとえば，応答変数を昆虫群集の個体数データ，説明変数を植物群集の個体数データとして，「植物群集の種組成のパターンで昆虫群集の種組成のパターンを説明できるか？」という問い（生物群集 vs 生物群集）を立てたり，応答変数を溶存有機炭素の組成データ，説明変数を細菌群集の組成データとして，「細菌群集の組成が変わると溶存有機炭素の組成も変わるか？」という問い（生物群集 vs 物質循環）を立てたりすることもあるでしょう．

このような状況において，20 世紀の終わりから 21 世紀の初めにかけては，Mantel 検定（Mantel test）という手法が群集生態学において主流でした（図 B.2）．2020 年を過ぎた現在でもよく使われています．これは，応答変数も説明変数もそれぞれ適切な距離の定義を使って距離行列（非類似度行列）へと変換し，距離どうしを相関分析によって比べるというデータ分析方法です．相関分析によって統計的に有意な正の相関があれば，説明変数の値が似ていれば応答変数の値も似ているということがいえます．結果として，2 つの行列の間に関連性があるかを評価できる手法となっています．mantel() という関数がおなじみ vegan パッケージで提供されています．

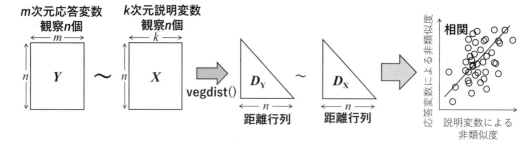

図 B.2 Mantel 検定

B.2.3 行列 vs 行列の関係を直接評価する（プロクルステス分析）

Mantel 検定は応答変数行列と説明変数行列の間の関係性の有無やその強さを評価するとても有効な手法ではありますが，距離行列への変換を挟んだ，いわば間接的な比較となっています．さらにいえば，PERMANOVA も dbRDA も Mantel 検定もすべてデータ間の非類似度・距離を土台とした**距離ベース手法**（distance-based approach）として一括りにできるでしょう．しかし，21 世紀も 10 年余りが過ぎたころ，距離ベース手法を超える手法が生態学分野に紹介され始めました．「Mantel 検定のずっと先へ（Much Beyond Mantel）」というタイトルの解説論文が発表されたのです（Lisboa et al. 2014）．この解説論文では，距離行列の利用を最小限に抑え，可能な限り直接的に応答変数行列と説明変数行列を比較する方法として，**プロクルス**

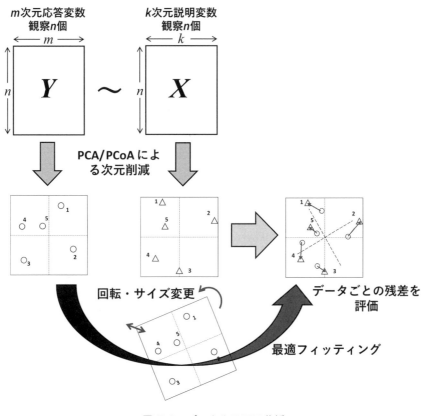

図 B.3　プロクルステス分析

テス分析（Procrustes analysis）[5] が詳しく紹介されています.

　Wikipedia によれば,プロクルステス（プロクルーステース）はギリシア神話に登場するちょっと猟奇的な強盗です.実はその猟奇的な部分が,この分析での応答変数行列 Y を説明変数行列 X にフィッティングする演算のアナロジーとなっています（図 B.3）.このプロクルステス分析は,行列全体と行列全体の関係の有無が検定できるという点では Mantel 検定と同じです.しかし,プロクルステス分析の優れた点は,全体の関係がわかるだけではなく,各観測データのフィッティングのずれ（＝残差）を評価できる点です.この残差が小さいほど応答変数と説明変数の関係が強いことを意味しています.

　たとえば,説明変数に植物群集の個体数データ,応答変数に昆虫群集の個体数データをとり,プロクルステス分析の残差を他の要因（たとえば,気温や降水量などの気候要因）で説明を試みるということが可能になります.つまり,プロクルステス分析では,「昆虫群集の違いは植物群集の違いで説明できる」ということがいえるだけではなく（この部分は Mantel 検定と同じです）,「昆虫群集と植物群集のつながりは,気温が高く降水量の少ない環境で強い」といった「群集 × 群集 × 環境」を組み合わせたパターン発見が可能となるのです.

---

[5]　片仮名表記にはゆれがあり,プロクラステス分析ともいいます.

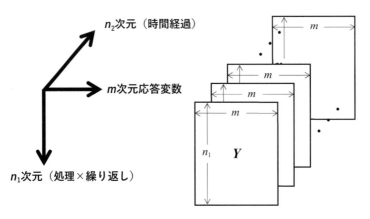

m次元応答変数をn_1個（処理×繰り返し）
でn_2回（時間経過）サンプリングした場合

$n_1 \times m \times n_2$「テンソル」

主テンソル分解（PTA-k）による次元削減

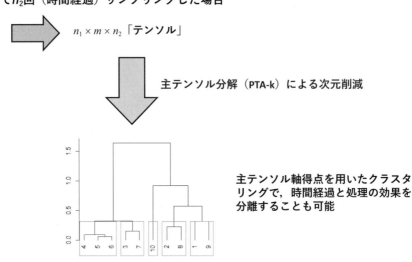

主テンソル軸得点を用いたクラスタ
リングで，時間経過と処理の効果を
分離することも可能

図 B.4 テンソル分解・主テンソル分析

B.2.4 行列データがリストになっている場合の次元削減（主テンソル分析）

　学部4年生の卒業論文で，大量の観測データを自ら収集して分析するという状況は，なかな
か考えづらいです．しかし，大きな研究プロジェクトになれば，図 B.4 で模式的に表したよう
に，m 次元の応答変数を複数の処理と処理内の繰り返しの合計で n_1 個の観測データを収集し，
同じような観測を時間経過とともに繰り返し n_2 回続けるといった状況は十分あり得ます．

　このとき，合計で m 次元の応答変数の組が $n_1 \times n_2$ 個集まることになります．ここで，見方
を変えて図 B.4 のようにデータの集合を捉えると，n_1 行 × m 列の行列が n_2 個のリストになっ
ていることがわかります．このようなデータを（3階の）**テンソル**（tensor）と呼びます（ちな
みに行列は実は2階のテンソルでもあります）．通常，このようなデータに出会ったときは，n_1
行 × m 列 一つひとつに次元削減（PCoA）や多次元の線形モデル（dbRDA など）を適用し，
時間経過とともにパターンが変わっていくかについては，それらの次元削減・線形モデルの結

果を目視で見比べるという間接的な方法をとることが多いです．しかし，21 世紀になってから画像認識などで活躍している**テンソル分解**（tensor decomposition）の一種である**主テンソル分析**（Principal Tensor Analysis: PTA-k）を使えば，テンソルデータを行列データへと細切れにすることなく，一気に次元削減やそれに続けて階層クラスタリングなどが可能になりました．残念ながら本書執筆時点で群集生態学へのテンソル分解の適用例についての日本語解説はほぼないようです．いまここに書いてある説明で興味をもった人は，ぜひ自分で果敢に挑戦してもらいたいです．「さらに学ぶには」のお勧め情報を当たればきっと理解が進むはずです．

さらに学ぶには

● **一般化線形モデル**：R における一般化線形モデルの使い方は，Google 検索でうまく学ぶことができるでしょう．ただし，正しいバックグラウンドを理解するには，体系立てて知識をまとめた書籍で学ぶことが必要です．一般化線形モデルの手法には選択肢が多くあるため，統計手法自体をある程度理解していないと満足に使いこなすことができないからです．生態学分野の教科書としては，以下一択です．

・久保拓弥「データ解析のための統計モデリング入門：一般化線形モデル・階層ベイズモデル・MCMC」，岩波書店（2012）

● **スパース回帰**：スパース回帰について最初に学ぶのであれば，以下 1 つ目の書籍をお勧めします．幾何学的な直感的説明と数学的な枠組みがバランスよく紹介されています．スパース回帰と理論的枠組みを共有する他の機械学習手法も難なく学ぶことができます．スパース回帰に限って本格的に数学的バックボーンを学びたいときは，2 つ目の書籍がお勧めです．最後の英語論文は，スパース回帰の生態学分野への適用例の 1 つです．MSA-Enet 回帰というスパース回帰の一手法を使って，湖の細菌群集の種組成と細菌が担う生態系機能（有機炭素基質分解機能）の関係をつなぐことを試みた研究です．実際に研究に使われるときのイメージをつかむためには読んでみるとよいでしょう．ちなみにエコプレートも使っています．

・杉山将「イラストで学ぶ 機械学習：最小二乗法による識別モデル学習を中心に」，講談社サイエンティフィク（2013）
・川野秀一・松井秀俊・廣瀬慧「スパース推定法による統計モデリング」，共立出版（2018）
・Wan-Hsuan Cheng, Chih-hao Hsieh, Chun-Wei Chang et al. "New index of functional specificity to predict the redundancy of ecosystem functions in microbial communities", FEMS Microbiology Ecology 98:1-9 (2022)

● **プロクルステス分析**：プロクルステス分析もおなじみ vegan パッケージに `procrustes()` 関数として含まれています．この手法については，まずは次の解説論文を読むことをお勧めします．

付録
B

・Francy Junio Gonçalves Lisbora, Pedro R Peres-Neto, Guilherme Montandon Chaer et al. "Much beyond Mantel: Bringing Procrustes Association Metric to the Plant and Soil Ecologist's Toolbox", PLOS ONE 9(6): e101238 (2014) https://doi.org/10.1371/journal.pone.0101238

そして，実際に R での使い方を学びたい場合は，RStudio のヘルプから関数名で検索して公式文書をチェックするとともに，以下のウェブサイトの解説を参考にするとよいでしょう．

・**John Quensen**, Procrustes Analysis https://john-quensen.com/tutorials/procrustes-analysis/

最後に，陸上樹木上の昆虫群集に適用した例を見てみたい場合は，次の論文がお勧めです．

・Kinuyo Yoneya, Takeshi Miki, Noboru Katayama "Plant volatiles and priority effects interactively determined initial community assembly of arthropods on multiple willow species", Ecology and Evolution (2023) 13(7): e10270

● **テンソル分解**：生態学者がテンソル分解（主テンソル分析）を学ぶにはまず，「Community ecology in 3D（3次元群集生態学）」というカッコいいタイトルの論文から読むのがよいでしょう．これは，ヨーロッパ海域における多種の魚類の資源量の時空間パターン（65次元多変量（＝65 魚種）× 7 海域 × 31 年）のテンソルデータを分析したものです．この論文はテンソル分解のとても良い解説論文になっていて，実際にすべての分析についての R コードが詳しい解説とともに付録として提供されています．

・Romain Frelat, Martin Lindegren, Tim Spaanheden Dencker et al. "Community ecology in 3D: Tensor decomposition reveals spatio-temporal dynamics of large ecological communities", PLOS ONE 12(11): e0188205 (2017). （付録コード： https://github.com/rfrelat/Multivariate2D3D）

この論文はとんでもなく素晴らしいのですが，残念ながら線形代数の知識が全くないと，主テンソル分析（PTA-k）を R で実行して出てきた結果の表の理解もかなり不十分になりかねません．近いうちにわかりやすい解説が出るのではないかと期待しますが，現時点では「ベクトル空間」に関する基本知識を身につけたうえで（あるいは勉強しながら），PTA-k の理論的基盤になっている以下の 2 つの論文を読む必要があります．

・Didier Leibovici & Robert Sabatier "A singular value decomposition of a k-way array for a principal component analysis of multiway data, PTA-k", *Linear Algebra and its Applications* 269:307-329 (1998)

・Didier Leibovici "Spatio-Temporal multiway decomposition using principal tensor analysis on k-modes: the r package PTAk", Journal of Statistical Software 34 (2010)

上2つの論文を読む際のヒントを2つ挙げておきます.

（ヒント1）データ分析の観点からは，行列やテンソルは高次元データを格納するハコとしての仕組みとして理解していることでしょう．しかし同時に，それとは全く別の見方として，ベクトルを別のベクトルへと変換したり，2つのベクトルから1つの数値を計算したりするための関数としての機能をもっている点を押さえる必要があります．これが，**主テンソル軸**という，頭のなかで形をイメージしにくい概念・実態を直感的に理解するうえで非常に重要です．

（ヒント2）2010年の論文の Figure 2 が R で PTA-k を実行したときのメインの出力に対応します．この表にリストになっている主テンソル軸の表記法や意味を理解するには Figure 2 直後の式8を完全に理解する必要があります．そしてそのためには1998年の論文の式28・29の理解が必要です．そしてさらに辿れば，これら式28・29の大元は式16であることがわかります．実際にこれらの論文を読んでみないとこのヒントの意味すらわからないかと思いますが，これらのメインの数式の間の関連性情報が役に立つことでしょう．

最後に，主テンソル分析以外にも生態学・環境科学で使われることが多くなっているテンソル分解の名前だけ3つ挙げておきます：CP decomposition, CANDECOMP, PARAFAC（実は数学的に同一の手法の別名です）

付録B

付録 C　RStudioをもっと活用しよう

C.1　データ整理のためのパッケージ（dplyr）

　本書の第2部では，データフレームからある特定の行・列のデータだけを抜き出す方法や，ある条件を満たすデータだけを抜き出す方法などのデータの整理整頓方法について詳しく紹介しました．本章で紹介した方法は，すべて標準の base パッケージで提供されている関数だけを使っています．最近では **dplyr** というパッケージが登場しており[1] 本書でデータ整理の基礎を学んだ初学者の皆さんは，dplyr を使ったデータ整理整頓を試みてもよいかもしれません．このパッケージについてはインターネット上で数多くの情報を見つけることができるでしょうから，ここではこれ以上説明しません．他の書籍で学んでもよいでしょう．

C.2　他のコンピュータ言語との相乗り

　残念ながら，R は他の言語に比べて非常に実行速度が遅いです．データフレーム中のある条件を満たす数値を別の数値にすべて置き換える，といった，一つひとつの数値のチェックのように互いに依存せず並行して実行できる計算は確かに高速ですが，「個体群動態を表す微分方程式を解く」といった前の時間ステップの計算が終わらないと次の時間ステップの計算を始められない逐次計算はあり得ないくらい遅いです．つまり for ループの性能がだいぶ他の言語よりも劣っているようです．一概にはいえませんが，同じ微分方程式を数値的に解くのに R は Python の 1.4倍，C の 480 倍近くの時間がかかります（たとえば，https://sites.google.com/view/python3-math-ecol/tdm/ode）．したがって，R プログラミングに慣れてきたら，Python や C++ と実行すべきコードを分けて，それぞれの言語で得意な仕事を割り振って効率良く計算する方法を学ぶとよいでしょう．

　R から Python をスムーズに使うには reticulate パッケージを使うのが標準的方法になっています．一方，C++ を使う場合には Rcpp パッケージを導入しましょう．本書での紹介はこれで終わりですので，まずは第11章で紹介した**手法動画ポータル**にある以下の2つの動画を見るとよいでしょう．

・Python と reticulate　　https://youtu.be/3wVXXytxt5c
・C++ と Rcpp　　https://youtu.be/OVZoM3wtCFA

---

[1]　筆者はすでに何年にもわたって base パッケージのみを使ってのデータ整理に慣れてしまっているため（そして新参者のパッケージにデータ分析の根幹部分を依存したくないため）現時点では dplyr を使ったエレガントは方法に移行できていません．

索 引

索 引

Memorandum

著者紹介

三木　健（みき　たけし）

略　　歴　2006 年京都大学大学院理学研究科博士後期課程修了．2008〜2018
年にかけて国立台湾大学海洋研究所助教・准教授・教授，2018 年
龍谷大学理工学部教授を経て，2020 年より現職．

現　　在　龍谷大学先端理工学部教授，博士（理学）

専　　門　生態学，数理生物学

主　　著　『微生物の生態学』（分担執筆，共立出版，2011）
『生態系と群集をむすぶ』（分担執筆，京都大学学術出版会，2008）

Rではじめよう！
生態学・環境科学のための
データ分析超入門

Getting Started with R!
An Introduction to Data Analysis
for Ecology and Environmental
Sciences

2024 年 6 月 30 日　初版 1 刷発行

著　者　三木　健 © 2024

発行者　南條光章

発行所　**共立出版株式会社**

〒112-0006
東京都文京区小日向 4–6–19
電話　03–3947–2511（代表）
振替口座　00110–2–57035
URL www.kyoritsu-pub.co.jp

印　刷　藤原印刷
製　本

検印廃止
NDC 460

ISBN 978–4–320–05843–9

一般社団法人
自然科学書協会
会員

Printed in Japan

Rによる 【原著第2版】 数値生態学

群集の多様度・類似度・空間パターンの 分析と種組成の多変量解析

Daniel Borcard・François Gillet・ Pierre Legendre 著

吉原 佑・加藤和弘 監訳

吉原 佑・内田 圭・小柳知代・北村 亘・ 加藤和弘・黒江美紗子・平岩将良 訳

生態学者の求める生物群集の多変量解析（相関と行列、 クラスター解析、序列化、空間構造、群集の多様性）に 特化した R 解析本。

第2版ではRコードを刷新し、より快適で多様なアプリケーションに応える。

原著：Numerical Ecology with R, 2nd Ed.

菊判・512頁・定価8580円（税込）ISBN978-4-320-05838-5

目次

www.kyoritsu-pub.co.jp

共立出版

（価格は変更される場合がございます）